プログラミング学習シリーズ

SQL
エスキューエル

第2版

ミック 著

らはじめる
ベース操作

JN215946

SE
SHOEISHA

翔泳社 eco Project のご案内

株式会社 翔泳社では地球にやさしい本づくりを目指します。
制作工程において以下の基準を定め、このうち4項目以上を満たしたものをエコロジー製品と位置づけ、シンボルマークをつけています。

資材	基準	期待される効果	本書採用
装丁用紙	無塩素漂白パルプ使用紙 あるいは 再生循環資源を利用した紙	有毒な有機塩素化合物発生の軽減（無塩素漂白パルプ）資源の再生循環促進（再生循環資源紙）	○
本文用紙	材料の一部に無塩素漂白パルプ あるいは 古紙を利用	有毒な有機塩素化合物発生の軽減（無塩素漂白パルプ）ごみ減量・資源の有効活用（再生紙）	○
製版	CTP（フィルムを介さずデータから直接プレートを作製する方法）	枯渇資源（原油）の保護、産業廃棄物排出量の減少	○
印刷インキ*	植物油を含んだインキ	枯渇資源（原油）の保護、生産可能な農業資源の有効利用	○
製本メルト	難細裂化ホットメルト	細裂化しないために再生紙生産時に不純物としての回収が容易	○
装丁加工	植物性樹脂フィルムを使用した加工 あるいは フィルム無使用加工	枯渇資源（原油）の保護、生産可能な農業資源の有効利用	

*：パール、メタリック、蛍光インキを除く

本書内容に関するお問い合わせについて

本書に関するご質問、正誤表については、下記のWebサイトをご参照ください。

　　刊行物 Q & A　　http://www.shoeisha.co.jp/book/qa/
　　正誤表　　　　　http://www.shoeisha.co.jp/book/errata/

インターネットをご利用でない場合は、FAXまたは郵便で、下記にお問い合わせください。

　　〒160-0006　東京都新宿区舟町 5
　　（株）翔泳社 愛読者サービスセンター
　　　FAX番号：03-5362-3818

電話でのご質問は、お受けしておりません。

※本書に記載されたURL等は予告なく変更される場合があります。
※本書の出版にあたっては正確な記述につとめましたが、著者や出版社などのいずれも、本書の内容に対してなんらかの保証をするものではなく、内容やサンプルに基づくいかなる運用結果に関してもいっさいの責任を負いません。
※本書に掲載されているサンプルプログラムやスクリプト、および実行結果を記した画面イメージなどは、特定の設定に基づいた環境にて再現される一例です。
※本書に記載されている会社名、製品名はそれぞれ各社の商標および登録商標です。

はじめに

　本書は、プログラミングやシステム開発の経験がまったくない初心者の方々を対象に、リレーショナルデータベースおよびそれを扱うための「SQL」という言語の使い方を解説する書籍です。各章では具体的なサンプルコードを中心に解説を行ない、章末には理解度を確認するための練習問題も用意しています。第1章から順に自分の手でサンプルコードを試しながら読み進めることで、自然とSQLの基礎とコツをマスターできる構成になっています。また、特に重要なポイントは「鉄則」としてまとめているため、本書の内容を一通り理解した後はリファレンスとしても活用できるでしょう。

　近年、データベースという分野は、ほかのシステムの分野もそうであるように、急速な進展を見せています。新しい機能を持つデータベースが登場し、扱われるデータ量も飛躍的に増大するなど、その応用範囲を大きく広げています。

　本書が扱うリレーショナルデータベースは、現在最も主流のデータベースであり、それゆえほかのデータベースを理解するうえでの基礎ともなります。その重要性は、通常、システムの分野で「データベース」と言えばリレーショナルデータベースを指す、という事実からもわかります。

　皆さんの中には、これからさまざまな分野、規模のシステム開発を経験することになる方が多いでしょう（あるいはすでに開発に従事している方もいるかもしれません）。その際、データベースが使われていないシステムというのは、まず考えられません。そして、そのシステムで使われているデータベースは、きっとリレーショナルデータベース、あるいはそれを基礎とするデータベースです。これが意味することは、リレーショナルデータベースと（そのデータを操作する）SQLをマスターすれば、どんなシステム開発でも応用が利く"データベースのスペシャリスト"になれる、ということなのです。

　本書の初版が刊行されてから6年が経過しましたが、その間、データベースの社会的な重要性は高まる一方でした。以前から、データベースを用いた統計的な分析は専門家の間では行なわれていましたが、それをきわめて大規模なデータに適用してビジネス全般の改革に応用しようという大きな潮流が起こりました。その動きを象徴する「ビッグデータ」や「データサイエンス」という言葉も、システムの世界にとどまらず、社会全体に広まりました。統計解析は、人工知能と並んで今後の社会のあり方を決定する要因だという意見すらあります。

　一方で、データベースの世界でも技術的な革新が行なわれてきました。KVSに代表される非リレーショナル型のデータベースの利用は、もはや珍しいことではなくなりました。また、大規模データを処理するためのパフォーマンスを追求するために、インメモリデータベースやカラム指向データベースの技術も大きな進展を見せており、実用化が進んでいます。

　その一方、変わらなかったこともあります。それは、データベースの主流が、やはりリレーショナル

データベースであることです。その意味で、リレーショナルデータベースと、それを操作する言語であるSQLの習得が、データベースの世界を究めていく最初のステップであることも、いまでも変わらぬ事実と言えます。しかしそれは、リレーショナルデータベースとSQLが進歩していないわけではありません。多くのDBMSがウィンドウ関数やGROUPING演算子（いずれも第8章で解説）をサポートし、大規模データを効率的に処理するための機能を充実させてきました。SQLをマスターすることで、自由自在にデータを扱い、効率的なシステムを構築することができるようになるでしょう。

　本書もまた、そうした動向にあわせてバージョンアップを行ないました。代表的なDBMSの新しいバージョンでのSQL構文のサポート状況にあわせて記述をアップデートするとともに、アプリケーションからデータベースを利用する方法をテーマとした第9章を新たに追加しています。

　本書が、皆さんのステップアップの糸口として役立つこと、そしてデータベースという分野の面白さを伝える一端となることを、心から願っています。

ミック

はじめに ───── V

本書について

　本書は、プログラミング学習シリーズのSQLおよびリレーショナルデータベース編です。同シリーズの趣旨として、初心者でも無理なくプログラミングの力を養えるように配慮しています。本書も、独習書としてはもちろん、大学、専門学校、企業での新人研修などの場でも利用できるように作成しています。多くのサンプルコードと詳細な実行手順を記載しており、学習者ひとりひとりが自分の手で具体的な問題に取り組むことで、着実にプログラミング力を向上させることができるでしょう。

　また、各章末には学習した重要ポイントをおさらいする練習問題を用意しています。巻末の付録Aには問題の解答と解説も収録していますので、学習の到達度の確認に役立ててください。

本書の対象となる読者

- データベースやSQLに関する知識がまったくない人
- 自己流でSQLを覚えたものの、体系的にきちんと勉強しなおしたいと考えている人
- データベースを使うことになったものの、何から手をつければ良いかわからない人
- 大学、専門学校、企業の教育部門などでデータベースとSQLを教える立場の人
- 情報処理試験のSQL対策をしたい人

本書で学習するための前提知識

- Windowsの基本的な操作方法がわかること
- Windowsのエクスプローラを使って、フォルダの作成やファイルのコピーができること
- Windowsのメモ帳（あるいは、ほかのテキストエディタ）を使って、文書ファイルの作成ができること

本書で対象とするリレーショナルデータベース

　本書に掲載しているSQL文は、次のリレーショナルデータベース（RDBMS）上で動作を確認しました。

- Oracle Database 12cR1
- SQL Server 2014
- DB2 10.5
- PostgreSQL 9.5.3
- MySQL 5.7

　本書では、これら5つのRDBMSの間で記述に違いがあるSQL文、あるいは特定のRDBMSでしか動作しないSQL文に次のようなアイコンをつけ、そのSQL文が動作するRDBMSを示しています。

| Oracle | SQL Server | DB2 | PostgreSQL | MySQL |

　逆に、これらすべてのRDBMSで動作するSQL文にはアイコンをつけていません。

本書での学習にあたって

　本書では、まず第1章の前半でリレーショナルデータベースとSQLの基礎知識を習得したのち、具体的なSQLのサンプルコードを示しながら学習を進めていきます。

　SQLの学習にあたって重要なのは、

- 自分の手でSQLを書くこと
- SQLを実行して動作を知る・理解すること

です。より学習の効率をアップさせるため、できるだけ本書で示すサンプルコードを実際に入力・実行して試しながら読み進めてください。

　本書では、SQLの学習環境として初心者にも扱いやすいデータベース「PostgreSQL」を紹介しています。学習に入る前に、これを自分のパソコンにインストールし、SQLを実行する準備を整えておきましょう。準備の整え方（インストール方法、SQLの実行方法）については、第0章にまとめています。

　上記の「本書で対象とするリレーショナルデータベース」に記載したデータベースをすでにお持ちの方は、それをご利用いただいてもかまいません。

　なお、本書内に記載しているSQLの実行結果は、特にことわりがない限り、PostgreSQL 9.5でのものです。

はじめに ─── VII

サンプルのダウンロードについて

本書に掲載しているサンプルコードは、次のWebサイトからダウンロードできます。

http://www.shoeisha.co.jp/book/download/9784798144450

サンプルコードはZip形式で圧縮されており、解凍すると次のようなフォルダ構成になっています。

ReadMe.txtファイル
サンプルコードの内容、注意点についてまとめています。ご利用になる前に必ずお読みください。

Sampleフォルダ
本書に掲載しているサンプルコードを、章と節ごとにフォルダを分けて収録しています。**Sample¥CreateTable**フォルダには、本書で利用するサンプルテーブルを作成するためのSQL文をRDBMS別に収録しています。

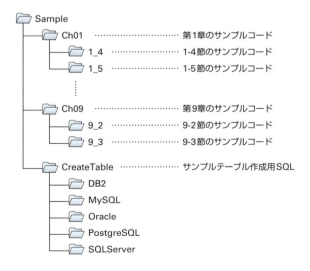

answerフォルダ

各章末に掲載されている練習問題の解答例（サンプルコード）を、章ごとにフォルダを分けて収録しています。

サンプルコードについて

サンプルコードのファイル名は、本文に掲載されているリスト番号に対応しています。たとえば、第1章の1-5節で掲載しているList❶-3のサンプルコードは、次のような位置、ファイル名で収録しています。

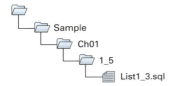

また、次のリストのように、本書で対象とするRDBMSの間で記述に違いがあるSQL文の場合、ファイル名の最後にRDBMSの名前を入れています。

List❶-4　100けたの可変長文字列を入れるshohin_mei_kana列を追加

```
[DB2] [PostgreSQL] [MySQL]
ALTER TABLE Shohin ADD COLUMN shohin_mei_kana VARCHAR(100);

[Oracle]
ALTER TABLE Shohin ADD (shohin_mei_kana VARCHAR(100));

[SQL Server]
ALTER TABLE Shohin ADD shohin_mei_kana VARCHAR(100);
```

たとえば、この場合は次のようなファイル名でサンプルコードを収録しています。

- `List1_4_DB2_PostgreSQL_MySQL.sql`
- `List1_4_Oracle.sql`
- `List1_4_SQL Server.sql`

サンプルテーブル作成用SQL

　`Sample¥CreateTable`フォルダに収録している、テーブル作成用SQLのファイル名は、「`CreateTable`＜テーブル名＞`.sql`」です。たとえば、PostgreSQL用の`Shohin`テーブルを作成するSQLは、次のような位置、ファイル名で収録されています。

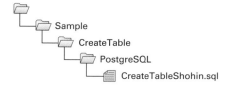

　なお、`Sample`フォルダに収録しているサンプルコードファイルは、Windowsのメモ帳（あるいは各種テキストエディタ）を使って開くことができます。

ご注意ください

株式会社翔泳社

　本書のサンプルコードは、通常の運用においては何ら問題ないことを編集部では確認しておりますが、運用の結果、いかなる損害が発生したとしても著者、ソフトウェア開発者、（株）翔泳社はいかなる責任も負いません。

　`Sample`フォルダに収録されたファイルの著作権は、著者が所有します。ただし、読者が個人的に利用する場合においては、ソースコードの流用や改変は自由に行なうことができます。

　なお、個別の環境に依存するお問い合わせや、本書の対応範囲を超える環境で設定された場合の動作や不具合に関するお問い合わせは、受けつけておりません。

● X ──── 目 次

目　次

はじめに ……………………………………………………………………………… III

本書について ……………………………………………………………………………… V

本書の対象となる読者 ……………………………………………………………… V

本書で学習するための前提知識 ………………………………………………… V

本書で対象とするリレーショナルデータベース ………………………… V

本書での学習にあたって ……………………………………………………… VI

サンプルのダウンロードについて …………………………………………… VII

第0章　イントロダクション ──SQL学習環境を作ろう　1

PostgreSQLのインストールと接続設定 ────────── 3
　　　インストールの手順 ……………………………………………………… 3
　　　設定ファイルの書き換え …………………………………………… 7
PostgreSQLでSQLを実行する ───────────────── 9
　　　PostgreSQL への接続（ログイン）…………………………………… 9
　　　SQL の実行 ………………………………………………………………… 10
　　　学習用データベースの作成 ……………………………………… 11
　　　学習用データベースへの接続（ログイン）………………… 12

第1章　データベースとSQL　13

1-1　データベースとは何か ──────────────────── 15
　　　私たちのすぐそばにあるデータベース ………………………… 15
　　　なぜDBMS が必要なのか …………………………………………… 16
　　　DBMSにはいろんな種類がある ………………………………… 18
1-2　データベースの構成 ─────────────────────── 20
　　　RDBMSの一般的なシステム構成 …………………………………… 20
　　　テーブルの構造 ……………………………………………………… 22
1-3　SQLの概要 ──────────────────────────── 25
　　　標準SQL ………………………………………………………………… 25
　　　SQLの文とその種類 ………………………………………………… 26
　　　SQLの基本的な記述ルール ……………………………………… 27

1-4	テーブルの作成	30
	作成するテーブルの内容	30
	データベースの作成（**CREATE DATABASE**文）	31
	テーブルの作成（**CREATE TABLE**文）	31
	命名ルール	33
	データ型の指定	34
	制約の設定	35
1-5	テーブルの削除と変更	37
	テーブルの削除（**DROP TABLE**文）	37
	テーブル定義の変更（**ALTER TABLE**文）	38
	Shohinテーブルへのデータ登録	39
練習問題		42

第2章 検索の基本　　43

2-1	**SELECT**文の基本	45
	列を出力する	45
	すべての列を出力する	46
	列に別名をつける	48
	定数の出力	49
	結果から重複行を省く	50
	WHERE句による行の選択	52
	コメントの書き方	55
2-2	算術演算子と比較演算子	57
	算術演算子	57
	NULLには要注意	58
	比較演算子	60
	文字列に不等号を使うときの注意	62
	NULLに比較演算子は使えない	65
2-3	論理演算子	68
	NOT演算子	68
	AND演算子と**OR**演算子	70

カッコ ( ) をつけると強くなる ……………………………………………… 72

論理演算子と真理値 ……………………………………………………………… 74

NULL を含む場合の真理値 ………………………………………………… 76

練習問題 ————————————————————————————— 78

第3章 集約と並べ替え   79

3-1 　テーブルを集約して検索する ————————————————— 81

集約関数 ……………………………………………………………………………… 81

テーブルの行数を数える …………………………………………………… 82

NULL を除外して行数を数える ……………………………………… 83

合計を求める ……………………………………………………………………… 84

平均値を求める …………………………………………………………………… 87

最大値・最小値を求める …………………………………………………… 88

重複値を除外して集約関数を使う（**DISTINCT**キーワード）……… 89

3-2 　テーブルをグループに切り分ける ————————————— 91

GROUP BY句 …………………………………………………………………… 91

集約キーに**NULL**が含まれていた場合 ………………………………… 93

WHERE句を使った場合の**GROUP BY**の動作 ……………………… 95

集約関数と**GROUP BY**句にまつわるよくある間違い ………………… 96

3-3 　集約した結果に条件を指定する ——————————————— 101

HAVING句 ……………………………………………………………………… 101

HAVING句に書ける要素 …………………………………………………… 104

HAVING句よりも**WHERE**句に書いたほうが良い条件 ……………… 105

3-4 　検索結果を並べ替える ————————————————————— 107

ORDER BY句 …………………………………………………………………… 107

昇順と降順の指定 ……………………………………………………………… 109

複数のソートキーを指定する …………………………………………… 110

NULLの順番 …………………………………………………………………… 110

ソートキーに表示用の別名を使う ……………………………………… 111

ORDER BY句に使える列 ………………………………………………… 112

列番号は使ってはいけない ………………………………………………… 113

目 次 ──── **XIII** ●

練習問題 ─────────────────────────────── 115

第4章 データの更新 　　　　　　　　　　　　　　　117

4-1　データの登録（**INSERT**文の使い方）──────── 119
　　　INSERTとは ·· 119
　　　INSERT文の基本構文 ································· 120
　　　列リストの省略 ·· 123
　　　NULLを挿入する ··· 123
　　　デフォルト値を挿入する ·································· 124
　　　ほかのテーブルからデータをコピーする ············ 126

4-2　データの削除（**DELETE**文の使い方）──────── 129
　　　DROP　TABLE文と**DELETE**文 ··············· 129
　　　DELETE文の基本構文 ································· 129
　　　削除対象を制限した**DELETE**文（探索型**DELETE**）··········· 130

4-3　データの更新（**UPDATE**文の使い方）──────── 133
　　　UPDATE文の基本構文 ································· 133
　　　条件を指定した**UPDATE**文（探索型**UPDATE**）········· 135
　　　NULLで更新するには ··································· 136
　　　複数列の更新 ··· 137

4-4　トランザクション ─────────────────── 139
　　　トランザクションとは何か ································ 139
　　　トランザクションを作るには ···························· 140
　　　ACID特性 ·· 145

練習問題 ─────────────────────────────── 147

第5章 複雑な問い合わせ 　　　　　　　　　　　　　149

5-1　ビュー ──────────────────────────── 151
　　　ビューとテーブル ··· 151
　　　ビューの作り方 ·· 153
　　　ビューの制限事項①──ビュー定義で**ORDER　BY**句は使えない ·· 156

	ビューの制限事項②——ビューに対する更新	157
	ビューを削除する	161
5-2	**サブクエリ**	**162**
	サブクエリとビュー	162
	サブクエリの名前	165
	スカラ・サブクエリ	165
	スカラ・サブクエリを書ける場所	168
	スカラ・サブクエリを使うときの注意点	169
5-3	**相関サブクエリ**	**170**
	普通のサブクエリと相関サブクエリの違い	170
	相関サブクエリも、結局は集合のカットをしている	172
	結合条件は必ずサブクエリの中に書く	174
練習問題		**175**

第6章 関数、述語、CASE式　　177

6-1	**いろいろな関数**	**179**
	関数の種類	179
	算術関数	180
	文字列関数	184
	日付関数	191
	変換関数	196
6-2	**述語**	**200**
	述語とは	200
	LIKE述語——文字列の部分一致検索	200
	BETWEEN述語——範囲検索	204
	IS NULL、IS NOT NULL——**NULL**か非**NULL**かの判定	205
	IN述語——**OR**の便利な省略形	206
	IN述語の引数にサブクエリを指定する	207
	EXISTS述語	212
6-3	**CASE式**	**216**
	CASE式とは	216

CASE式の構文	216
CASE式の使い方	217
練習問題	222

第7章 集合演算
223

7-1 テーブルの足し算と引き算
225

集合演算とは	225
テーブルの足し算──**UNION**	225
集合演算の注意事項	227
重複行を残す集合演算──**ALL**オプション	229
テーブルの共通部分の選択──**INTERSECT**	230
レコードの引き算──**EXCEPT**	231

7-2 結合（テーブルを列方向に連結する）
233

結合とは	233
内部結合──**INNER JOIN**	234
外部結合──**OUTER JOIN**	239
3つ以上のテーブルを使った結合	241
クロス結合──**CROSS JOIN**	245
結合の方言と古い構文	248
練習問題	252

第8章 SQLで高度な処理を行なう
253

8-1 ウィンドウ関数
255

ウィンドウ関数とは	255
ウィンドウ関数の構文	256
構文の基本的な使い方──**RANK**関数の利用	256
PARTITION BYは指定しなくても良い	258
ウィンドウ専用関数の種類	259
ウィンドウ関数はどこで使うか	261
集約関数をウィンドウ関数として使う	261

移動平均を算出する 263

2つの**ORDER BY** 266

8-2 **GROUPING**演算子 ————————————————— 268

合計行も一緒に求めたい 268

ROLLUP——合計と小計を一度に求める 269

GROUPING関数——偽物の**NULL**を見分けろ 273

CUBE——データで積み木を作る 275

GROUPING SETS——ほしい積み木だけ取得する 277

練習問題 ————————————————————————— 278

第9章 アプリケーションからデータベースへ接続する   279

9-1 データベースの世界とアプリケーションの世界をつなぐ ————— 281

データベースとアプリケーションの関係 281

ドライバ——2つの世界の橋渡し 282

ドライバの種類 283

9-2 Javaの基礎知識 ————————————————————— 285

何はともあれHello, World 285

コンパイルとプログラムの実行 286

よくあるエラー 290

9-3 JavaからPostgreSQLへ接続する ————————————— 294

SQL文を実行するJavaプログラム 294

どうやってJavaはデータベースからデータをとってくるのか 295

データベース接続のプログラムを実行してみよう 297

テーブルのデータを選択してみよう 298

テーブルのデータを更新してみよう 301

まとめ 303

練習問題 ————————————————————————— 304

付属A 練習問題の解答 305

索引 316

第0章 イントロダクション
── SQL学習環境を作ろう

PostgreSQLのインストールと接続設定
PostgreSQLでSQLを実行する

SQL

この章のテーマ

　SQLを実行して動作を学ぶには、SQLの実行環境であるデータベースが必要です。この章では、SQLの実行環境としてオープンソースのデータベースであるPostgreSQL（バージョン9.5.3）のWindowsへのインストール方法を紹介します。すでに実行環境（データベース）をお持ちの方は、この章を飛ばして第1章以降へ進んでいただいてもかまいません。

　PostgreSQLは、1980年カリフォルニア大学を中心に開発されたDBMSで、MySQLと並んで世界中で広く利用されているオープンソースデータベース（DB）です。標準SQLへの準拠を強く意識しているため、初学者の学習に最適です。

PostgreSQLのインストールと接続設定
■インストールの手順
■設定ファイルの書き換え

PostgreSQLでSQLを実行する
■PostgreSQLへの接続（ログイン）
■SQLの実行
■学習用データベースの作成
■学習用データベースへの接続（ログイン）

ご注意

- ここではSQLの学習環境として「PostgreSQL」を利用しますが、もちろんこのほかのリレーショナルデータベースを利用してもかまいません。
- ここではWindows 10を使ってインストール方法を説明しますが、そのほかのWindows OSでも同様の手順で行なうことができます。

第0章　イントロダクション

PostgreSQLのインストールと接続設定

さっそく以下の手順に従ってPostgreSQLをインストールしましょう。

インストールの手順

1. インストーラのダウンロード

PostgreSQLのダウンロードサイトからインストーラをダウンロードします。

・ダウンロードサイト

http://www.enterprisedb.com/products-services-training/pgdownload#windows

　本書では、64ビット版のWindowsのインストーラ（Win x86-64）を使ってWindows 10（64ビット）へPostgreSQLをインストールする手順を解説しますが、環境に応じて適切なものをダウンロードしてください。たとえば、皆さんの使用しているPCのOSが32ビットのWindowsであれば、「Win x86-32」のインストーラをダウンロードしてください（図0-1）。その場合も、以下のインストール手順は同じです。

図0-1　Windows向けPostgreSQLインストーラのダウンロード

2. インストーラの実行

インストーラを実行する際は、ファイルを右クリックして［管理者として実行］をクリックします。

> **ご注意** PostgreSQLのインストールにはOSの管理者権限が必要になるため、インストーラをダブルクリックするのではなく、必ず［管理者として実行］で実施するようにしてください。このとき、管理者のパスワードを求められたり、実行を許可するか訊ねるウィンドウが表示されることがあります。その場合は、設定したパスワードを入力したり、［はい］（［OK］）ボタンを押してください。

すると、図0-2のセットアップ画面が起動するので、［Next >］ボタンをクリックします。

図0-2 インストールの開始

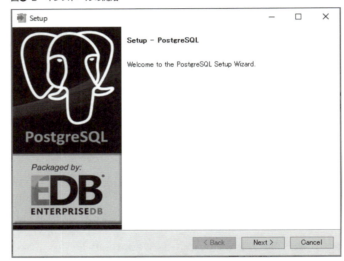

3. インストールディレクトリの選択

インストールディレクトリを選択する画面が表示されます（図0-3）。デフォルトでは「`C:¥Program Files¥PostgreSQL¥9.5`」が表示されていますが、「Program Files」フォルダはユーザアカウントによってはアクセスできない可能性があるため、「`C:¥PostgreSQL¥9.5`」と書き換えて［Next >］ボタンをクリックします。なお、インストール時にディレクトリは自動的に作成されるため、前もって作成しておく必要はありません。

図0-3 インストールディレクトリの選択

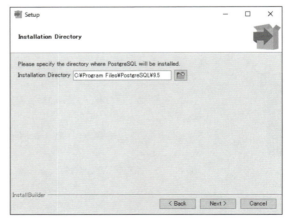

4. データを保存するディレクトリの選択

データを保存するディレクトリを選択する画面が表示されます (図❶-4)。「`C:¥PostgreSQL¥9.5¥data`」が表示されるので、特に変更する必要がなければ、そのまま [Next >] ボタンをクリックします。

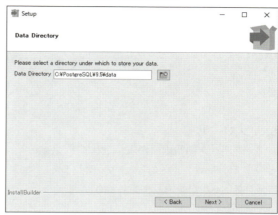

図❶-4 データを保存するディレクトリの選択

5. データベース管理者ユーザのパスワードを設定

データベース管理者ユーザのパスワードを設定する画面が表示されます (図❶-5)。任意のパスワードを入力して [Next >] ボタンをクリックします。このパスワードは後でPostgreSQLにログインする際に使用するので、忘れないようにしてください。

図❶-5 データベース管理者ユーザのパスワードを設定

6. ポート番号の設定

PostgreSQLのポート番号を設定する画面が表示されます (図❶-6)。特に変更する必要がなければそのまま [Next >] ボタンをクリックします。通常はこのままで問題ありません。

図❶-6 ポート番号の設定

7. ロケールの設定

PostgreSQLのロケールを設定する画面が表示されます（図0-7）。「Japanese, Japan」を選択して［Next >］ボタンをクリックします。

図0-7　ロケールの設定

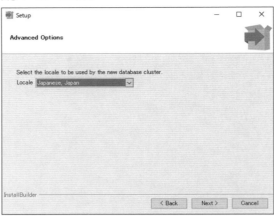

8. インストール

インストール開始画面が表示されます（図0-8）。そのまま［Next >］ボタンをクリックします。

インストールが開始されます（図0-9）。

図0-8　インストールの開始

図0-9　インストールの実行中

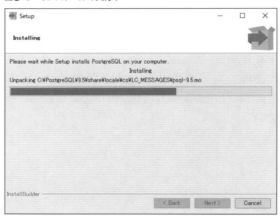

終了画面が表示されます（図0-10）。「Launch Stack Builder at exit?」のチェックを外して［Finish］ボタンをクリックします。「Launch Stack Builder」はさまざまな付属ツールをインストールするための機能ですが、PostgreSQLそのものを利用するだけならば特に必要ありません。

これでインストールは完了しました。

図0-10　インストールの完了

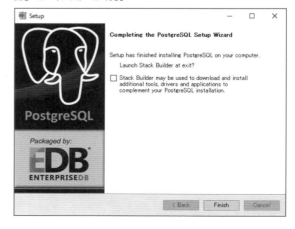

設定ファイルの書き換え

　セキュリティを高めるために、PostgreSQLの設定ファイルの書き換えを行ないます。次のファイルをメモ帳などのテキストエディタで開いてください。

C:¥PostgreSQL¥9.5¥data¥postgresql.conf

　このファイル内のテキストを「**listen_addresses**」というキーワードで検索してください。このキーワードは、インストールした直後は「**listen_addresses = '*'**」と設定されています。これは、すべてのリモートホストからの接続を受け付けるという意味ですが、学習用環境としてはローカルマシンからのみ接続できれば十分のため、この行の先頭に#をつけてコメントアウトし、

```
#listen_addresses = '*'
```

新たに次の1行を追加して上書き保存します（図❶-11）。

```
listen_addresses = 'localhost'
```

図❶-11 「**listen_addresses = 'localhost'**」を追加したところ

```
#-------------------------------------------------------------------------
# CONNECTIONS AND AUTHENTICATION
#-------------------------------------------------------------------------

# - Connection Settings -

listen_addresses = 'localhost'    ←── この行を追加
#listen_addresses = '*'          # what IP address(es) to listen on;
                                 # comma-separated list of addresses;
                                 # defaults to 'localhost'; use '*' for all
                                 # (change requires restart)
port = 5432                      # (change requires restart)
max_connections = 100            # (change requires restart)
```

　これで、ローカルマシンからのみPostgreSQLに接続可能な設定になりました。

　この設定を有効にするためには、一度PostgreSQLを再起動する必要があります。「コントロールパネル」→「管理ツール」→「サービス」を選択します。コントロールパネルの項目に「管理ツール」が見当たらない場合は、コントロールパネル画面の右上にある「表示方法」から「大きいアイコン」または「小さいアイコン」を選び、アイコン表示に切り替えてください。

　表示されるウィンドウから、「**postgresql-x64-9.5**」という行を探し、マウスで右クリックしてください（図❶-12）。そして、表示されるメニューの中から、［開始］または［再起動］を選択してください。

ご注意 ▶ すでにPostgreSQLが開始状態にあるときは、［開始］はグレーアウトされて選択できなくなっています。逆に、PostgreSQLが停止状態のときは、［再起動］がグレーアウトされて選択できなくなっています。

図❶-12 「サービス」からPostgreSQLを再起動

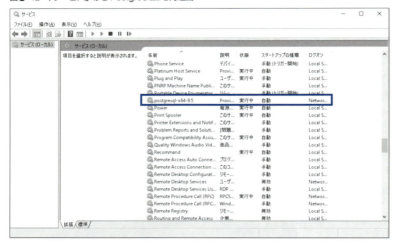

これでPostgreSQLに先ほどの「`listen_addresses`」の変更が反映されます。

> **ご注意** このとき、間違えて「`postgresql-x64-9.5`」以外のサービスを停止してしまうと、OSが正しく動作しなくなる危険があるため、絶対にほかのサービスは操作しないでください。

なお、32ビットのインストーラを使用した場合は、ここで表示されるサービス名は「`postgresql-9.5`」となります。

第0章　イントロダクション

PostgreSQLでSQLを実行する

　PostgreSQLには、コマンドラインでSQLを実行できる「**psql**」というツールが付属しています。**psql**は、記述したSQL文をPostgreSQLに送信し、その結果を受け取って表示します。ここでは、**psql**を使ってSQLを実行する方法について紹介します。

　なお、ここで実行するSQLの構文や意味については第1章および第2章で学びますので、いまは気にしないでください。

PostgreSQLへの接続（ログイン）

　インストールが終了したので、**psql**を起動してPostgreSQLに接続してみましょう。まずは、コマンドプロンプトを起動します。PCデスクトップ画面左下の「Windows」アイコン ⊞ にマウスカーソルをあわせて右クリックしてメニュー一覧を表示し、［コマンドプロンプト（管理者）(A)］をクリックします（図0-13）。

図0-13　コマンドプロンプトの起動

> **メモ**　Windows 8/8.1では、以下の手順でコマンドプロンプトを表示します。
> 1. PCスタート画面でキーボードの［Windows］キー ⊞ を押しながら［X］キーを押す。
> 2. 画面左下にメニュー一覧が表示されるので、［コマンドプロンプト（管理者）］をクリック。

　コマンドプロンプト（図0-14）が表示されたら、以下のように入力してリターンキー（［Enter］）を押します。

図0-14　コマンドプロンプト

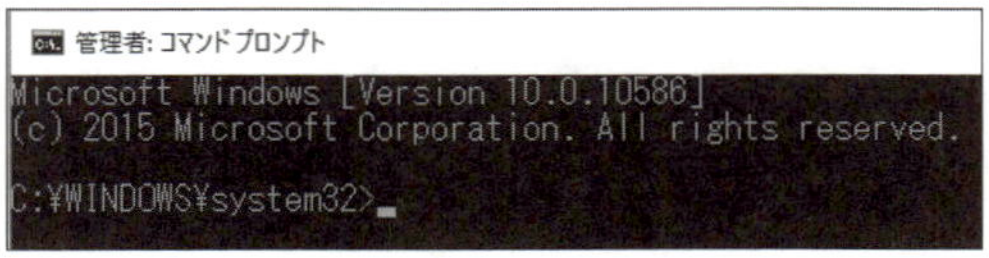

```
C:¥PostgreSQL¥9.5¥bin¥psql.exe -U postgres
```

このとき「**ユーザpostgresのパスワード：**」と表示されてパスワードを要求されることもあります。その場合は、インストール時に設定したパスワードを入力し、リターンキー（[Enter]）を押します。すると、コマンドプロンプトに「**postgres=#**」と表示され、PostgreSQLへの接続が完了します（図❶-15）。

この状態になれば、SQL文を実行できます。

図❶-15 **psql**からPostgreSQLへ接続

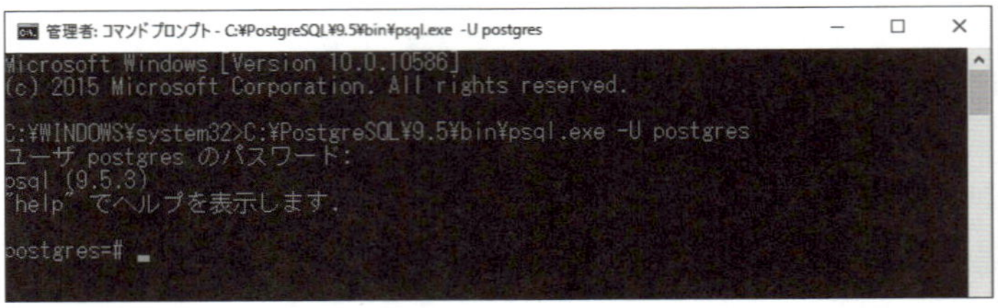

ご注意 パスワードは入力しても、安全のため画面には表示されません。点滅したカーソルの位置が変わらないため一見入力されていないように感じますが、きちんと入力されていますので、入力し終わったらリターンキー（[Enter]）を押しましょう。

SQLの実行

データベースに接続していれば、SQLを実行することができます。ためしに簡単なSQL文を実行してみましょう。

1. SQL文の入力

図❶-16のように**psql**でサンプルデータベース（**postgres**）にログインした状態で、次の1行を入力してみましょう。

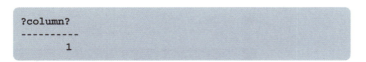

```
SELECT 1;
```

半角空き（スペースキーで入力）

図❶-16 「**SELECT 1;**」と入力

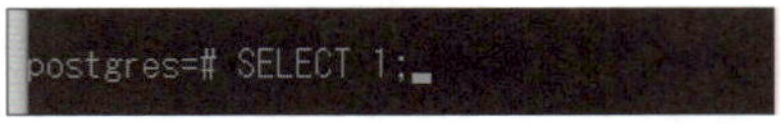

2. リターンキー（[Enter]）の押下

入力し終わったら、リターンキー（[Enter]）を押しましょう。これで、このSQL文を実行できます。以下のように表示されれば成功です（図❶-17）。

```
?column?
----------
        1
```

図❶-17 「**SELECT 1;**」の実行結果

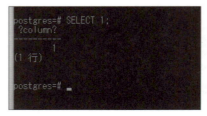

> **ご注意** 「;」はSQL文の終わりを表わす記号で、これを入力しないとリターンキー（[Enter]）を押してもSQL文が実行されません。そのため、SQL文を実行するときは「;」の書き忘れに注意してください。

　ここではSQL文を手入力する例を紹介しましたが、たとえば本書のサンプルコードなど既存のSQL文をコピーして、コマンドプロンプトの画面にペーストすることもできます。293ページのコラム「コマンドプロンプトへのペースト方法」を参照してください。

学習用データベースの作成

　本書では、第1章の後半からさまざまなSQL文の書き方を学びます。その準備として、学習用のデータベースを作成してみましょう。
　データベースを作成する手順は以下のとおりです。

1. データベースを作成するSQL文の実行

　コマンドプロンプトでPostgreSQLに接続した状態で、次の1行を入力して、リターンキー（[Enter]）を押します。なお、データベース名は小文字のみを使うようにしてください。

```
CREATE DATABASE shop;
```

　成功すると画面に、次のように表示されます（図⓪-18）。

```
CREATE DATABASE
```

図⓪-18　データベースの作成が成功！

2. psqlの終了

　データベースを作成したら、一度**psql**を終了します。**psql**を終了するため、

```
¥q
```

と入力してリターンキー（[Enter]）を押します。すると、PostgreSQLとの接続が切断され、コマンドプロンプトに戻ります（図⓪-19）。「**¥q**」のqは「quit（やめる）」の略です。

図⓪-19　PostgreSQLからログオフ

| メ モ | 現在、**psql**で、PostgreSQLをインストールすると自動作成される「**postgres**」というサンプルデータベースに接続（ログイン）しています。そのため、自分で作成したデータベースに接続するには、一度**psql**を終了（ログオフ）する必要があります。なお、**psql**はウィンドウが閉じた時点で終了するため、**psql**のウィンドウの右上にある［×］ボタンでも終了することができます。 |

学習用データベースへの接続（ログイン）

先ほど作成したデータベース「**shop**」にログインしてみましょう。コマンドプロンプトから、次のコマンドを実行してください。

```
C:¥PostgreSQL¥9.5¥bin¥psql.exe -U postgres -d shop
```

オプション「**-d shop**」は、「**shop**データベース」を指定していることを意味します。

ユーザ**postgres**のパスワードが求められるので、入力してリターンキー（［Enter］）を押します。ログインに成功すると、次のような文字列が表示されます（図0-20）。

```
shop=#
```

図0-20　サンプルデータベース**shop**にログイン成功！

これで、**shop**データベースへのログインが成功しました。後は本書の内容に従ってSQLを入力しリターンキー（［Enter］）を押すだけで、SQLを実行できます。

本書では、このデータベース「**shop**」に対して、さまざまなSQLを実行しながら、SQLの書き方や機能を学習していきます。

第1章 データベースとSQL

データベースとは何か
データベースの構成
SQLの概要
テーブルの作成
テーブルの削除と変更

SQL

この章のテーマ

　本章では、データベースというシステムの仕組みと基本的な考え方、そして社会における役割について学習します。また、「テーブル」という、リレーショナルデータベースにおいてはデータを保持するいわば「入れ物」を作成したり、削除したり、変更したりする方法を学びます。あわせて、リレーショナルデータベースを操作する専用言語「SQL」の基本的な書き方・ルールも身につけます。

1-1　データベースとは何か
■私たちのすぐそばにあるデータベース
■なぜDBMSが必要なのか
■DBMSにはいろんな種類がある

1-2　データベースの構成
■RDBMSの一般的なシステム構成
■テーブルの構造

1-3　SQLの概要
■標準SQL
■SQLの文とその種類
■SQLの基本的な記述ルール

1-4　テーブルの作成
■作成するテーブルの内容
■データベースの作成（**CREATE DATABASE**文）
■テーブルの作成（**CREATE TABLE**文）
■命名ルール
■データ型の指定
■制約の設定

1-5　テーブルの削除と変更
■テーブルの削除（**DROP TABLE**文）
■テーブル定義の変更（**ALTER TABLE**文）
■**Shohin**テーブルへのデータ登録

1-1　データベースとは何か　　　**15**

第1章　データベースとSQL

1-1 データベースとは何か

学習のポイント

- 大量の情報を保存し、コンピュータから効率良くアクセスできるように加工した データの集まりのことを「データベース」と呼びます。
- データベースを管理するコンピュータシステムのことを、「データベース管理システム（略してDBMS）」と呼びます。
- DBMSを使うことにより、大量のデータを多人数でも安全かつ簡単に扱えます。
- データベースにはさまざまな種類がありますが、本書では「リレーショナルデータベース」を「SQL」という専用言語で操作する方法を学びます。
- リレーショナルデータベースは、「リレーショナルデータベース管理システム（略してRDBMS）」で管理します。

私たちのすぐそばにあるデータベース

皆さん、こんな経験をしたことはないでしょうか。

- 通っている歯医者から、「前回から半年経過したので、歯の健診に来てください」というハガキをもらった
- 以前利用した旅館やホテルから誕生日の前月に「誕生月の方にサービス！」というメール（またはハガキ）をもらった
- Web上のショッピングモールで買い物をしたら、メールで「おすすめ商品」のリストが送られてきた

　これらが可能なのは、歯医者さんや旅館、ショッピングモールの経営者が、お客様の前回通院日や誕生日、購買履歴の情報を持っていて、なおかつ、それらを蓄積した膨大な情報からほしい情報（この場合はあなたの住所や嗜好）を素早く取り出すことのできる仕組み（コンピュータシステム）を持っているからです。もし、人の手を使って同じことを行なおうとしたら、どれほど時間がかかるかわかりません。

　また、最近ではどこの図書館にもコンピュータが置かれ、本を検索できるようになっています。このシステムを利用すると、書名や出版年を手がかりに読みたい本がどこにあるのか、貸し出し中かどうかなどが瞬時にわかります。これができるのも、書名や出版年、保管されている棚の位置、貸し出し状況などの情報を保存し、必要に応じて取り出すことのできる仕組みのおかげです。

KEYWORD
●データ
●データベース（DB）
●データベースマネジメントシステム（DBMS）

こうした情報を**データ**として大量に保存し、かつコンピュータを使ってそれらに効率良くアクセスできるように加工したデータの集まりを**データベース**（Database）、略して**DB**と呼びます。名前や住所、電話番号、メールアドレス、嗜好、家族構成などのデータをデータベースへ保存することで、いつでも簡単に迅速にほしいデータを取り出せるのです。また、データベースを管理するコンピュータシステムを**データベースマネジメントシステム**（Database Management System）、略して**DBMS**と呼びます（注❶-1）。

データベースが、システムの利用者から直接見えることは通常ありません。そのため、システムを利用しているときにデータベースの存在を意識することはほとんどありませんが、実際には銀行の口座管理から携帯電話のアドレス帳にいたるまで、社会のあらゆるシステムの中にデータベースがあると言っても過言ではありません（図❶-1）。

注❶-1
データベース（DB）とDBMSはしばしば混同されます。ただし、本書では保存されるデータの集まりをデータベース、それを管理するシステムをDBMSと区別します。

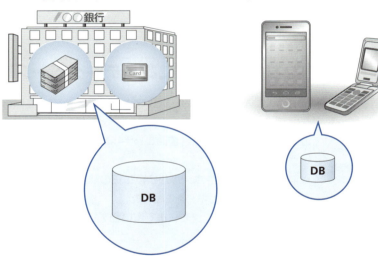

図❶-1　社会のあらゆるところにデータベースがある

なぜDBMSが必要なのか

さて、データを管理するために、なぜ専用のシステム（DBMS）が必要なのでしょうか。パソコン（コンピュータ）を使ってデータを管理するというのなら、テキストファイル（注❶-2）やExcelのような表計算ソフトでもできそうですし、そのほうがずっと簡単な気がします。

たしかに、テキストファイルや表計算ソフトでデータを管理する方法は手軽なのですが、デメリットもあります。代表的なものを挙げてみましょう。

注❶-2
文字だけで書かれたデータを保存しているファイル。

●**多人数でデータを共有するのに向かない**

　ネットワークにつながっているコンピュータ上にあるファイルは、共有する設定により、複数のコンピュータから読んだり編集したりできます。しかし、誰かがそのファイルを開いていると、ほかの人が編集しようとしてもできません。もしインターネットショップであれば、誰かが買い物をしているとほかの人が買い物できなくなってしまいます。

●**大量のデータを扱える形式になっていない**

　数十万件、数百万件といった大量のデータから瞬時にほしいデータだけを取り出すには、それに適した形式でデータを保存しておかなければなりませんが、テキストファイルやExcelシートなどはそのような形式になっていません。

●**読み書きを自動化するのにプログラミング技術が必要**

　コンピュータプログラム（以下、単にプログラム）を書くことでデータの読み出しや書き換えを自動化できますが、それにはデータの構造をきちんと理解したうえで、一定レベルのプログラミング技術が求められます。

●**万一の事故に対応できない**

　ファイル操作を誤って削除してしまったり、ハードディスクが故障して読み出せなくなったりして、大切なデータを失う恐れがあります。また、部外者でも簡単に読んだり持ち出したりできます。

　DBMSは、これらのデメリットを解消する機能を持っています。そのため、大量のデータを多人数でも安全かつ簡単に扱えます（図❶-2）。DBMSが必要な理由はこれなのです。

図❶-2　DBMSは大量のデータを多人数でも安全かつ簡単に扱える

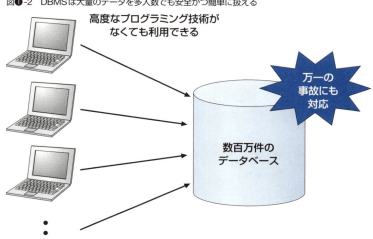

DBMSにはいろんな種類がある

さて、一口にDBMSといってもいろんな種類があります。主にデータの格納形式（データベースの種類）に従って分類されますが、現役のDBMSで採用されている格納方式はおおむね次の5種類です。

● 階層型データベース（Hierarchical Database：略称は特になし）

最も古くからあるデータベースの1つで、データを階層構造（木構造）で表現します。古くはデータベースの主流でしたが、次に挙げるリレーショナルデータベースの普及に伴い、現在では使用されるケースが少なくなっています。

● リレーショナルデータベース（Relational Database：RDB）

「関係データベース」とも呼ばれ、現在最も広く利用されているデータベースです。長い歴史を持ち、誕生は1969年までさかのぼります。Excelシートのように列と行からなる2次元表の形式でデータを管理するため、理解しやすいという特徴があります（表❶-1）。また、SQL（Structured Query Language：構造化問い合わせ言語）という専用の言語を用いてデータを操作します。

表❶-1　リレーショナルデータベースのデータのイメージ

商品ID	商品名	商品分類	販売単価	仕入単価	登録日
0001	Tシャツ	衣服	1000	500	2009-09-20
0002	穴あけパンチ	事務用品	500	320	2009-09-11
0003	カッターシャツ	衣服	4000	2800	
0004	包丁	キッチン用品	3000	2800	2009-09-20
0005	圧力鍋	キッチン用品	6800	5000	2009-01-15
0006	フォーク	キッチン用品	500		2009-09-20
0007	おろしがね	キッチン用品	880	790	2008-04-28
0008	ボールペン	事務用品	100		2009-11-11

このような種類のDBMSのことを「RDBMS（Relational Database Management System）」と呼びます。代表的なRDBMSとしては、次の5つがあります。

- Oracle Database ：Oracle社のRDBMS
- SQL Server ：Microsoft社のRDBMS
- DB2 ：IBM社のRDBMS
- PostgreSQL ：オープンソースのRDBMS
- MySQL ：オープンソースのRDBMS（2010年からOracle社が開発元）

KEYWORD
- ●階層型データベース
- ●リレーショナルデータベース（RDB）
- ●関係データベース
- ●SQL

KEYWORD
- ●RDBMS
- ●オープンソース

ソフトウェアの内容（ソースコード）がインターネット上で無償公開され、誰でもそのソフトウェアの改良／再配布を行なえるようにすること。開発プロジェクトは、有志の開発者の集まり（コミュニティ）で運営されています。

なお、Oracle Databaseは単純に「Oracle」と呼ばれることが多いため、本書でも以降「Oracle」と表記します。

KEYWORD
●オブジェクト指向データベース（OODB）

注❶-3
主なオブジェクト指向言語には、JavaやC++などがあります。

KEYWORD
●XMLデータベース（XMLDB）

注❶-4
eXtensible Markup Languageの略で、HTMLのようにタグでデータ構造を表現する言語。**<name>**鈴木**</name>**といった形でデータとその意味を記述できます。

KEYWORD
●キー・バリュー型データストア（KVS）

●オブジェクト指向データベース（Object Oriented Database：OODB）

プログラミング言語の中には、オブジェクト指向言語と呼ばれるタイプの言語があります（注❶-3）。データとそれを操作する処理をまとめて「オブジェクト」という単位で管理するためにそう呼ばれます。オブジェクト指向データベースは、このオブジェクトを保存するデータベースです。

● XMLデータベース（XML Database： XMLDB）

近年、インターネット上でやり取りされるデータの形式としてXML（注❶-4）が普及しています。このXML形式のデータを大量かつ高速に扱うために考えられたのがXMLデータベースです。

●キー・バリュー型データストア（Key-Value Store：KVS）

検索に使うキー（Key）と値（Value）の組み合わせだけの単純な形でデータを保存するデータベースです。プログラミング言語の知識がある方であれば「連想配列」や「ハッシュ」を想像してもらうと近いでしょう。Googleなど、非常に膨大な量のデータを超高速に検索するWebサービスで使われ、近年注目を集めています。

本書で解説するのは、専用言語のSQLを使ってリレーショナルデータベースという種類のDBMSである「RDBMS」を操作する方法です。これ以降は、このRDBMSに絞って話を進めていきます。本書でデータベースやDBMSといったら、RDBMSを指すと考えてください。

なお、RDBMSの中にはXMLデータベースと同じようにXML形式のデータを扱えたり、オブジェクト指向データベースの機能を取り入れたりしたものがありますが、本書ではそうした拡張機能を使うためのSQLは取り上げません。それぞれのRDBMSに付属しているSQLのマニュアルやRDBMS別のSQL解説書などを参照してください。

1-2 データベースの構成

学習のポイント

- RDBMSは一般に、「クライアント／サーバ型」のシステム構成で使用されます。
- データベースを読み書きするには、サーバであるRDBMSにクライアントからSQL文を送信します。
- リレーショナルデータベースでは、「テーブル」あるいは「表」と呼ばれる2次元表でデータを管理します。
- テーブルは、データ項目を表わす「列（カラム）」と、1件のデータを表わす「行（レコード）」からなります。データの読み書きはレコード単位で行なわれます。
- 列と行が交わる1つのマス目を本書では「セル」と呼びます。1つのセルには1つのデータしか入れられません。

RDBMSの一般的なシステム構成

KEYWORD
- クライアント／サーバ型（C/S型）

RDBMSを利用する際のシステム構成は、クライアント／サーバ型（C/S型）と呼ばれる形態が最も一般的です（図❶-3）。

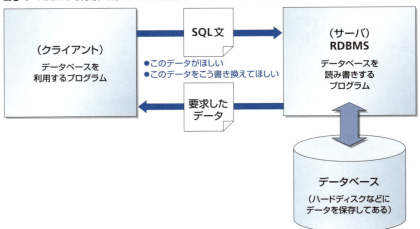

図❶-3 RDBMSを利用する際のシステム構成（クライアント／サーバ型）

KEYWORD
- サーバ
- データベース
- クライアント

　サーバとは、ほかのプログラムからの要求を受け取り、それに応じて処理を行なうタイプのプログラム（ソフトウェア）、あるいはそのプログラムがインストールされたマシ

ン（コンピュータ）のことです。コンピュータ上で動作し続けて、要求が届くのを待ちます。RDBMSもサーバの一種で、ハードディスクなどに保存されている**データベース**からデータを取り出して返したり、指示された内容でデータを書き換えたりします。

一方、サーバに要求を出すプログラム（ソフトウェア）、あるいはそのプログラムがインストールされたマシン（コンピュータ）を**クライアント**と呼びます。RDBMSが管理しているデータベースにアクセスして、そのデータを読み書きするプログラムは、RDBMSのクライアントです。RDBMSのクライアントは、サーバであるRDBMSにどんなデータを送ってほしいのか、どこのデータをどのように書き換えてほしいのかをSQLで書いた文（**SQL文**）を送信します。RDBMSはその文の内容に従って、要求されたデータを返信したり、データベースに保存されているデータを書き換えたりします。

KEYWORD
●SQL文

クライアントとは、日本語で言えば「依頼人」、サーバは「給仕人」です。つまり、依頼人の出した命令を給仕人が実行する、という関係からついた名前です。

このように、リレーショナルデータベースの読み書きは、SQL文を使って行ないます。本書ではSQLを学習するために、記述したSQL文をRDBMSに送信し、その返信（データ）を受け取って表示するクライアントを利用します。詳しくは、第0章をご覧ください。

また、RDBMSは1台のコンピュータの中でRDBMSとそのクライアントを動かすこともできますし、RDBMSとクライアントを別々のコンピュータ上で動かすこともできます。その場合、ネットワークで両者をつなぐだけでなく、1つのRDBMSは複数のクライアントから利用できます（図❶-4）。

図❶-4　ネットワーク経由で1つのデータベースを複数のクライアントから利用できる

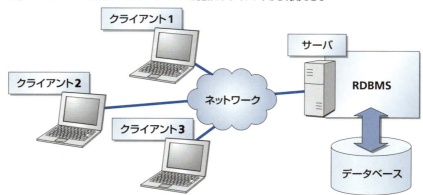

クライアントは同じプログラムである必要はありません。SQLをRDBMSに送ることができればデータベースを利用できます。さらに、それらは同時に同じ1つのデータベースを読み書きすることができます。

なお、RDBMSは多数のクライアントから要求を受け取るほかにも、大量のデータを

保管しているデータベースを処理する必要があるため、一般にはクライアントを動かすコンピュータよりも高性能なコンピュータを使用します。特に巨大なデータベースを扱う場合には、複数のコンピュータを組み合わせることもあります。

このように、RDBMSにはさまざまなシステム構成がありますが、クライアントから送信するSQL文は基本的に変わりません。

テーブルの構造

RDBMSの構成をもう少し詳しく見てみましょう。前節で、リレーショナルデータベースはExcelシートのように列と行からなる2次元表の形式でデータを管理する、と説明しました。このデータを管理している2次元表のことを、リレーショナルデータベースではテーブル、あるいは単に表と呼びます。

KEYWORD
●テーブル
●表

テーブルは、図❶-5のようにRDBMSが管理するデータベースの中に保存されます。1つのデータベースの中には、複数のテーブルを保存できます。

図❶-5　データベースとテーブルの関係

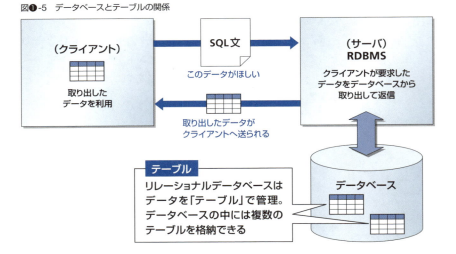

SQL文の内容に従ってクライアントに返信されるデータも、必ずテーブルと同じように2次元表の形になります。これもリレーショナルデータベースの特徴の1つで、結果が2次元表にならないSQL文は実行できません。

なお、図❶-5にはデータベースが1つしかありませんが、複数のデータベースを作ることも可能で、用途によって使い分けることができます。

図❶-6は、1-3節からはじめるSQLの学習で実際に使用する「商品テーブル」の内容です。

1-2 データベースの構成　23

図❶-6　テーブルの例「商品テーブル」

商品ID	商品名	商品分類	販売単価	仕入単価	登録日
0001	Tシャツ	衣服	1000	500	2009-09-20
0002	穴あけパンチ	事務用品	500	320	2009-09-11
0003	カッターシャツ	衣服	4000	2800	
0004	包丁	キッチン用品	3000	2800	2009-09-20
0005	圧力鍋	キッチン用品	6800	5000	2009-01-15
0006	フォーク	キッチン用品	500		2009-09-20
0007	おろしがね	キッチン用品	880	790	2008-04-28
0008	ボールペン	事務用品	100		2009-11-11

→ 列名（データの項目名）
行（レコード）
列（カラム）
セル

KEYWORD
●列
●カラム
●行
●レコード

　テーブルの列（縦）はカラムとも呼び、テーブルに保管するデータ項目を表わします。図❶-6の商品テーブルには、商品IDから登録日まで6つの列があります。また、列にはExcelよりも厳しい制約があり、数値を入れると決めた列には数値だけ、日付を入れると決めた列には日付だけしか入れられません（1-4節で詳しく説明します）。
　一方、テーブルの行（横）はレコードとも呼び、1件のデータに相当します。商品テーブルには全部で8行のデータがあります。リレーショナルデータベースでは、必ず行単位でデータを読み書きします。大切なルールですので覚えておきましょう。

> **鉄則1-1**
> リレーショナルデータベースでは、行単位でデータを読み書きする。

KEYWORD
●セル

「セル」は、本書独自の呼び方です。実はリレーショナルデータベースでは、行と列が交わる1つのマス目を表わす用語がありません。しかし図❶-6に示したように、このマス目はExcelのセルとよく似た形式でデータを管理するため、「セル」と呼んでもさしつかえないでしょう。

　図❶-6のように行と列が交わる1つのマス目を、本書ではセルと呼ぶことにします。1つのセルの中には、1つのデータしか入れられません。図❶-7のように、1つのセルの中に2つ（またはそれ以上）のデータを入れることはできません。このルールも大切なので覚えておきましょう。

図❶-7　1つのセルの中に入れられるのは1つのデータのみ

商品ID	商品名	商品分類	販売単価	仕入単価	登録日
0001	Tシャツ／ジーンズ ✕	衣服	1000	500	2009-09-20

このように1つのセルに2つ以上のデータを入れることはできない

> **鉄則1-2**
> 1つのセルの中には、1つのデータしか入れられない。

COLUMN

RDBMSによるユーザ管理

　RDBMSは、大切なデータを勝手に閲覧されたり改ざんされたりしないように、登録したユーザしかデータベースに触れられないようにしています。このユーザは、WindowsなどのOSに登録しているユーザとは別で、RDBMSでのみ使用されます。RDBMSのユーザは複数登録することができます。

　ユーザの登録では、ユーザ名（アカウント）のほかにパスワードも設定します。パスワードを設定しないことも不可能ではありませんが、データベースの中に保存されている重要情報が流出することを防ぐためにも、パスワードを設定するようにしましょう。

1-3　SQLの概要　————　**25**

第1章　データベースとSQL

1-3　SQLの概要

> **学習のポイント**
>
> ・SQLはデータベースを操作するために開発された言語です。
> ・SQLには標準規格がありますが、実際にはRDBMSごとに違いがあります。
> ・SQLでは、操作したいことを1つの文（SQL文）で記述し、RDBMSに向けて
> 　送信します。
> ・原則的に、文末には区切りとしてセミコロン（;）をつけます。
> ・SQLはその目的によりDDL、DML、DCLに分類できます。

標準SQL

KEYWORD

●SQL

注❶-5
SQLのQ（Query）は「問い合わせ」や「検索」という意味です。

KEYWORD

●標準SQL

注❶-6
本書では「SQL:2003」という標準SQLでの書き方を解説します。

　前節でも触れたとおり、本書で学習するSQL（Structured Query Language）はリレーショナルデータベース（以下、単にデータベースと呼びます）を操作するための言語です。もともと、データベースから効率良くデータを検索する（取り出す）ことを目的に開発された言語ですが（注❶-5）、現在ではデータの検索だけでなく、データの登録や削除といったデータベース操作のほとんどをSQLで行なうことができます。

　SQLにはISO（国際標準化機構）で定められた標準規格があり、それに準拠したSQLを標準SQLと呼びます（コラム「標準SQLと方言」を参照）。以前は、標準SQLに完全に準拠したRDBMSは少なく、RDBMSごとの「方言」でSQL文を書く必要がありました。そうすると、Oracleでは使えたSQL文が、SQL Serverでは使えない、またはその逆が起きる、という不便が起きてしまいます。最近は標準SQLのサポートが進んでいるので、これからSQLを学習する方は標準SQLでの書き方を覚えるようにしましょう。

　本書も、基本的に標準SQL（注❶-6）での書き方を解説していきます。ただし、RDBMSによっては方言でしか書けないSQL文があります。その場合には、そのことを示して方言での書き方を別途紹介します。

> **👉 鉄則1-3**
>
> 標準SQLを覚えれば、さまざまなRDBMSでSQL文が書ける。

SQLの文とその種類

KEYWORD
●キーワード

SQLは、いくつかの**キーワード**と、テーブル名や列名などを組み合わせた1つの文（SQL文）として、操作の内容を記述します。キーワードは、最初から意味や使い方が決められている特別な英単語で、「テーブルを検索する」「このテーブルを参照する」などの意味を持つさまざまなものがあります。

またSQL文は、RDBMSに与える命令の種類により、次の3つに分類されます。

●DDL（Data Definition Language）

KEYWORD
●DDL（データ定義言語）

ＤＤＬ（データ定義言語）は、データを格納する入れ物であるデータベースやテーブルなどを作成したり削除したりします。DDLに分類される命令は次のとおりです。

```
CREATE ：データベースやテーブルなどを作成する
DROP   ：データベースやテーブルなどを削除する
ALTER  ：データベースやテーブルなどの構成を変更する
```

●DML（Data Manipulation Language）

KEYWORD
●DML（データ操作言語）

ＤＭＬ（データ操作言語）は、テーブルの行を検索したり変更したりします。DMLに分類される命令は次のとおりです。

```
SELECT：テーブルから行を検索する
INSERT：テーブルに新規行を登録する
UPDATE：テーブルの行を更新する
DELETE：テーブルの行を削除する
```

●DCL（Data Control Language）

KEYWORD
●DCL（データ制御言語）

ＤＣＬ（データ制御言語）は、データベースに対して行なった変更を確定したり取り消したりします。そのほか、RDBMSのユーザがデータベースにあるもの（テーブルなど）を操作する権限の設定も行ないます。DCLに分類される命令は次のとおりです。

```
COMMIT   ：データベースに対して行なった変更を確定する
ROLLBACK：データベースに対して行なった変更を取り消す
GRANT    ：ユーザに操作の権限を与える
REVOKE   ：ユーザから操作の権限を奪う
```

これらのうち、実際に使われるSQL文の90%はDMLです。本書でも、DMLについての解説が中心です。

鉄則 1-4
SQLは機能により3種類に分けられる。最も使われるのはDML。

SQLの基本的な記述ルール

　SQL文を書く際には、いくつかの記述ルールを守らなければなりません。とはいえ簡単なルールですので、ここで覚えておきましょう。

■SQL文の最後に「;」をつける

　1つのデータベース操作は、1つのSQL文で記述します。RDBMSでも、SQL文を1つずつ実行していきます。

　文には当然、終わりを示す区切り文字が必要です。日本語の文なら句点（。）、英文ならピリオド（.）ですね。SQLでは文の区切り文字としてセミコロン（;）を使います。

KEYWORD
●セミコロン（;）

鉄則 1-5
SQL文はセミコロン（;）で終わる。

■大文字・小文字は区別されない

　SQLでは、キーワードの大文字・小文字は区別されません。「**SELECT**」と書いても「**select**」と書いても同じように解釈されます。テーブル名や列名などについても同様です。

　大文字と小文字のどちらで書くか（また混在させるか）は好みの分かれるところですが、本書では以下のルールでSQL文を記述していきます。

・キーワードは大文字
・テーブル名は頭文字のみ大文字
・そのほか（列名など）は小文字

鉄則 1-6
キーワードの大文字・小文字は区別されない。

　ただし、テーブルに登録されているデータについては、大文字・小文字が区別されます。たとえば、「**Computer**」と登録したデータを「**COMPUTER**」や「**computer**」と同じに扱ったりはしません。

■定数の書き方には決まりがある

SQL文では、文字列（注❶-7）や日付、数値をじかに書く場面がたくさん出てきます。たとえば、テーブルに文字列や日付、数値などのデータを登録するSQL文を書くときなどです。

SQL文の中にじかに書く文字列や日付、数値などを定数と呼びます（「じょうすう」とも読みます）。定数の書き方には、次のような決まりがあります。

文字列をSQL文の中に記述する場合には、`'abc'`というようにシングルクォーテーション（`'`）で文字列を囲んで、それが文字列であることを示します。

日付をSQL文の中に記述する場合には、文字列と同じくシングルクォーテーション（`'`）で囲みます。ただし、日付はさまざまな表現形式（`'26 Jan 2010'`や`'10/01/26'`など）があります。本書では、`'2010-01-26'`という`'年-月-日'`形式を使います。

一方、数値をSQL文の中に記述する場合には、何かの記号で囲む必要はありません。`1000`というように数値だけを書きます。

> **鉄則 1-7**
> 文字列と日付の定数はシングルクォーテーション（`'`）で囲む。
> 数値の定数は囲まない（数値だけを書く）。

■単語は半角スペースか改行で区切る

SQL文では、単語と単語の間を「半角スペース（空白）」または「改行」で区切ります。次のように単語の区切りをなくしてつなげて書くとエラーになり、正しく動作しません。

○ `CREATE TABLE Shohin`
× `CREATETABLE Shohin`
× `CREATE TABLEShohin`

ただし、「全角スペース」を単語を区切る文字として使うことはできません。エラーになったり予期せぬ動作をする原因となるからです。

> **鉄則 1-8**
> 単語の間を半角スペース、または改行で区切る。

注❶-7
文字が1つ以上連なったもの。

KEYWORD
●定数
●シングルクォーテーション（`'`）

KEYWORD
●エラー

不具合や故障、入力ミスなど、さまざまな要因によってシステムやプログラムが想定外の動作をしたり、処理ができない状態になること。一般的に、エラーが発生すると、処理が強制終了したり、エラーメッセージが表示されたりします。

COLUMN

標準SQLと方言

SQLの標準規格は、ANSI（米国規格協会）やISO（国際標準化機構）といった標準化団体により、数年に一度改訂されます。改訂では、構文の改訂や新機能の追加が行なわれます。

ANSIによりはじめてSQLの標準規格が策定されたのは1986年のことです。以降、数度の改訂が行なわれ、本書の執筆時点（2016年5月）では2011年に改訂された規格（SQL:2011）が最新です。改訂ごとに決められた規格は、規格化した年をとって「SQL:1999」「SQL:2003」「SQL:2008」などと呼ばれます。こうした標準規格に準拠したSQLが標準SQLです。

ただし、SQLの標準規格に「どのRDBMSも使えなければならない」という強制力はありません。標準SQLをサポートしたRDBMSは増えましたが、それでも標準SQLで書いたSQL文を実行できないことがあります。こうした場合には、そのRDBMSでしか実行できないSQLの「方言」を使って書くことになります。

実は、これには仕方のない事情もあります。昔は（といっても1980〜1990年代のこと）、標準SQLで決められているSQLの機能がとても貧弱で、実務に使うには十分とはいえませんでした。RDBMSのベンダ（メーカーのこと）はその不足を補うため、独自に機能を追加せざるをえなかったのです。

とはいえ、これにはマイナスの面だけではなく、そうした独自機能の中で便利さが認められたものが標準SQLに取り込まれるという、プラスの面もありました。各ベンダとも、自社の強みと独自性をアピールするために、むしろ積極的に方言を作っていたふしがあります。

現在の標準SQLは、度重なる改訂を経て機能が非常に充実しました。これからSQLを学習する方は、まず標準SQLでの書き方を覚えましょう。

30 ── 第1章 データベースとSQL

1-4 テーブルの作成

第1章 データベースとSQL

学習のポイント

- ・テーブルは**CREATE TABLE**文で作成します。
- ・テーブルや列の名前に使って良い文字は決まっています。
- ・列にはデータ型（整数型、文字列型、日付型など）を指定します。
- ・テーブルには制約（主キー制約、**NOT NULL**制約など）を設定できます。

作成するテーブルの内容

　第2章からは、テーブルを検索するSQL文や、テーブルの行を変更するSQL文などを学習します。この節では、その学習に必要なデータベースとテーブルを作成します。

　表❶-2は、1-2節でテーブルの例として挙げた「商品テーブル」です。

表❶-2　商品テーブル

商品ID	商品名	商品分類	販売単価	仕入単価	登録日
0001	Tシャツ	衣服	1000	500	2009-09-20
0002	穴あけパンチ	事務用品	500	320	2009-09-11
0003	カッターシャツ	衣服	4000	2800	
0004	包丁	キッチン用品	3000	2800	2009-09-20
0005	圧力鍋	キッチン用品	6800	5000	2009-01-15
0006	フォーク	キッチン用品	500		2009-09-20
0007	おろしがね	キッチン用品	880	790	2008-04-28
0008	ボールペン	事務用品	100		2009-11-11

　このテーブルは「ある小売店で扱っている商品の一覧」です。商品数が少ないのですが、一部を抜き出したと思ってください（あくまでSQLを学習するためのテーブルです）。商品ID が0003番の登録日や、0006番の仕入単価のように、空欄になっているところがありますが、これは店主がずぼらで入力を忘れてしまったのです。

　見てわかるように、表❶-2は6つの列と8つの行から構成されています。一番上の行はデータの項目名を示す見出しなので、本当のデータは2行目からです。

> **メモ**
>
> さて、いよいよ以降では学習用のデータベースやテーブルを作成してSQL文の書き方を学習していきます。SQL学習環境（PostgreSQL）の準備ができていない方は、第0章の内容に従って準備を整えてください。

データベースの作成（CREATE DATABASE文）

前章でも述べたとおり、テーブルを作成するには、その前にテーブルを格納するためのデータベースを先に作らなければなりません。RDBMS上にデータベースを作成するには、**CREATE DATABASE文**というSQL文を実行します。**CREATE DATABASE**文の構文は次のとおりです (注❶-8)

KEYWORD

●CREATE DATABASE
文

注❶-8
この構文では必要最低限の項目しか指定していません。本格的なデータベース開発では、そのほかにもさまざまな項目を設定することになります。

構文❶-1　データベースを作成する**CREATE DATABASE**文

```
CREATE DATABASE <データベース名>;
```

ここではデータベース名を**shop**としておきましょう。この場合はList❶-1のSQL文を実行します (注❶-9)。

注❶-9
第0章ではPostgreSQLでSQL文を実行する方法について解説しています。この第0章の内容を実行済みの方はすでに「shop」という名前のデータベースが作成されているはずです。その場合は次項の「テーブルの作成」の作業へ進んでください。

List❶-1　**shop**データベースを作成する**CREATE DATABASE**文

```
CREATE DATABASE shop;
```

なお、データベース名をはじめ、テーブルや列などの名前は半角文字（アルファベット、数字、記号）で書きます。詳しくはのちほど説明します。

テーブルの作成（CREATE TABLE文）

KEYWORD

●CREATE TABLE文

注❶-10
この構文では必要最低限の項目しか指定していません。本格的なデータベース開発では、そのほかにもさまざまな項目を設定することになります。

データベースを作成できたら、次に**CREATE TABLE**文でテーブルをその中に作成します。**CREATE TABLE**文の構文は次のとおりです (注❶-10)。

● *32* ──── 第1章　データベースとSQL

構文❶-2　テーブルを作成するCREATE TABLE文

```
CREATE TABLE <テーブル名>
(<列名1> <データ型> <この列の制約>,
 <列名2> <データ型> <この列の制約>,
 <列名3> <データ型> <この列の制約>,
 <列名4> <データ型> <この列の制約>,
              ⋮
 <このテーブルの制約1>, <このテーブルの制約2>, ……);
```

　この構文は、<列名1>、<列名2>、……という列を持ち、<テーブル名>という名前のテーブルを作っている、ととらえるとわかりやすいでしょう。列に対する「データ型」（後述）の指定は必須です。必要に応じて列に「制約」（後述）を設定します。制約の設定は列の定義ごとに記述することもできますし、最後にまとめて記述することもできます（注❶-11）。

注❶-11
ただし、後述の**NOT NULL**制約は列単位でしか設定できません。

　List❶-2は、表❶-2の商品テーブルを**Shohin**テーブルとしてデータベースに作成する**CREATE TABLE**文です。表❶-2と見比べてみてください。

List❶-2　Shohinテーブルを作成するCREATE TABLE文

```
CREATE TABLE Shohin
(shohin_id     CHAR(4)       NOT NULL,
 shohin_mei    VARCHAR(100)  NOT NULL,
 shohin_bunrui VARCHAR(32)   NOT NULL,
 hanbai_tanka  INTEGER       ,
 shiire_tanka  INTEGER       ,
 torokubi      DATE          ,
 PRIMARY KEY (shohin_id));
```

メ モ

　本書では、この**Shohin**テーブルをはじめ、サンプル（学習用）のテーブルをいくつか作成します。それらのテーブルを作成するためのSQL文は、本書サンプルコードの「**¥Sample ¥CreateTable¥**<RDBMS名>」フォルダに、「**CreateTable**<テーブル名>**.sql**」というファイル名で収録しています。たとえば、PostgreSQLで**Shohin**テーブルを作成するためのSQL文は、本書サンプルコードの「**¥Sample¥CreateTable¥PostgreSQL**」フォルダに、「**CreateTableShohin.sql**」ファイルとして収録しています。

　なお、**CreateTableShohin.sql**には、**Shohin**テーブルを作成するSQL文（List❶-2）と、**Shohin**テーブルへデータを登録するSQL文（後述のList❶-6）が含まれています。このように、サンプルのテーブルにあらかじめデータを登録して利用する場合は、データ登録用のSQL文もあわせて含まれています。

命名ルール

　表❶-2に示したテーブルと列の名前は、日本語で書かれていました。しかし、実際にテーブルをデータベースに作成するときには、日本語（全角文字）で名前をつけてはいけません。もちろん、テーブルに格納するデータには日本語を使えます。そうでなければ、私たちのデータベースとしては役に立ちませんね。

　データベースやテーブル、列といった名前に使える文字は、半角文字のアルファベット、数字、アンダーバー（_）に限られます。たとえば、**shohin_id**を**shohin-id**と書いてはいけません。ハイフンを列名などに使うことは、標準SQLにおいて認められていないからです。同様に、**$**や**#**や**?**のような記号も名前に使ってはいけません。

　RDBMSの中には、こうした記号や日本語（全角文字）を列の名前などに使うことのできるものもありますが、それはあくまでそのRDBMSが独自に認めているだけで、ほかのRDBMSでも同様に使えるという保証はありません。少し窮屈に感じるかもしれませんが、半角文字のアルファベット、数字、アンダーバー（_）だけを使うようにしましょう。

鉄則 1-9
データベースやテーブル、列などの名前に使って良い文字は、次の3種類である。
・半角のアルファベット
・半角の数字
・アンダーバー（_）

　また、名前の最初には必ず半角のアルファベットを使わなければなりません。名前の最初を記号ではじめようとする人はあまりいませんが、時折見かけるのが**1shohin**や**2009_uriage**のように、数字からはじめる名前です。気持ちはわかりますが、標準SQLでは禁止されています。**shohin1**や**uriage_2009**のように表記しましょう。

鉄則 1-10
名前の最初の文字は「半角のアルファベット」にすること。

　最後に、1つのデータベースの中に同じ名前のテーブルを2つ以上作ろうとしたり、1つのテーブル内に同じ名前の列を2つ以上作ろうとしてはいけません。こういうケースでも、やはりRDBMSはエラーを返します。

鉄則 1-11
名前は重複してはならない。

●34 ———— 第1章　データベースとSQL

　ここまでに説明したルールを踏まえて、List❶-2の**CREATE TABLE**文では表❶-2の商品テーブルの各列に対し、表❶-3のような名前をつけていました。テーブル名は**Shohin**としていましたね。

表❶-3　商品テーブルと**Shohin**テーブルの列名の対応

商品テーブルでの列名	**Shohin**テーブルで定義した列名
商品ID	shohin_id
商品名	shohin_mei
商品分類	shohin_bunrui
販売単価	hanbai_tanka
仕入単価	shiire_tanka
登録日	torokubi

データ型の指定

　次に、**Shohin**テーブルが持つ列を、**CREATE TABLE Shohin( )**のカッコ**( )**の中に記述します。列名の右どなりにある**INTEGER**や**CHAR**といったキーワードは、その列の<u>データ型</u>を宣言するもので、<u>すべての列に必ず指定します</u>。

KEYWORD
●データ型
●数値型
●文字列型
●日付型

　データ型はデータの種類を表わし、<u>数値型</u>や<u>文字列型</u>、<u>日付型</u>などがあります。どの列も、データ型に反するデータを入れることはできません。整数型と宣言された列に**'あいう'**のような文字列を格納することはできませんし、文字列型と宣言された列に**1234**という数値を入力することはできません。

　データ型には非常にたくさんの種類があり、またRDBMSごとにかなり違います。業務で使うような本格的なデータベースを作成するときには、RDBMSごとに最適なデータ型を使う必要がありますが、SQLを学習する場合には、最も基本的なデータ型だけで十分です。次に挙げる4つのデータ型を覚えておきましょう。

KEYWORD
●**INTEGER**型

● **INTEGER**型
　整数を入れる列に指定するデータ型（数値型）です。小数は入れられません。

KEYWORD
●**CHAR**型

● **CHAR**型
　CHARはCHARACTER（文字）の略で、文字列を入れる列に指定するデータ型（文字列型）です。**CHAR(10)**や**CHAR(200)**のように、列の中に入れることのできる文字列の長さ（最大長）をカッコ**( )**で指定します。最大長を超える長さの文字列は入りません。長さの単位はRDBMSにより異なり、文字数である場合とバイト長（注❶-12）である場合があります。

注❶-12
「バイト」はコンピュータ内部のデータの単位。1文字は1〜3バイトを使って表わされます（文字の種類や表現方式による）。

1-4 テーブルの作成 —— 35

KEYWORD
●固定長文字列

CHAR型の列には、<ruby>固定長文字列<rt>こていちょうもじれつ</rt></ruby>という形式で文字列が格納されます。固定長文字列では、列に入れる文字列の長さが最大長に満たない場合、文字数が最大長になるまで空きを半角スペースで埋めます。たとえば、CHAR(8)の列に'abc'という文字を入れたとしましょう。すると、'abc⎵⎵⎵⎵⎵'（abcの後ろに半角スペースが5つ）という形で格納されます。

なお、SQLではアルファベットの大文字・小文字が区別されないと説明しましたが、テーブルに格納した文字列については大文字・小文字が区別されます。つまり、'ABC'と'abc'は異なる文字列とみなされます。

KEYWORD
●VARCHAR型
●可変長文字列

注❶-13
VARCHARのVARは「VARING（可変）」の略です。

● <ruby>VARCHAR<rt>バーキャラ</rt></ruby>型

CHAR型と同じく文字列を入れる列に指定するデータ型（文字列型）で、やはり、列の中に入れることのできる文字列の長さ（最大長）をカッコで指定します。ただし、こちらは<ruby>可変長文字列<rt>かへんちょうもじれつ</rt></ruby>という形式で、列の中に文字列が入ります（注❶-13）。固定長文字列では、文字数が最大長に満たない場合に半角スペースで埋めていましたが、可変長文字列では文字数が最大長に満たなくても、半角スペースで埋めたりしません。VARCHAR(8)の列に'abc'という文字列を入れた場合、データはそのまま'abc'です。

なお、格納した文字列の大文字・小文字が区別されることはCHAR型と同じです。

KEYWORD
●VARCHAR2型

> **方言**
> Oracleでは<ruby>VARCHAR2<rt>バーキャラツー</rt></ruby>型です（OracleはVARCHRというデータ型を持っていますが、使用が推奨されていません）。

KEYWORD
●DATE型

● <ruby>DATE<rt>デイト</rt></ruby>型

日付（年月日）を入れる列に指定するデータ型（日付型）です。

> **方言**
> OracleのDATE型は、データに年月日だけでなく時分秒まで含みますが、本書の学習では日付だけを扱います。

制約の設定

KEYWORD
●制約

<ruby>制約<rt>せいやく</rt></ruby>とは、データ型のほかに、列に入れるデータに制限や条件を追加する機能です。Shohinテーブルには、2種類の制約が設定されています。

Shohinテーブルのshohin_id列、shohin_mei列、shohin_bunrui

36 ——— 第1章　データベースとSQL

列は、次のように定義されていました。

```
shohin_id     CHAR(4)       NOT NULL,
shohin_mei    VARCHAR(100)  NOT NULL,
shohin_bunrui VARCHAR(32)   NOT NULL,
```

KEYWORD
●NOT NULL制約
●NULL

注❶-14
NULLという言葉には「無」あるいは「空」という意味があります。また、NULLはSQLを使ううえで頻繁に出てくるキーワードなので、必ず覚えましょう。

データ型の右どなりにあるのが、NOT NULL制約の設定です。NULLとは「無記入」状態であることを表わすキーワードです（注❶-14）。そのNULLをNOT、つまり否定するわけですから、**NOT NULL**制約は無記入ではいけない、必ずデータが入っていなければならない、という制限を列に課します（無記入ではエラーになります）。

Shohinテーブルの**shohin_id**（商品ID）列、**shohin_mei**（商品名）列、**shohin_bunrui**（商品分類）列は、いずれも必ずデータを入れなければならない項目というわけです。

一方、**Shohin**テーブルを作成する**CREATE TABLE**文の最後には、次のような記述があります。

```
PRIMARY KEY (shohin_id)
```

KEYWORD
●主キー制約
●キー
●主キー（プライマリキー）

注❶-15
1つの行を特定できることを、「一意になる」「ユニークになる」とも言います。

ここでは**shohin_id**列に主キー制約を設定しています。キーとは、特定のデータを指定するときに使う列の組み合わせのことです。キーには何種類かありますが、主キー（プライマリキーとも呼びます）は1つの行を特定できる（注❶-15）列のことです。つまり、**shohin_id**を指定すれば、特定の商品のデータ（行）を取り出せます。

逆にいえば、**shohin_id**列に重複した値が入っていると、特定の商品のデータだけを取り出すことができません（1つの行だけを特定できないからです）。主キー制約はこのような列に設定されます。

1-5 テーブルの削除と変更 **37**

第1章 データベースとSQL

1-5 テーブルの削除と変更

学習のポイント
- テーブルを削除する場合には**DROP TABLE**文を使います。
- テーブルの列を追加したり削除したりする場合には**ALTER TABLE**文を使います。

テーブルの削除（DROP TABLE文）

KEYWORD
●DROP TABLE文

さて、**Shohin**テーブルを作ったばかりですが、ここでテーブルを削除する方法も紹介しておきます。テーブルを削除するSQL文はとても簡単で、1行の**DROP TABLE**文で書けます。

構文❶-3 テーブルを削除するDROP TABLE文

```
DROP TABLE <テーブル名>;
```

したがって、**Shohin**テーブルを削除したいのならList❶-3のように書きます（注❶-16）。

List❶-3 Shohinテーブルを削除

```
DROP TABLE Shohin;
```

注❶-16
この後も**Shohin**テーブルを使って学習していきますので、**Shohin**テーブルは削除しないでください。削除する場合は再度**Shohin**テーブルを作成しておいてください。

注❶-17
正確には、RDBMSの多くが復活させる機能を備えています。しかし、原則として復活はできないと考えてください。

DROPは「落とす」とか「捨てる」という意味です。注意しなければならないのは、「削除したテーブルとそのデータは復活できない」ことです（注❶-17）。「あっ、間違えて**DROP**しちゃった」と思っても、元には戻せません。またテーブルを**CREATE**し、データを登録し直さなければなりません。

実務で使っている大切なテーブルをうっかり削除してしまったら、それはもう、悲劇以外の何物でもありません。特に大量のデータを抱えているテーブルの復旧には大きな時間と労力がかかります。重々注意してください。

👆! 鉄則 1-12

削除したテーブルは復活できない！
DROP TABLE文を実行する前によく確認すること。

テーブル定義の変更（ALTER　TABLE文）

せっかくテーブルを作ったものの、後になって列が足りないことが判明する場合があります。そうしたとき、テーブルを削除して再作成する必要はなく、テーブルの定義を変更する**ALTER　TABLE**文を使います。**ALTER**は「変える」という意味です。代表的な使い方を紹介しましょう。

まず、列を追加する場合には次の構文を使います。

KEYWORD

●ALTER　TABLE文

構文❶-4　列を追加する**ALTER　TABLE**文

```
ALTER TABLE <テーブル名> ADD COLUMN <列の定義>;
```

> **方言**
>
> OracleとSQL Serverでは、次のように**COLUMN**をつけません。
>
> ```
> ALTER TABLE <テーブル名> ADD  <列の定義>;
> ```
>
> なお、Oracleで複数列を一度に追加する場合は、次のようにカッコ ( ) を使って書きます。
>
> ```
> ALTER TABLE <テーブル名> ADD (<列の定義>, <列の定義>, ……);
> ```

たとえば、**Shohin**テーブルに**shohin_mei_kana**（商品名（カナ））という100けたの可変長文字列を入れる列を追加するときには、List❶-4のように書きます。

List❶-4　100けたの可変長文字列を入れる**shohin_mei_kana**列を追加

```
DB2   PostgreSQL   MySQL
ALTER TABLE Shohin ADD COLUMN shohin_mei_kana VARCHAR(100);

Oracle
ALTER TABLE Shohin ADD (shohin_mei_kana VARCHAR2(100));

SQL Server
ALTER TABLE Shohin ADD shohin_mei_kana VARCHAR(100);
```

反対に、テーブルの列を削除する場合には次のように書きます。

構文❶-5　列を削除する**ALTER　TABLE**文

```
ALTER TABLE <テーブル名> DROP COLUMN <列名>;
```

1-5 テーブルの削除と変更 —— *39* ●

> **方言**
>
> Oracle では、次のように **COLUMN** を省略することができます。
>
> ```
> ALTER TABLE <テーブル名> DROP <列名>;
> ```
>
> また、Oracle で複数列を一度に削除する場合は、次のようにカッコ **()** を使って書きます。
>
> ```
> ALTER TABLE <テーブル名> DROP (<列名>, <列名>, ……);
> ```

　たとえば、**Shohin** テーブルから先ほど追加した **shohin_mei_kana** 列を削除するときには List ❶-5 のように書きます。

List❶-5　shohin_mei_kana 列を削除

```
SQL Server   DB2   PostgreSQL   MySQL
ALTER TABLE Shohin DROP COLUMN shohin_mei_kana;

Oracle
ALTER TABLE Shohin DROP (shohin_mei_kana);
```

　この **ALTER TABLE** 文も **DROP TABLE** 文と同様、実行したら元に戻せません。間違って列を削除してしまったら、**ALTER TABLE** 文で追加するか、テーブルごと削除して再作成するしかありません。

> **鉄則 1-13**
>
> テーブル定義を変更したら元に戻せない！
> **ALTER TABLE** 文を実行する前によく確認すること。

Shohin テーブルへのデータ登録

　最後に、**Shohin** テーブルへデータを登録してみましょう。次章からは、データを登録したこの **Shohin** テーブルを使い、テーブルに格納したデータを操作する SQL 文を学んでいきます。
　Shohin テーブルにデータを追加する SQL 文は List ❶-6 のとおりです。

第1章　データベースとSQL

List❶-6　Shohinテーブルにデータを登録するSQL文

```
[SQL Server] [PostgreSQL]
-- DML：データ登録
BEGIN TRANSACTION; ─────────────①

INSERT INTO Shohin VALUES ('0001', 'Tシャツ',        '衣服',      ➡
1000, 500,  '2009-09-20');
INSERT INTO Shohin VALUES ('0002', '穴あけパンチ',   '事務用品',  ➡
500,  320,  '2009-09-11');
INSERT INTO Shohin VALUES ('0003', 'カッターシャツ', '衣服',      ➡
4000, 2800, NULL);
INSERT INTO Shohin VALUES ('0004', '包丁',          'キッチン用品', ➡
3000, 2800, '2009-09-20');
INSERT INTO Shohin VALUES ('0005', '圧力鍋',        'キッチン用品', ➡
6800, 5000, '2009-01-15');
INSERT INTO Shohin VALUES ('0006', 'フォーク',      'キッチン用品', ➡
500,  NULL, '2009-09-20');
INSERT INTO Shohin VALUES ('0007', 'おろしがね',    'キッチン用品', ➡
880,  790,  '2008-04-28');
INSERT INTO Shohin VALUES ('0008', 'ボールペン',    '事務用品',  ➡
100,  NULL, '2009-11-11');

COMMIT;
```

➡は紙面の都合で折り返していることを表わします。

方言

List❶-6のDML文はDBMSによって書き方が少し異なります。
MySQLで実行するには、①の「**BEGIN TRANSACTION;**」を、

```
START TRANSACTION;
```

に変更してください。
　Oracleと DB2で実行するには、①の「**BEGIN TRANSACTION;**」は必要ありません（削除してください）。
　なお、これらDBMSごとのDML文は、本書サンプルコードの「**¥Sample¥CreateTable ¥<RDBMS名>**」フォルダに、「**CreateTableShohin.sql**」というファイル名で収録しています。

　INSERT文という行を追加する命令文を使って、**表❶-2**と同じデータを登録しています。最初の**BEGIN TRANSACTION**文は行の追加を開始する命令文、そして最後の**COMMIT**文は行の追加を確定する命令文です。これらの命令文については第4章で詳しく学びますので、ここで覚える必要はありません。

1-5 テーブルの削除と変更 ─── *41*

COLUMN

テーブルの訂正

　本節では、「**Shohin**」という名前のテーブルをサンプルに使っていますが、あわてていると、テーブルの名前を「**Sohin**」のように間違えて作ってしまうことがあります。さて、こういうときはどうしましょう。

　まだテーブルに1行もデータが入っていなければ、テーブルを**DROP**して、再度正しい名前のテーブルを**CREATE**する、という方法をとれば問題ありません。しかし、テーブル名が間違っていることに気づかずに、すでに大量のデータを登録してしまった後だとしたら、この方法はけっこう骨が折れます。大量のデータ登録は手間も時間もかかることが多いからです。あるいは、一度は「これにしよう」と決めたテーブル名も、いざ作ってみたら気にいらなくて変えたくなった、という場合でも、同じ悩みが発生します。

KEYWORD
● RENAME

　このような場合、多くのデータベースが、テーブルの名前を変更する「RENAME（改名）」という便利なコマンドを持っています。たとえば、**Sohin**テーブルを**Shohin**テーブルに変更したいときは、List❶-Aのようなコマンドを使います。

List❶-A　テーブル名を変更する

```
 Oracle    PostgreSQL 
ALTER TABLE Sohin RENAME TO Shohin;


 DB2 
RENAME TABLE Sohin TO Shohin;


 SQL Server 
sp_rename 'Sohin', 'Shohin';


 MySQL 
RENAME TABLE Sohin to Shohin;
```

　このように、基本的には**RENAME**の後に<変更前の名前>、<変更後の名前>という順番でテーブル名を指定して使います。

　これほどまでにデータベースによって構文が異なる理由は、**RENAME**が標準SQLに含まれていないため、各データベースが好き勝手に構文を決めているからです。上記のようにテーブル名を間違えて作ってしまった場合や、テーブルのバックアップを保存しておきたい場合などに使うと便利ですが、構文がごっちゃになってすぐに思い出せないのが玉にきずです。そんなときは、このコラムを見て各RDBMSの構文を思い出してください。

練習問題

1.1 表❶-Aのような列を持つ**Jyushoroku**（住所録）テーブルを作成する**CREATE TABLE**文を作成してください。ただし、**toroku_bango**（登録番号）列の主キー制約は、列の定義とは別のところで設定してください。

表❶-A　Jyushoroku（住所録）テーブルの列

列の意味	列名	データ型	制約
登録番号	toroku_bango	整数型	NULL不可、主キー
名前	namae	可変長文字列型 （長さは128）	NULL不可
住所	jyusho	可変長文字列型 （長さは256）	NULL不可
電話番号	tel_no	固定長文字列型 （長さは10）	
メールアドレス	mail_address	固定長文字列型 （長さは20）	

1.2 問題1.1で作成した**Jyushoroku**テーブルに、次のような**yubin_bango**（郵便番号）列を追加するのを忘れていました。この列を**Jyushoroku**テーブルに追加してください。

列名　　　：**yubin_bango**
データ型：固定長文字列型（長さは8）
制約　　　：NULL不可

1.3 **Jyushoroku**テーブルを削除してください。

1.4 削除した**Jyushoroku**テーブルを復活させてください。

第 2 章 | 検索の基本

SELECT 文の基本
算術演算子と比較演算子
論理演算子

SQL

この章のテーマ

　本章では、前章で作成した**Shohin**テーブルからデータを検索するSQL文を学びます。このときに使用する**SELECT**文は、SQLの基本となる最も大切な文です。掲載している**SELECT**文を実際に実行して、書き方や動作を体験的に身につけましょう。

　検索するときには、選択したいデータの条件（検索条件）を指定します。「ある列がこの値と等しい」「ある列を掛け算した値がこの値より大きい」といった条件を、1つあるいは複数指定することでほしいデータを検索できます。

2-1　SELECT文の基本
■ 列を出力する
■ すべての列を出力する
■ 列に別名をつける
■ 定数の出力
■ 結果から重複行を省く
■ **WHERE**句による行の選択
■ コメントの書き方

2-2　算術演算子と比較演算子
■ 算術演算子
■ **NULL**には要注意
■ 比較演算子
■ 文字列に不等号を使うときの注意
■ **NULL**に比較演算子は使えない

2-3　論理演算子
■ **NOT**演算子
■ **AND**演算子と**OR**演算子
■ カッコ**( )**をつけると強くなる
■ 論理演算子と真理値
■ **NULL**を含む場合の真理値

2-1 SELECT文の基本　　**45**

第2章　検索の基本

2-1 SELECT文の基本

> **学習のポイント**
>
> ・テーブルからデータを選択するには**SELECT**文を使います。
> ・列には表示用の別名をつけられます。
> ・**SELECT**句には定数や式を書くことができます
> ・**DISTINCT**キーワードを指定すると、行の重複を省くことができます。
> ・SQL文の中にメモ書きとして「コメント」をつけられます。
> ・**WHERE**句により、検索条件に合う行をテーブルから選択することができます。

列を出力する

KEYWORD
●**SELECT**文
●問い合わせ
●クエリ

　テーブルからデータを取り出すときには、SELECT文を使います。「テーブルにあるデータから必要なものだけをセレクト（SELECT）する」とイメージすると良いでしょう。また、SELECT文で必要なデータを検索し、取り出すことを「問い合わせ」あるいは「クエリ（query）」と呼ぶこともあります。

　SELECT文は、数あるSQL文の中で最も多用され、かつ最も基本となるSQL文です。**SELECT**文をマスターすることは、SQLをマスターすることに直接つながります。

　SELECT文の基本的な構文は次のとおりです。

構文❷-1　基本的な**SELECT**文

```
SELECT <列名>, ……
  FROM <テーブル名>;
```

KEYWORD
●句

注❷-1
clauseには「節」という
訳語をあてることもありま
すが、本書では「句」で
統一します。

　この**SELECT**文には、**SELECT**句と**FROM**句という2つの「句（clause）（注❷-1）」があります。句はSQL文を構成する要素で、**SELECT**や**FROM**などのキーワードからはじまるフレーズです。

　SELECT句には、テーブルから出力したい列の名前を書き並べます。一方、**FROM**句には、データを取り出すテーブルの名前を指定します。

　例として、第1章で作成した**Shohin**（商品）テーブルから、図❷-1のように**shohin_id**（商品ID）列、**shohin_mei**（商品名）列、**shiire_tanka**（仕入単価）列を出力してみましょう。

図❷-1 Shohinテーブルの列を出力する

shohin_id （商品ID）	shohin_mei （商品名）	shohin_bunrui （商品分類）	hanbai_tanka （販売単価）	shiire_tanka （仕入単価）	torokubi （登録日）
0001	Tシャツ	衣服	1000	500	2009-09-20
0002	穴あけパンチ	事務用品	500	320	2009-09-11
0003	カッターシャツ	衣服	4000	2800	
0004	包丁	キッチン用品	3000	2800	2009-09-20
0005	圧力鍋	キッチン用品	6800	5000	2009-01-15
0006	フォーク	キッチン用品	500		2009-09-20
0007	おろしがね	キッチン用品	880	790	2008-04-28
0008	ボールペン	事務用品	100		2009-11-11

これら3つの列を出力

このときのSELECT文はList❷-1のとおりです。正しく実行できると、その下の「実行結果」のように表示されます（注❷-2）。

注❷-2
結果の表示方法は、RDBMSのクライアントによって若干異なります（データの内容は同じです）。なお、本書に掲載している実行結果は、特にことわりがない限り、PostgreSQL 9.5でのものです。

List❷-1 Shohinテーブルから3つの列を出力

```
SELECT shohin_id, shohin_mei, shiire_tanka
  FROM Shohin;
```

実行結果

```
 shohin_id |   shohin_mei   | shiire_tanka
-----------+----------------+--------------
 0001      | Tシャツ        |          500
 0002      | 穴あけパンチ   |          320
 0003      | カッターシャツ |         2800
 0004      | 包丁           |         2800
 0005      | 圧力鍋         |         5000
 0006      | フォーク       |
 0007      | おろしがね     |          790
 0008      | ボールペン     |
```

注❷-3
ここで、行の順序が上記の実行結果と異なって出力された方がいるかもしれません。SELECT文の結果の行の並び順は、ユーザが指定しない限り適当なので、そのようなことが起こりえます。行の並び順を指定する方法（ORDER BY）は第3章で学びます。

SELECT文の1行目にある「**SELECT shohin_id, shohin_mei, shiire_tanka**」がSELECT句です。出力する列の順番や数は自由に決められます。複数の列を出力するときには、カンマ（**,**）で区切って書き並べます。このとき、結果の列はSELECT句と同じ順番で並びます（注❷-3）。

KEYWORD
●アスタリスク（*）

すべての列を出力する

すべての列を出力したいときには、すべての列を意味するアスタリスク（*）を使う

ことができます。

構文❷-2 すべての列を出力

```
SELECT *
  FROM <テーブル名>;
```

たとえば、**Shohin**テーブルのすべての列を出力する場合には、List❷-2のように書くことができます。

List❷-2 Shohinテーブルのすべての列を出力

```
SELECT *
  FROM Shohin;
```

これは、List❷-3のように書いた**SELECT**文と同じ結果が得られます。

List❷-3 List❷-2と同じ意味のSELECT文

```
SELECT shohin_id, shohin_mei, shohin_bunrui, hanbai_tanka,
       shiire_tanka, torokubi
  FROM Shohin;
```

実行結果は次のとおりです。

実行結果

```
shohin_id | shohin_mei   | shohin_bunrui | hanbai_tanka | shiire_tanka | torokubi
----------+--------------+---------------+--------------+--------------+-----------
0001      | Tシャツ       | 衣服           |         1000 |          500 | 2009-09-20
0002      | 穴あけパンチ   | 事務用品       |          500 |          320 | 2009-09-11
0003      | カッターシャツ | 衣服           |         4000 |         2800 |
0004      | 包丁          | キッチン用品   |         3000 |         2800 | 2009-09-20
0005      | 圧力鍋        | キッチン用品   |         6800 |         5000 | 2009-01-15
0006      | フォーク      | キッチン用品   |          500 |              | 2009-09-20
0007      | おろしがね    | キッチン用品   |          880 |          790 | 2008-04-28
0008      | ボールペン    | 事務用品       |          100 |              | 2009-11-11
```

鉄則2-1

アスタリスク（*）は全列を意味する。

ただし、アスタリスクを使うと、結果の列の並び順を指定することはできません。このときには、**CREATE TABLE**文で定義したときの順番で列が並びます。

48 ——— 第2章　検索の基本

> ## COLUMN
>
> ### 改行をむやみに入れると間違いのもと
>
> 　SQL文では、改行や半角スペースによる単語の区切りを、どこで行なってもかまいません。したがって、
>
> ```
> SELECT
> *
> FROM
> Shohin
> ;
> ```
>
> という改行だらけの**SELECT**文でも問題なく実行されます。しかし、見づらくて間違いのもとです。「句ごとに改行」を原則としましょう（句が長い場合には、読みやすさを考慮して途中で適宜改行を入れます）。
>
> 　また、次のように空行（1文字もない行）をはさむと正しく実行されないので注意しましょう。
>
> ```
> SELECT *
>
>   FROM Shohin;
> ```

列に別名をつける

KEYWORD
●ASキーワード
●別名

　SQL文では、ASキーワードを使って、列に別名をつけることができます。例を見てみましょう（List❷-4）。

List❷-4　列に別名をつける

```
SELECT shohin_id   AS id,
       shohin_mei  AS namae,
       shiire_tanka AS tanka
  FROM Shohin;
```

実行結果

```
  id  |     namae      | tanka
------+----------------+-------
 0001 |Tシャツ         |   500
 0002 |穴あけパンチ     |   320
 0003 |カッターシャツ   |  2800
 0004 |包丁            |  2800
 0005 |圧力鍋          |  5000
 0006 |フォーク        |
 0007 |おろしがね       |   790
 0008 |ボールペン       |
```

KEYWORD
●ダブルクォーテーション（"）

別名には日本語を使うこともできます。その場合には、別名をダブルクォーテーション（"）で囲みます（注❷-4）。シングルクォーテーション（'）ではないことに注意しましょう。List❷-5は、日本語で列に別名をつけているSELECT文です。

注❷-4
ダブルクォーテーションを使うと、スペース（空白）を含む別名をつけることもできます。ただし、ダブルクォーテーションのつけ忘れでエラーになることはよくあるのですすめません。空白の代わりに**shohin_ichiran**のようにアンダーバー（_）を使いましょう。

List❷-5　日本語で別名をつけた

```
SELECT shohin_id    AS "商品ID",
       shohin_mei   AS "商品名",
       shiire_tanka AS "仕入単価"
  FROM Shohin;
```

実行結果

```
商品ID  |    商品名       | 仕入単価
-------+----------------+---------
0001   | Tシャツ         |     500
0002   | 穴あけパンチ     |     320
0003   | カッターシャツ   |    2800
0004   | 包丁            |    2800
0005   | 圧力鍋          |    5000
0006   | フォーク        |
0007   | おろしがね      |     790
0008   | ボールペン      |
```

実行結果が見やすくなりましたね。このように、別名はSELECT文の実行結果をより見やすくしたり、扱いやすくするために使います。

 鉄則2-2
日本語の別名をつけるときは、ダブルクォーテーション（"）で囲む。

定数の出力

SELECT句には、列名だけでなく定数を書くこともできます。List❷-6では、1列目に**'商品'**という文字列の定数（文字列定数）を、2列目に**38**という数値の定数（数値定数）を、3列目に**'2009-02-24'**という日付の定数（日付定数）をSELECT句に記述して、**shohin_id**列と**shohin_mei**列と一緒に出力しています（注❷-5）。

KEYWORD
●文字列定数
●数値定数
●日付定数

注❷-5
SQL文の中に文字列や日付の定数を書く場合には、必ずシングルクォーテーション（'）で囲むのでしたね。

List❷-6　定数を出力

```
SELECT '商品' AS mojiretsu, 38 AS kazu, '2009-02-24' AS hizuke,
       shohin_id, shohin_mei
  FROM Shohin;
```

実行結果

```
 mojiretsu | kazu |   hizuke   | shohin_id |  shohin_mei
-----------+------+------------+-----------+--------------
 商品      |   38 | 2009-02-24 | 0001      | Tシャツ
 商品      |   38 | 2009-02-24 | 0002      | 穴あけパンチ
 商品      |   38 | 2009-02-24 | 0003      | カッターシャツ
 商品      |   38 | 2009-02-24 | 0004      | 包丁
 商品      |   38 | 2009-02-24 | 0005      | 圧力鍋
 商品      |   38 | 2009-02-24 | 0006      | フォーク
 商品      |   38 | 2009-02-24 | 0007      | おろしがね
 商品      |   38 | 2009-02-24 | 0008      | ボールペン
```

実行結果のとおり、すべての行に**SELECT**句に記述した定数が出力されます。

なお、**SELECT**句には定数以外に計算式などを書くこともできます。計算式を書く場合については次節で学びます。

結果から重複行を省く

たとえば、**Shohin**テーブルにどんな商品分類（**shohin_bunrui**）が登録されているのかを知りたいとしましょう。そのときには、図❷-2のように重複を省いてデータを見られるとうれしいですね。

図❷-2　重複を省いて商品分類を見てみたい

shohin_id （商品ID）	shohin_mei （商品名）	shohin_bunrui （商品分類）	hanbai_tanka （販売単価）	shiire_tanka （仕入単価）	torokubi （登録日）
0001	Tシャツ	衣服	1000	500	2009-09-20
0002	穴あけパンチ	事務用品	500	320	2009-09-11
0003	カッターシャツ	衣服	4000	2800	
0004	包丁	キッチン用品	3000	2800	2009-09-20
0005	圧力鍋	キッチン用品	6800	5000	2009-01-15
0006	フォーク	キッチン用品	500		2009-09-20
0007	おろしがね	キッチン用品	880	790	2008-04-28
0008	ボールペン	事務用品	100		2009-11-11

重複を省く

shohin_bunrui （商品分類）
衣類
事務用品
キッチン用品

KEYWORD

●DISTINCTキーワード

このように重複行を省いて結果を得たいときには、**SELECT**句で**DISTINCT**とい
うキーワードを使います (List❷-7)。

List❷-7　DISTINCTを使って`shohin_bunrui`列を重複を省いた形で出力

```
SELECT DISTINCT shohin_bunrui
  FROM Shohin;
```

実行結果

```
shohin_bunrui
---------------
キッチン用品
衣服
事務用品
```

> **鉄則2-3**
>
> 結果から重複行を省く場合には、**SELECT**句に**DISTINCT**をつける。

DISTINCTを使ったとき、**NULL**も1種類のデータとして扱われます。複数の行に
NULLがある場合には、やはり1つの**NULL**にまとめられます。List❷-8は、**NULL**が
登録されている**shiire_tanka**（仕入単価）列に対して**DISTINCT**をつけた
SELECT文です。2つある**2800**のほか、2つある**NULL**も1つにまとめられています。

List❷-8　NULLを含む列にDISTINCTキーワードをつけた場合

```
SELECT DISTINCT shiire_tanka
  FROM Shohin;
```

実行結果

```
shiire_tanka
--------------
        5000
                ← NULLも消えずに残る
         790
         500
        2800
         320
```

DISTINCTは、List❷-9のように複数の列の前に置くこともできます。この場合、
複数の列を組み合わせてもなお重複する行が1つにまとめられます。List❷-9の
SELECT文では、**shohin_bunrui**（商品分類）列と**torokubi**（登録日）列の
組み合わせがまったく同じ行が、1つの行にまとめられます。

● *52* ——— 第2章　検索の基本

List **❷-9**　複数の列の前に`DISTINCT`を置いた場合

```
SELECT DISTINCT shohin_bunrui, torokubi
  FROM Shohin;
```

実行結果

```
shohin_bunrui |  torokubi
--------------+------------
衣服          | 2009-09-20
事務用品      | 2009-09-11
事務用品      | 2009-11-11
衣服          |
キッチン用品  | 2009-09-20
キッチン用品  | 2009-01-15
キッチン用品  | 2008-04-28
```

　この実行結果では、**shohin_bunrui**列が**'キッチン用品'**、**torokubi**列が**'2009-09-20'**である2つの行が、1つの行にまとめられています。

　なお、**DISTINCT**キーワードは先頭の列名の前にしか書けません。そのため、**torokubi, DISTINCT shohin_bunrui**とは書けないので注意しましょう。

WHERE句による行の選択

　前節では、テーブルに入っている行をすべて選択していました。しかし、実際には毎回すべての行を取り出したいわけではありません。むしろ「商品分類が衣服」や「販売単価が1000円以上」など、何らかの条件に合う行だけを選択したい、というケースがほとんどです。

　SELECT文では、選択したい行の条件を<ruby>WHERE<rt>ホ エ ア</rt></ruby>句で指定します。**WHERE**句には、「ある列の値がこの文字列と等しい」「ある列の値がこの数値以上」などの条件を指定することができ、それを含む**SELECT**文を実行すると、その条件に合う行だけが選択されます (注**❷**-6)。

　SELECT文では、**WHERE**句を次のように書きます。

KEYWORD

●**WHERE**句

注**❷**-6
機能的には、Excelの「フィルタ条件」による行の絞り込みと同じです。

構文**❷**-3　**SELECT**文の**WHERE**句

```
SELECT <列名>, ……
  FROM <テーブル名>
 WHERE <条件式>;
```

　図**❷**-3は、**Shohin**テーブルから「商品分類（**shohin_bunrui**）が**'衣服'**」の行を選択しているようすです。

2-1 SELECT文の基本 ——— 53 ●

図❷-3 商品分類が'衣服'の行を選択するようす

shohin_id （商品ID）	shohin_mei （商品名）	shohin_bunrui （商品分類）	hanbai_tanka （販売単価）	shiire_tanka （仕入単価）	torokubi （登録日）
0001	Tシャツ	衣服	1000	500	2009-09-20
0002	穴あけパンチ	事務用品	500	320	2009-09-11
0003	カッターシャツ	衣服	4000	2800	
0004	包丁	キッチン用品	3000	2800	2009-09-20
0005	圧力鍋	キッチン用品	6800	5000	2009-01-15
0006	フォーク	キッチン用品	500		2009-09-20
0007	おろしがね	キッチン用品	880	790	2008-04-28
0008	ボールペン	事務用品	100		2009-11-11

—— shohin_bunrui列が'衣服'の行を選択

　選択した行からは、好きな列を出力することができます。ここでは商品名がわかるように、**shohin_bunrui**列に加えて**shohin_mei**列も出力してみましょう。このときの**SELECT**文はList❷-10のようになります。

List❷-10　shohin_bunrui列が'衣服'の行を選択するSELECT文

```
SELECT shohin_mei, shohin_bunrui
  FROM Shohin
 WHERE shohin_bunrui = '衣服';
```

実行結果

```
  shohin_mei    | shohin_bunrui
----------------+---------------
 Tシャツ         | 衣服
 カッターシャツ  | 衣服
```

KEYWORD
●条件式

　WHERE句にある「**shohin_bunrui = '衣服'**」が検索条件を表わす式（条件式）です。「**=**」は両辺が等しいかどうかを比較するための記号で、この条件では**shohin_bunrui**列の値と**'衣服'**を比較し、等しいかどうかを調べます。比較は、**Shohin**テーブルのすべての行に対して行なわれます。

　さらに、選択された行から**SELECT**句で指定されている**shohin_mei**列と**shohin_bunrui**列を出力すると実行結果になります。つまり、**WHERE**句で指定した条件に合う行をまず選択し、その後に**SELECT**句で指定された列を出力します（図❷-4）。

図❷-4 行を選択した後、列を出力する

shohin_id （商品ID)	shohin_mei （商品名)	shohin_bunrui （商品分類)	hanbai_tanka （販売単価)	shiire_tanka （仕入単価)	torokubi （登録日)
0001	Tシャツ	衣服	1000	500	2009-09-20
0002	穴あけパンチ	事務用品	500	320	2009-09-11
0003	カッターシャツ	衣服	4000	2800	
0004	包丁	キッチン用品	3000	2800	2009-09-20
0005	圧力鍋	キッチン用品	6800	5000	2009-01-15
0006	フォーク	キッチン用品	500		2009-09-20
0007	おろしがね	キッチン用品	880	790	2008-04-28
0008	ボールペン	事務用品	100		2009-11-11

①行を選択

②列を出力

　また、List❷-10では正しく選択されているかどうかを確認するため、**SELECT**句で検索条件になっている**shohin_bunrui**列を出力していますが、必ずそうしなければならないわけではありません。知りたいのが商品名だけであれば、List❷-11のように**shohin_mei**列だけを出力することもできます。

List❷-11　検索条件の列を出力しないことも可能

```
SELECT shohin_mei
  FROM Shohin
 WHERE shohin_bunrui = '衣服';
```

実行結果

```
  shohin_mei
----------------
Tシャツ
カッターシャツ
```

　なお、SQLでは句の記述順が決まっており、勝手に変えることはできません。**WHERE**句は、必ず**FROM**句の直後に書きましょう。記述順を変えて書くとエラーになってしまいます (List❷-12)。

List❷-12　句の記述順を勝手に変えるとエラーになる

```
SELECT shohin_mei, shohin_bunrui
  WHERE shohin_bunrui = '衣服'
   FROM Shohin;
```

実行結果（PostgreSQLの場合）

```
ERROR:  "FROM"またはその近辺で構文エラー
行 3: FROM Shohin;
      ^
```

 鉄則2-4

WHERE句は**FROM**句の直後に置く。

コメントの書き方

KEYWORD
●コメント

さて、本節で最後に解説するのはコメントのつけ方です。コメントとは、SQL文に説明や注意事項などを付記するものです。

コメントは、SQLの実行には一切影響を及ぼしません。そのため、アルファベットでも漢字でも好きに使うことができます。

コメントをつける方法には、次の2つがあります。

KEYWORD
●1行コメント
●--

●1行コメント
「--」の後に記述します。1行の中でしか書けません (注❷-7)。

注❷-7
MySQLでは、「--」の後に半角スペースを入れる必要があります（入れないとコメントとみなされません）。

●複数行コメント
「/*」と「*/」で囲った中に記述します。複数行にわたって書けます。

それぞれ、実際に使ってみるとList❷-13とList❷-14のようになります。

KEYWORD
●複数行コメント
●/*
●*/

List❷-13　1行コメントの使用例

```
-- このSELECT文は、結果から重複をなくします。
SELECT DISTINCT shohin_id, shiire_tanka
  FROM Shohin;
```

List❷-14　複数行コメントの使用例

```
/* このSELECT文は、
   結果から重複をなくします。*/
SELECT DISTINCT shohin_id, shiire_tanka
  FROM Shohin;
```

また、どちらのコメントも、SQL文の途中に差し込むことができます (List❷-15、16)。

List❷-15　1行コメントをSQL文の途中に差し込む

```
SELECT DISTINCT shohin_id, shiire_tanka
-- このSELECT文は、結果から重複をなくします。
  FROM Shohin;
```

List❷-16　複数行コメントをSQL文の途中に差し込む

```
SELECT DISTINCT shohin_id, shiire_tanka
/* このSELECT文は、
    結果から重複をなくします。*/
  FROM Shohin;
```

　繰り返しになりますが、これらの**SELECT**文の動作は、コメントのない場合とまったく変わりません。SQL文を読む人の理解を助けるので、特に複雑なSQL文を書いたときには、積極的にわかりやすいコメントをつけましょう。コメントは**SELECT**文に限らず、どのSQL文にも、いくつでもつけることができます。

鉄則2-5

コメントは、SQL文に説明や注意事項などを付記するもの。
1行コメントと複数行コメントの2種類がある。

2-2 算術演算子と比較演算子 — *57*

第2章　検索の基本

2-2 算術演算子と比較演算子

学習のポイント	・両辺に指定された列や値を使って演算（計算や大小比較など）を行なう記号を演算子と呼びます。 ・算術演算子を使うと、四則演算を行なうことができます。 ・カッコ ( ) により、演算の優先順位を上げる（先に演算させる）ことができます。 ・**NULL**を含む計算を行なうと、結果は**NULL**になります。 ・比較演算子により、列や値との間で等しい・等しくない、大きい・小さいを比較することができます。 ・**NULL**かどうかの比較には、**IS NULL**演算子あるいは**IS NOT NULL**演算子を使います。

算術演算子

　SQL文の中には計算式を書くことができます。List❷-17の**SELECT**文は、各商品について2つ分の価格（**hanbai_tanka**の2倍）を**"hanbai_tanka_x2"**列として出力します。

List❷-17　SQL文には計算式も書ける

```
SELECT shohin_mei, hanbai_tanka,
       hanbai_tanka * 2 AS "hanbai_tanka_x2"
  FROM Shohin;
```

実行結果

```
   shohin_mei   | hanbai_tanka | hanbai_tanka_x2
----------------+--------------+-----------------
 Tシャツ        |         1000 |            2000
 穴あけパンチ   |          500 |            1000
 カッターシャツ |         4000 |            8000
 包丁           |         3000 |            6000
 圧力鍋         |         6800 |           13600
 フォーク       |          500 |            1000
 おろしがね     |          880 |            1760
 ボールペン     |          100 |             200
```

`hanbai_tanka_x2`列の「`hanbai_tanka * 2`」が、販売単価を2倍する計算式です。`shohin_mei`列が`'Tシャツ'`の行を見てみると、`hanbai_tanka`列の値`1000`を2倍した`2000`が`hanbai_tanka_x2`列に出力されています。同じように、`'穴あけパンチ'`の行では`500`が`1000`に、`'カッターシャツ'`の行では`4000`が`8000`になって出力されています。このように、演算は行ごとに行なわれます。

SQL文の中で使える四則演算の主な記号は表❷-1のとおりです。

表❷-1　SQL文の中で使える四則演算の主な記号

意味	記号
足し算	+
引き算	-
掛け算	*
割り算	/

KEYWORD
● +演算子
● -演算子
● *演算子
● /演算子

KEYWORD
● 算術演算子
● 演算子

ここに挙げた四則演算を行なう記号（`+`、`-`、`*`、`/`）は算術演算子と呼ばれます。演算子とは、演算子の両辺にある値を使って四則演算や文字列の結合、数値の大小比較などの演算を行ない、その結果を返す記号のことです。`+`演算子の前後に数値や数値型の列名を書けば、足し算した結果が返ってきます。SQLには算術演算子以外にも、さまざまな演算子があります。

 鉄則2-6
SELECT句には定数も式も書ける。

KEYWORD
● ()

なお、SQLでは通常の計算式と同じようにカッコ`()`も使うことができます。やはりカッコ`()`の中にある計算式の優先順位が上がり、先に計算が行なわれます。たとえば、`(1 + 2) * 3`という計算式では、`1 + 2`が先に計算され、その結果に対して`* 3`が計算されます。

カッコの使い道は四則演算だけに限りません。SQL文の中に記述するあらゆる式で使います。どのように使うのかは、今後少しずつ見ていきます。

NULLには要注意

先ほどのList❷-17のようにSQL文の中で演算を行なう場合には、「`NULL`を含む演算」に注意しなければなりません。たとえば、次の計算をSQL文の中で行なった場合、結果はどうなると思いますか。

Ⓐ `5 + NULL`
Ⓑ `10 - NULL`
Ⓒ `1 * NULL`
Ⓓ `4 / NULL`
Ⓔ `NULL / 9`
Ⓕ `NULL / 0`

　正解は「ⒶからⒻまで全部**NULL**」です。「えっ!?」と思った方がいるかもしれませんね。**NULLを含んだ計算は、問答無用でNULLになるのです**。このルールは、Ⓕのように**NULL**を0で割る場合にも適用されます。通常、`5 / 0`のように0で割ろうとするとエラーになりますが、**NULL**を0で割る場合だけはエラーにならず**NULL**になります。

　とはいえ、**NULL**を0と同じとみなして、`5 + NULL = 5`という結果がほしいケースはよくあります。でも大丈夫。SQLには、そういう計算を行なう方法がちゃんと用意されています（6-1節で学びます）。

COLUMN

FROM句は本当に必要？

　2-1節で、**SELECT**文は**SELECT**句と**FROM**句からなると説明しましたが、実は**FROM**句は**SELECT**文に必須の句ではありません。たとえば、**SELECT**句だけで計算をすることができます（List❷-A）。

List❷-A　SELECT句だけのSELECT文

```
SQL Server   PostgreSQL   MySQL
SELECT (100 + 200) * 3 AS keisan;
```

実行結果

```
  keisan
 --------
     900
```

　実際のところ、計算機代わりに**SELECT**文を実行することはほとんどありませんが、「**FROM**句なしの**SELECT**文」を使うことは現実の業務でもまれにあります。たとえば、中身は何でもいいので、とにかく1行だけダミーデータがほしい場合などです。

　ただし、Oracleのように**FROM**句なしの**SELECT**文を許さないRDBMSもあるので注意しましょう（注❷-8）。

注❷-8
Oracleでは**FROM**句が必須で、こうした場合には**DUAL**というダミーテーブルを指定します。また、DB2では**SYSIBM.SYSDUMMY1**というテーブルを指定します。

● *60* —————— 第2章 検索の基本

比較演算子

　2-1節で**WHERE**句を学んだときには、**=**記号を使って、**Shohin**テーブルから「商品分類（**shohin_bunrui**）が**'衣服'**」という文字列の行を選択しました。ここでは**=**記号を使って、「販売単価（**hanbai_tanka**）が500円（**500**）」という数値の行を選択してみましょう（List**❷**-18）。

List**❷**-18　hanbai_tanka列が500の行を選択

```
SELECT shohin_mei, shohin_bunrui
  FROM Shohin
 WHERE hanbai_tanka = 500;
```

実行結果

```
    shohin_mei  | shohin_bunrui
----------------+---------------
穴あけパンチ     | 事務用品
フォーク         | キッチン用品
```

KEYWORD
●比較演算子
●= 演算子
●<> 演算子

注**❷**-9
等しくないことを比較演算子「**!=**」で記述できるRDBMSもたくさんありますが、これは標準SQLで認められていない方言なので、使わないほうが安全です。

　=記号のように、両辺に記述した列や値を比較する記号のことを比較演算子と呼びます。**=**記号は比較演算子「**=**」です。**WHERE**句には、比較演算子を使ってさまざまな条件式を書くことができます。

　今度は、「等しくない」という否定の条件を記述する比較演算子「**<>**」（注**❷**-9）を使って、「**hanbai_tanka**列が**500**ではない行」を選択してみましょう（List**❷**-19）。

List**❷**-19　hanbai_tanka列が500ではない行を選択

```
SELECT shohin_mei, shohin_bunrui
  FROM Shohin
 WHERE hanbai_tanka <> 500;
```

実行結果

```
    shohin_mei  | shohin_bunrui
----------------+---------------
Tシャツ          | 衣服
カッターシャツ   | 衣服
包丁             | キッチン用品
圧力鍋           | キッチン用品
おろしがね       | キッチン用品
ボールペン       | 事務用品
```

　SQLの主な比較演算子は表**❷**-2のとおりです。等しい・等しくないのほかに、大小を比較する演算子もあります。

表❷-2　比較演算子

演算子	意味
=	〜と等しい
<>	〜と等しくない
>=	〜以上
>	〜より大きい
<=	〜以下
<	〜より小さい

KEYWORD
● = 演算子
● <> 演算子
● >= 演算子
● > 演算子
● <= 演算子
● < 演算子

　これらの比較演算子は文字、数値、日付など、ほぼすべてのデータ型の列、値を比較することができます。たとえば、**Shohin**テーブルから「販売単価（**hanbai_tanka**）が1000円以上」の行や「登録日（**torokubi**）が2009年9月27日より前」の行を選択するには、比較演算子「**<=**」と「**<**」を使い、次のように**WHERE**句に条件式を書きます（List❷-20、21）。

List❷-20　販売単価が1000円以上の行を選択

```
SELECT shohin_mei, shohin_bunrui, hanbai_tanka
  FROM Shohin
 WHERE hanbai_tanka >= 1000;
```

実行結果

```
   shohin_mei   | shohin_bunrui | hanbai_tanka
----------------+---------------+--------------
 Tシャツ         | 衣服          |         1000
 カッターシャツ  | 衣服          |         4000
 包丁           | キッチン用品   |         3000
 圧力鍋         | キッチン用品   |         6800
```

List❷-21　登録日が2009年9月27日より前の行を選択

```
SELECT shohin_mei, shohin_bunrui, torokubi
  FROM Shohin
 WHERE torokubi < '2009-09-27';
```

実行結果

```
   shohin_mei   | shohin_bunrui |  torokubi
----------------+---------------+------------
 Tシャツ         | 衣服          | 2009-09-20
 穴あけパンチ    | 事務用品       | 2009-09-11
 包丁           | キッチン用品   | 2009-09-20
 圧力鍋         | キッチン用品   | 2009-01-15
 フォーク        | キッチン用品   | 2009-09-20
 おろしがね      | キッチン用品   | 2008-04-28
```

第2章　検索の基本

日付では「〜より小さい」が「〜より前」になります。指定した日付も含めて後の日を検索条件にしたい場合には「〜以上」を表わす**>=**演算子を使います。

また、以上（**<=**）あるいは以下（**<=**）を検索条件とするときには、不等号（**<**、**>**）とイコール（**=**）を書く位置を間違えないようにしましょう。必ず不等号が左側、イコールが右側です。「**=>**」「**=<**」と書くとエラーになります。もちろん、等しくないことを表わす比較演算子を「**><**」と書いてもだめです。

鉄則2-7

比較演算子では、不等号とイコールを書く位置に注意する。

なお、計算した結果を比較演算子で比較することもできます。List❷-22では、**WHERE**句に「販売単価（**hanbai_tanka**）が仕入単価（**shiire_tanka**）より500円以上高い」という条件式を指定しています。500円以上高いかどうかを判定するため、**hanbai_tanka**列から**shiire_tanka**列を引き算しています。

List❷-22　WHERE句の条件式にも計算式を書ける

```
SELECT shohin_mei, hanbai_tanka, shiire_tanka
  FROM Shohin
 WHERE hanbai_tanka - shiire_tanka >= 500;
```

実行結果

```
   shohin_mei  | hanbai_tanka | shiire_tanka
--------------+--------------+--------------
 Tシャツ       |         1000 |          500
 カッターシャツ |         4000 |         2800
 圧力鍋        |         6800 |         5000
```

文字列に不等号を使うときの注意

ところで、文字列に「〜以上」や「〜より小さい」といった不等号を使うとどんな結果になるでしょう。それを確認するために、ここでは表❷-3のCharsテーブルを使います。数字が入っていますが、chrは文字列型（CHAR型）の列です。

CharsテーブルはList❷-23のSQL文を実行すると作成できます。

表❷-3　Charsテーブル

chr（文字列型）
1
2
3
10
11
222

List❷-23　**Chars**テーブルの作成とデータの登録

```
-- DDL：テーブル作成
CREATE TABLE Chars
(chr CHAR(3) NOT NULL,
PRIMARY KEY (chr));

SQL Server  PostgreSQL
-- DML：データ登録
BEGIN TRANSACTION; ─────────── ①

INSERT INTO Chars VALUES ('1');
INSERT INTO Chars VALUES ('2');
INSERT INTO Chars VALUES ('3');
INSERT INTO Chars VALUES ('10');
INSERT INTO Chars VALUES ('11');
INSERT INTO Chars VALUES ('222');

COMMIT;
```

> **方言**
>
> 　List❷-23のDML文はDBMSによって書き方が少し異なります。MySQLで実行するには、①を「**START TRANSACTION;**」に変更してください。また、OracleとDB2で実行するには、①は不要なので削除します。

　さて、この**Chars**テーブルに対し、List❷-24のような「**'2'**より大きい」という検索条件で**SELECT**文を実行します。結果はどうなるでしょうか。

List❷-24　**'2'**より大きいデータを選択する**SELECT**文

```
SELECT chr
  FROM Chars
 WHERE chr > '2';
```

　「**2**より大きいのだから、**3**、**10**、**11**、**222**の4行が選択されるだろう」と思ったのではないでしょうか。ところが、この**SELECT**文の結果は次のようになります。

実行結果

```
 chr
 -----
 3
 222
```

　不思議ですね。**10**や**11**だって**2**より大きいのだから、選択されても良いはずです。この違和感の原因は、数値と文字列を混同していることにあります。つまり、**2**と**'2'**は別物なのです。

●64 ────── 第2章　検索の基本

　いま、**chr**列は文字列型で宣言されています。そして、文字列型のデータの大小を比較する際には、数値とは異なるルールが使われます。代表的なルールは「辞書式順序」です。名前のとおり、辞書の見出し項目の順番を決めるときに使われるものです。このルールの重要なところは「同じ文字ではじまる単語同士は、異なる文字ではじまる単語同士よりも近い関係にある」ということです。

　Charsテーブルの**chr**列のデータを辞書式順序で並べると、次のようになります。

```
1
10
11
2
222
3
```

　'10'や**'11'**は、同じ**'1'**に連なる文字列ですから、**'2'**よりも「小さい」と判定されて先に来ます。これは、辞書で「あかい」「あいさつ」「いまどき」という言葉の並び順が、

```
あいさつ
あかい
いまどき
```

になっているのと同じです。あるいは、書籍の章立てに見立てても良いでしょう。1-1節は1章に含まれるわけですから、2章よりも先に来なければなりません。

```
1
1-1
1-2
1-3
2
2-1
2-2
3
```

　大小比較をすると、**'1-3'**は**'2'**より小さく（**'1-3'** < **'2'**）、**'3'**は**'2-2'**より大きい（**'3'** > **'2-2'**）とされます。

　このような文字列型の大小比較のルールは、今後いろいろなところで意識する必要が出てきます。大切なことですから、しっかり覚えておきましょう（注❷-10）。

注❷-10

これは、固定長文字列型でも可変長文字列型でも同じです。

鉄則2-8
文字列型の順序の原則は辞書式。数値の大小順序と混同してはいけない。

NULLに比較演算子は使えない

　比較演算子についてもう1つ、重要なことがあります。それは、検索条件とする列に**NULL**が含まれている場合です。例として、仕入単価（**shiire_tanka**）を検索条件に使います。商品「フォーク」と「ボールペン」は、仕入単価が**NULL**であることを覚えておいてください。

　まずは、仕入単価が2800円（**shiire_tanka = 2800**）の行を選択してみます（List❷-25）。

List❷-25　仕入単価が2800円の行を選択

```
SELECT shohin_mei, shiire_tanka
  FROM Shohin
 WHERE shiire_tanka = 2800;
```

実行結果

```
   shohin_mei   | shiire_tanka
----------------+--------------
 カッターシャツ |         2800
 包丁           |         2800
```

　この結果に疑問はないでしょう。今度は反対に、仕入単価が2800円ではない（**shiire_tanka <> 2800**）行を選択してみましょう（List❷-26）。

List❷-26　仕入単価が2800円ではない行を選択

```
SELECT shohin_mei, shiire_tanka
  FROM Shohin
 WHERE shiire_tanka <> 2800;
```

実行結果

```
   shohin_mei   | shiire_tanka
----------------+--------------
 Tシャツ        |          500
 穴あけパンチ   |          320
 圧力鍋         |         5000
 おろしがね     |          790
```

● 66 ──── 第2章 検索の基本

「フォーク」と「ボールペン」が結果に含まれていません。これら2行は、そもそも仕入単価が不明（**NULL**）なので、2800円でないかどうかを判定できないのです。

それでは、仕入単価が**NULL**の行を選択するにはどういう条件式を書けば良いのでしょうか。苦しまぎれに「**shiire_tanka = NULL**」と書いても、残念ながら1行も選択されません (List**❷**-27)。

List**❷**-27　間違った**SELECT**文（1行も選択されない）

```
SELECT shohin_mei, shiire_tanka
  FROM Shohin
 WHERE shiire_tanka = NULL;
```

実行結果

```
  shohin_mei  | shiire_tanka
--------------+--------------
```
← 1行も選択されない（0行）

注❷-11
SQLが「**= NULL**」や「**<> NULL**」という記述を認めない理由は、次節の「**NULL**を含む場合の真理値」（76ページ）で説明しています。

KEYWORD
●**IS NULL**演算子

<>演算子を使っても同様で、**NULL**の行は選択できません (注❷-11)。そのため、SQLには**NULL**かどうかを判別するための専用の演算子**IS NULL**（イズ ヌル）が用意されています。**NULL**の行を選択したいときには、List**❷**-28のように条件式を書きます。

List**❷**-28　**NULL**である行を選択

```
SELECT shohin_mei, shiire_tanka
  FROM Shohin
 WHERE shiire_tanka IS NULL;
```

実行結果

```
  shohin_mei  | shiire_tanka
--------------+--------------
 フォーク      |
 ボールペン    |
```

KEYWORD
●**IS NOT NULL**演算子

反対に、**NULL**ではない行を選択したいときには、**IS NOT NULL**（イズ ノット ヌル）という演算子を使います (List**❷**-29)。

List**❷**-29　**NULL**ではない行を選択

```
SELECT shohin_mei, shiire_tanka
  FROM Shohin
 WHERE shiire_tanka IS NOT NULL;
```

実行結果

```
    shohin_mei    | shiire_tanka
------------------+--------------
 Tシャツ          |          500
 穴あけパンチ     |          320
 カッターシャツ   |         2800
 包丁             |         2800
 圧力鍋           |         5000
 おろしがね       |          790
```

 鉄則2-9

NULLである行を選択したいときには、条件式にIS NULL演算子を使う。NULLでない行を選択したいときには、条件式にIS NOT NULL演算子を使う。

なお、NULLを比較演算子で扱う方法はほかにもあります。これについては第6章で取り上げます。

● 68 ──── 第2章　検索の基本

第2章　検索の基本

2-3 論理演算子

学習のポイント

- 論理演算子を使うと、複数の検索条件を組み合わせることができます。
- **NOT**演算子は「～ではない」という検索条件を作ります。
- **AND**演算子を使った検索条件は、両辺がともに成り立つときに成り立ちます。
- **OR**演算子を使った検索条件は、両辺のどちらか一方あるいは両辺の検索条件が成り立てば成り立ちます。
- 真（**TRUE**）と偽（**FALSE**）のいずれかになる値のことを真理値と呼びます。比較演算子は比較が成り立つと真を、成り立たないと偽を返します。ただし、SQLに特有の不明（**UNKNOWN**）という真理値も存在します。
- 論理演算子による真理値の操作とその結果をまとめた表を真理表と呼びます。
- SQLの論理演算は、真、偽、不明を演算に含む3値論理です。

NOT 演算子

KEYWORD

●NOT 演算子

　2-2節で、「～ではない」という否定の条件を指定する場合に**<>**演算子を使うと説明しましたが、同じ否定でも、もう少し広く使える演算子として**NOT**があります。

　NOTはそれ単独では使いません。ほかの検索条件と組み合わせて使います。たとえば、「販売単価（**hanbai_tanka**）が1000円以上」の行を選択する**SELECT**文はこうでした（List❷-30）。

List❷-30　「販売単価が1000円以上」の行を選択

```
SELECT shohin_mei, shohin_bunrui, hanbai_tanka
  FROM Shohin
 WHERE hanbai_tanka >= 1000;
```

実行結果

```
 shohin_mei  | shohin_bunrui | hanbai_tanka
-------------+---------------+--------------
 Tシャツ      | 衣服          |         1000
 カッターシャツ | 衣服          |         4000
 包丁         | キッチン用品    |         3000
 圧力鍋       | キッチン用品    |         6800
```

このSELECT文の検索条件にNOT演算子を追加すると、次のようになります（List❷-31）。

List❷-31　List❷-30の検索条件にNOT演算子を追加

```
SELECT shohin_mei, shohin_bunrui, hanbai_tanka
  FROM Shohin
 WHERE NOT hanbai_tanka >= 1000;
```

実行結果

```
 shohin_mei   | shohin_bunrui | hanbai_tanka
--------------+---------------+--------------
 穴あけパンチ  | 事務用品      |          500
 フォーク      | キッチン用品  |          500
 おろしがね    | キッチン用品  |          880
 ボールペン    | 事務用品      |          100
```

わかりましたか。販売単価が1000円以上（**hanbai_tanka >= 1000**）という条件が否定されて、販売単価が1000円未満の商品が選択されています。すなわち、List❷-31のWHERE句で指定されている検索条件は、List❷-32のWHERE句で指定されている検索条件（**WHERE hanbai_tanka < 1000**）と同値(注❷-12)です（図❷-5）。

注❷-12
評価したときの結果が等しいこと。

List❷-32　WHERE句の検索条件はList❷-31と同値

```
SELECT shohin_mei, shohin_bunrui
  FROM Shohin
 WHERE hanbai_tanka < 1000;
```

図❷-5　NOT演算子をつけたときの検索条件の変化

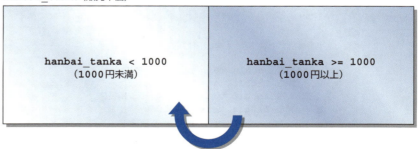

この例からも明らかなように、**NOT**演算子を使わなくても同じ検索条件を記述することは可能です。それどころか、**NOT**演算子を使わないほうがわかりやすく記述でき

ます。**NOT**演算子を使うと、「"1000円以上"という条件を否定するのだから"1000円未満"ということだな」などと、いちいち頭の中で変換しなければなりません。

だからといって、**NOT**演算子がまったく不要なわけではありません。高度なSQL文を書くときに**NOT**が活躍する局面もあります。無理に使う必要はない、ということです。ここでは、**NOT**演算子の書き方と働きだけを知っておいてください。

> **鉄則2-10**
> 条件を否定するのは**NOT**演算子。しかし、無理に否定する必要はない。

AND演算子とOR演算子

これまで、1つの**SELECT**文に指定した検索条件は1つだけでした。しかし、実際には複数の検索条件で選択する行を絞り込みたいことがよくあります。たとえば、「商品分類がキッチン用品で、販売単価が3000円以上の商品」や、「仕入単価が5000円以上、あるいは1000円以下の商品」を調べたいときなどです。

WHERE句では**AND**演算子や**OR**演算子を使って、複数の検索条件を組み合わせることができます。

AND演算子は「両辺の検索条件が両方とも成り立つときに、全体の検索条件として成り立つ」という働きがあります。日本語でいうと「かつ」に相当します。

一方、**OR**演算子は「両辺の検索条件のうち、どちらか一方あるいは両方が成り立つときに全体の検索条件として成り立つ」という働きがあります。日本語でいうと「または」に相当します（注❷-13）。

たとえば、**Shohin**テーブルから「商品分類がキッチン用品（**shohin_bunrui = 'キッチン用品'**）で、かつ販売単価が3000円以上（**hanbai_tanka >= 3000**）の商品」を選択する検索条件を表わすには、**AND**演算子を使います（List❷-33）。

KEYWORD
● AND演算子
● OR演算子

注❷-13
検索条件の一方が成り立つときだけでなく、両方が成り立つときも含まれる点に注意しましょう。「ご来場の方にキーホルダーまたはミニバッグをプレゼント（どちらか1つだけ）」というときの"または"とは異なります。

List❷-33　WHERE句の検索条件に**AND**演算子を使った検索

```
SELECT shohin_mei, shiire_tanka
  FROM Shohin
 WHERE shohin_bunrui = 'キッチン用品'
   AND hanbai_tanka >= 3000;
```

実行結果

```
 shohin_mei  | shiire_tanka
-------------+-------------
 包丁        |         2800
 圧力鍋      |         5000
```

KEYWORD

●ベン図

集合（ものの集まり）の関係を視覚的にわかりやすく図式化したもの。

　この条件をベン図で表わしてみると、図❷-6のようになります。左の円が「商品分類がキッチン用品」という検索条件に合う商品、右の円が「販売単価が3000円以上」という検索条件に合う商品です。これら2つの重なり合う部分（2つの検索条件がともに成り立つ商品）が、**AND**演算子で選択される行になります。

図❷-6　AND演算子の働きを表わすベン図

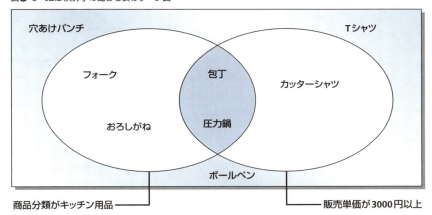

　一方、「商品分類がキッチン用品（`shohin_bunrui = 'キッチン用品'`）かまたは販売単価が3000円以上（`hanbai_tanka >= 3000`）の商品」を選択する検索条件を表わすには、**OR**演算子を使います（List❷-34）。

List❷-34　WHERE句の検索条件にOR演算子を使った検索

```
SELECT shohin_mei, shiire_tanka
  FROM Shohin
 WHERE shohin_bunrui = 'キッチン用品'
    OR hanbai_tanka >= 3000;
```

実行結果

```
   shohin_mei    | shiire_tanka
-----------------+--------------
 カッターシャツ  |         2800
 包丁            |         2800
 圧力鍋          |         5000
 フォーク        |
 おろしがね      |          790
```

　これもベン図で表現してみましょう（図❷-7）。左の円（商品分類がキッチン用品の商品）と右の円（販売単価が3000円以上の商品）のどちらかに含まれる部分（2つの検索条件のうちどちらかが成り立つ商品）が、**OR**演算子で選択される行になります。

図❷-7　OR演算子の働きを表わすベン図

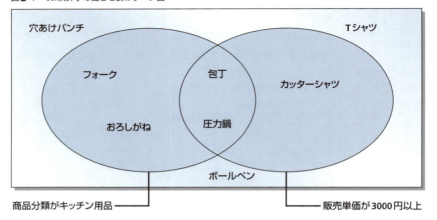

このように、ベン図は複数の条件を組み合わせた複雑なSQL文の条件構造を目で確認できる便利なツールです。皆さんも積極的に利用してください。

鉄則2-11
複数の検索条件を組み合わせるときは、**AND**演算子と**OR**演算子を使う。

鉄則2-12
ベン図は便利。

カッコ（）をつけると強くなる

さて、今度はもう少し複雑な検索条件を書いてみましょう。たとえば、次のような検索条件で**Shohin**テーブルを検索する**SELECT**文では、**WHERE**句にどのような条件式を書けば良いでしょうか。

「商品分類が事務用品」
かつ
「登録日が2009年9月11日または2009年9月20日」

　この検索条件に合う商品（**shohin_mei**）は「穴あけパンチ」だけです。
　この検索条件をそのまま**WHERE**句に書くと、こんな**SELECT**文ができ上がります（List❷-35）。

List❷-35　検索条件をそのまま条件式にした

```
SELECT shohin_mei, shohin_bunrui, torokubi
  FROM Shohin
 WHERE shohin_bunrui = '事務用品'
   AND torokubi = '2009-09-11'
     OR torokubi = '2009-09-20';
```

さっそく実行してみると……、次のような間違った結果になってしまいました。

実行結果

```
 shohin_mei    | shohin_bunrui |  torokubi
---------------+---------------+------------
 Tシャツ        | 衣服          | 2009-09-20
 穴あけパンチ    | 事務用品       | 2009-09-11
 包丁          | キッチン用品    | 2009-09-20
 フォーク       | キッチン用品    | 2009-09-20
```

　困ったことに、不要なTシャツや包丁まで結果に含まれています。いったい、なぜこんな結果になったのでしょう。

　それは、**OR演算子よりAND演算子のほうが優先される**からです。したがって、List❷-35の条件式は、

```
「shohin_bunrui = '事務用品' AND torokubi = '2009-09-11'」
OR
 「torokubi = '2009-09-20'」
```

と解釈されます。つまり、

「商品分類が事務用品である、かつ、登録日が2009年9月11日である」
または
「登録日が2009年9月20日である」

ということで、指定したかった検索条件とは違ってしまいます。**AND演算子よりもOR演算子を優先したいときには、List❷-36のようにOR演算子とその両辺を半角文字のカッコ()で囲みます。**

KEYWORD

● ()

List❷-36　カッコでAND演算子よりOR演算子を優先させる

```
SELECT shohin_mei, shohin_bunrui, torokubi
  FROM Shohin
 WHERE shohin_bunrui = '事務用品'
   AND (    torokubi = '2009-09-11'
         OR torokubi = '2009-09-20');
```

実行結果

```
 shohin_mei   | shohin_bunrui | torokubi
--------------+---------------+------------
 穴あけパンチ |  事務用品     | 2009-09-11
```

これで希望どおり、「穴あけパンチ」の行だけが選択されました。

 鉄則2-13
ANDはORより強し。ORを優先するときは、囲い込むべし。

論理演算子と真理値

KEYWORD
●論理演算子
●真理値
●真（TRUE）
●偽（FALSE）

本節で取り上げているNOT、AND、ORの3つの演算子は論理演算子と呼ばれます。ここでいう論理とは「真理値を操作する」という意味です。真理値とは、真（TRUE）または偽（FALSE）のいずれかになる値のことです（注❷-14）。

前節で説明した比較演算子は、演算の結果として真理値を返します。比較した結果が成り立てば真（TRUE）、成り立たなければ偽（FALSE）です（注❷-15）。たとえば、`shiire_tanka >= 3000`という検索条件について、shohin_mei列が'カッターシャツ'の行ではshiire_tanka列が2800なので偽（FALSE）を返し、shohin_mei列が'圧力鍋'の行ではshiire_tanka列が5000なので真（TRUE）を返します。

論理演算子は、比較演算子などが返した真理値を操作します。AND演算子は両辺の真理値がともに真であるときに真、それ以外は偽を返します。OR演算子は両辺がともに偽でなければ真、両辺が偽のときにだけ偽を返します。NOT演算子は単純に、真を偽に、偽を真に反転させます。この操作と結果を表にまとめたものが真理表（truth table）です（表❷-4）。

（注❷-14）
ただしSQLの場合は、このほかに「不明（UNKNOWN）」という値になることもあります。これについては次項で説明します。

（注❷-15）
算術演算子は演算した結果として数値を返しました。返す値の種類が異なるだけで、演算した結果を返すのは比較演算子も同じです。

KEYWORD
●真理表

表❷-4　真理表

AND
P	Q	P AND Q
真	真	真
真	偽	偽
偽	真	偽
偽	偽	偽

OR
P	Q	P OR Q
真	真	真
真	偽	真
偽	真	真
偽	偽	偽

NOT
P	NOT P
真	偽
偽	真

表❷-4の見出しにあるPやQは、「販売単価が500円である」といった条件の代わり

だと思ってください。論理演算結果は、真と偽の2通りなので、その組み合わせを網羅すると 2×2 = 4 通りになります。

　SELECT文の**WHERE**句に、**AND**演算子で2つの検索条件を組み合わせた条件式を指定した場合には、両辺の検索条件がともに真になる行が選択されます。**OR**演算子で2つの検索条件を組み合わせた条件式を指定した場合には、両辺の検索条件のどちらか一方あるいは両方が真になる行が選択されます。条件式に**NOT**演算子を使った場合には、続く検索条件が偽である行（反転して真になる）が選択されます。

　表❷-4の真理表は論理演算子を1つだけ使っている場合の結果ですが、2つ以上の論理演算子を使って3つ以上の検索条件を組み合わせている場合も、論理演算を繰り返して真理値を求めていけば、どれだけ複雑な条件でも機械的に結果を得ることができます。

　表❷-5は、前項で例に挙げた「『商品分類が事務用品』かつ『登録日が2009年9月11日または2009年9月20日』（**shohin_bunrui = '事務用品' AND (torokubi = '2009-09-11' OR torokubi = '2009-09-20')**）」という検索条件について作成した真理表です。

表❷-5　検索条件がP AND（Q OR R）の真理表

P AND (Q OR R)

P	Q	R	Q OR R	P AND (Q OR R)
真	真	真	真	真
真	真	偽	真	真
真	偽	真	真	真
真	偽	偽	偽	偽
偽	真	真	真	偽
偽	真	偽	真	偽
偽	偽	真	真	偽
偽	偽	偽	偽	偽

P：商品分類が事務用品である
Q：登録日が2009年9月11日である
R：登録日が2009年9月20日である
Q OR R：登録日が2009年9月11日または2009年9月20日である
P AND (Q OR R)：「商品分類が事務用品」で、かつ「登録日が2009年9月11日または2009年9月20日」である

　List❷-36の**SELECT**文では、P AND (Q OR R) が真になるのは「穴あけパンチ」の行だけなので、この1行が選択されます。

鉄則2-14
複雑な条件も真理表を書けば理解しやすい。

第2章 検索の基本

COLUMN

論理積と論理和

表❷-4の真理表で、真を1に、偽を0に変えてみると意外な法則が見えてきます（表❷-A）。

表❷-A　真を1、偽を0にした真理表

AND（論理積）				OR（論理和）				NOT		
P	Q	積	P AND Q	P	Q	和	P OR Q	P	反転	NOT P
1	1	1×1	1	1	1	1+1	1	1	1 → 0	0
1	0	1×0	0	1	0	1+0	1	0	0 → 1	1
0	1	0×1	0	0	1	0+1	1			
0	0	0×0	0	0	0	0+0	0			

　NOT演算子では特に変わったことはありませんが、**AND**演算子では掛け算（積）を、**OR**演算子では足し算（和）を行なったのと同じような結果になっています（注❷-16）。そのため、**AND**演算子が行なう論理演算は論理積、**OR**演算子が行なう論理演算は論理和と呼ばれます。

注❷-16
厳密には、1+1の場合でも結果が1になってしまう点が普通の数値の演算と違いますが、真理値には0と1しか存在しないので、1+1＝1 ということにしています。

KEYWORD
●論理積
●論理和

NULLを含む場合の真理値

　前節では、比較演算子（**=**や**<>**）では**NULL**を検索できず、**IS NULL**演算子や**IS NOT NULL**演算子を使う必要があると説明しました。実は、論理演算子でも**NULL**を特別視しなければなりません。

　Shohin（商品）テーブルを見ると、商品「フォーク」と「ボールペン」の仕入単価（**shiire_tanka**）は**NULL**です。では、これらの行を**shiire_tanka = 2800**（仕入単価が2800円である）という条件式に照らしたときの真理値は何になるでしょうか。もし真ならば、この条件式を**WHERE**句に指定することで「フォーク」と「ボールペン」の行を選択できます。しかし、前節の「**NULL**に比較演算子は使えない」（65ページ）で見たようにそうはなりません。したがって真ではありません。

　それでは偽でしょうか。実は、偽でもありません。もし偽になるなら、この条件を否定した**NOT shiire_tanka = 2800**（仕入単価が2800円ではない）という条件のときに真となり、これらの行が選択されるはずだからです（偽の反対は真です）。ところが、実際にはそうなりません。

　真でも偽でもないとすると何になるのでしょう。ここがSQL特有の落とし穴です。この場合の真理値は「不明（UNKNOWN）」という第三の値になります。普通の論理演算には、この3つ目の値は存在しません。SQL以外の言語においても、ほとんどは真と偽の2つだけの真理値を使います。通常の論理演算が2値論理と呼ばれるのに対し、

KEYWORD
●不明（UNKNOWN）
●2値論理
●3値論理

SQLだけは**3値論理**と呼ばれます。

　だから、**表❷-4**の真理表も実は不完全なのです。本当は、**表❷-6**のように「不明」
の値も含むものでなければなりません。

表❷-6　3値論理における**AND**と**OR**の真理表

AND		
P	Q	P AND Q
真	真	真
真	偽	偽
真	不	不
偽	真	偽
偽	偽	偽
偽	不	偽
不	真	不
不	偽	偽
不	不	不

OR		
P	Q	P OR Q
真	真	真
真	偽	真
真	不	真
偽	真	真
偽	偽	偽
偽	不	不
不	真	真
不	偽	不
不	不	不

COLUMN

Shohinテーブルに**NOT NULL**制約を設定した理由

　4行で済んでいた真理表が、**NULL**を考慮した**表❷-6**では3×3＝9行に増えてしまい、見通
しもかなり悪くなりました。このように、**NULL**が存在する場合の条件判定は大変複雑になり、
おまけに明らかに私たちの感覚に反する動作をします。そのため、データベース界の有識者た
ちの間では「なるべく**NULL**を使うべきでない」ということが共通認識になっています。

　Shohinテーブルを定義するときに、いくつかの列に**NOT NULL**制約（**NULL**を入れるこ
とを禁じる制約）を設定しましたが、それにはこうした理由があったのです。

練習問題

2.1 Shohin（商品）テーブルから、「登録日（torokubi）が2009年4月28日以降」である商品を選択してください。出力する列はshohin_meiとtorokubiとします。

2.2 Shohinテーブルに対して、次の3つのSELECT文を実行しました。どのような結果が返ってくるでしょうか。

```
① SELECT *
       FROM Shohin
       WHERE shiire_tanka = NULL;
```

```
② SELECT *
       FROM Shohin
       WHERE shiire_tanka <> NULL;
```

```
③ SELECT *
       FROM Shohin
       WHERE shohin_mei > NULL;
```

2.3 62ページのList❷-22では、Shohinテーブルから「販売単価（hanbai_tanka）が仕入単価（shiire_tanka）より500円以上高い」商品を選択するSELECT文を書きました。同じ結果を得られるSELECT文を、さらに"2通り"考えてください。実行結果は次のとおりです。

実行結果

```
     shohin_mei   | hanbai_tanka | shiire_tanka
----------------+--------------+--------------
 Tシャツ          |         1000 |          500
 カッターシャツ   |         4000 |         2800
 圧力鍋          |         6800 |         5000
```

2.4 Shohinテーブルから、「販売単価を10％引きにしても利益が100円より高い事務用品とキッチン用品」を選択してください。出力する列はshohin_meiとshohin_bunrui、販売単価を10％引きにしたときの利益（r, r rieki という別名をつける）とします。

【ヒント】「販売単価の10％引き」は、hanbai_tanka列に0.9を掛けて求めます。「利益」はこの値からshiire_tanka列を引くと求められます。

第3章 集約と並べ替え

テーブルを集約して検索する
テーブルをグループに切り分ける
集約した結果に条件を指定する
検索結果を並べ替える

SQL

この章のテーマ

　テーブルにある程度のレコード（行）が蓄えられ、管理するデータ量が増えてくると、それらの合計や平均を求めたりなど、データに対して何らかの集計操作を加えた結果を見たい、という要望が出てきます。ここでは、そうしたデータの集計操作をSQLで行なう方法について学びます。また、集計の際に条件を指定したり、集計結果を昇順・降順などで並べ替える方法についてもあわせて学びます。

3-1　テーブルを集約して検索する
■集約関数
■テーブルの行数を数える
■**NULL**を除外して行数を数える
■合計を求める
■平均値を求める
■最大値・最小値を求める
■重複値を除外して集約関数を使う（**DISTINCT**キーワード）

3-2　テーブルをグループに切り分ける
■**GROUP BY**句
■集約キーに**NULL**が含まれていた場合
■**WHERE**句を使った場合の**GROUP BY**の動作
■集約関数と**GROUP BY**句にまつわるよくある間違い

3-3　集約した結果に条件を指定する
■**HAVING**句
■**HAVING**句に書ける要素
■**HAVING**句よりも**WHERE**句に書いたほうが良い条件

3-4　検索結果を並べ替える
■**ORDER BY**句
■昇順と降順の指定
■複数のソートキーを指定する
■**NULL**の順番
■ソートキーに表示用の別名を使う
■**ORDER BY**句に使える列
■列番号は使ってはいけない

3-1 テーブルを集約して検索する ——— *81*

第3章　集約と並べ替え

3-1 テーブルを集約して検索する

学習のポイント

・テーブルの列の合計値や平均値などの集計操作を行なうには集約関数を使います。
・集約関数は基本的に**NULL**を除外して集計します。ただし、**COUNT**関数のみ、「**COUNT(*)**」とすることで**NULL**を含めた全行を数えます。
・重複値を除外して集計するには**DISTINCT**キーワードを使います。

集約関数

KEYWORD
●関数
●COUNT関数

　SQLでデータに対して何らかの操作や計算を行なうには、「関数」という道具を使います。たとえば、「テーブル全体の行数を合計する」という計算を行なうときは、COUNT関数という道具を使います。**COUNT**（数える）という名前のとおりですね。ほかにもSQLには集計用の関数が多く用意されていますが、まずは次の5つを覚えておけば良いでしょう。

COUNT：テーブルのレコード数（行数）を数える
SUM 　：テーブルの数値列のデータを合計する
AVG 　：テーブルの数値列のデータを平均する
MAX 　：テーブルの任意の列のデータの最大値を求める
MIN 　：テーブルの任意の列のデータの最小値を求める

KEYWORD
●集約関数
●集合関数
●集約

　このような集計用の関数を、「集約関数」や「集合関数」と呼びます。本書では以降「集約関数」と呼ぶことにします。集約とは「複数行を1行にまとめる」という意味です。実際、集約関数はすべて、複数行の入力から1行を出力する働きを持ちます。
　以降では、前章に引き続き、第1章で作成した**Shohin**テーブル（図❸-1）を利用して関数の使い方を学びましょう。

第3章　集約と並べ替え

図❸-1　Shohinテーブルの内容

shohin_id （商品ID）	shohin_mei （商品名）	shohin_bunrui （商品分類）	hanbai_tanka （販売単価）	shiire_tanka （仕入単価）	torokubi （登録日）
0001	Tシャツ	衣服	1000	500	2009-09-20
0002	穴あけパンチ	事務用品	500	320	2009-09-11
0003	カッターシャツ	衣服	4000	2800	NULL
0004	包丁	キッチン用品	3000	2800	2009-09-20
0005	圧力鍋	キッチン用品	6800	5000	2009-01-15
0006	フォーク	キッチン用品	500	NULL	2009-09-20
0007	おろしがね	キッチン用品	880	790	2008-04-28
0008	ボールペン	事務用品	100	NULL	2009-11-11

テーブルの行数を数える

　それではまず最初に、**COUNT**関数を例にとって関数のイメージをつかみましょう。そもそも「関数」という語は、私たちが学校の算数や数学の授業で習ったものと同じ意味で、「ある値を入力すると、それに対応した値を出力する箱（注❸-1）」というイメージです。

> **注❸-1**
> 関数はもともと「函数」でした。「函」は箱という意味です。

　COUNT関数の場合は、テーブルの列を入力すると、行数を出力します。図❸-2のように、**COUNT**という箱の中にテーブルの列を放り込むと、ガタゴトと計算が行なわれて、ゴトンと行数が出てくる……という自動販売機のようなイメージを思い浮かべるとわかりやすいでしょう。

図❸-2　COUNT関数の動作イメージ

　それでは次に、SQLでの具体的な書き方を見てみます。**COUNT**関数の構文自体は簡単で、**SELECT**句にList❸-1のように記述すると、テーブル全体の行数が得られます。

List❸-1　全行を数える

```
SELECT COUNT(*)
  FROM Shohin;
```

引数（パラメータ）

実行結果

```
 count
-------
     8
```

戻り値

　COUNT( ) の中のアスタリスクは、第2章の2-1節で学んだように、「すべての列」を意味します。この **( )** の中が**COUNT**関数の入力にあたります。

KEYWORD
●引数（パラメータ）
●戻り値

　なお、入力のことを「引数」や「パラメータ」と呼び、出力のことを「戻り値」と呼びます。この言葉は本書に限らず、多くのプログラミング言語でも関数を使う際に頻出する用語なので、よく覚えておきましょう。

NULLを除外して行数を数える

　テーブルの全行を数えたいならば、「**SELECT COUNT(*)** ～」というようにアスタリスクを使います。一方、**shiire_tanka**（仕入単価）列にあるような**NULL**の行を除外して数えたい場合は、List❸-2のように対象とする列を限定して引数に書きます。

List❸-2　NULLを除外して数える

```
SELECT COUNT(shiire_tanka)
  FROM Shohin;
```

実行結果

```
 count
-------
     6
```

　この場合、図❸-1に示したように**shiire_tanka**列では2行が**NULL**のため、その行はカウントされない、というわけです。このように、**COUNT関数は、引数にとる列によって動作が変わるので注意が必要です**。このことをわかりやすく示すには、図❸-3のような**NULL**しか含まない極端なテーブルを例に考えるのが一番です。

図❸-3　NULLしか含まないテーブル

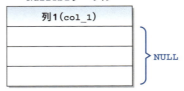

このテーブルに対し、引数としてアスタリスク（*）と列名のそれぞれをCOUNT関数に渡してその結果を見てみます（List❸-3）。

List❸-3　NULLを含む列を引数にした場合、COUNT(*)とCOUNT(<列名>)の結果は異なる

```
SELECT COUNT(*), COUNT(col_1)
  FROM NullTbl;
```

実行結果

```
 count | count
-------+-------
     3 |     0
```

（count(col_1)の結果）
（count(*)の結果）

　同じテーブルに対してCOUNT関数を使ったにもかかわらず、引数が異なると結果も異なることがおわかりいただけるでしょう。列名を引数とした場合、NULLを除外して数えることになるので、なんと結果が「0行」になってしまうのです。
　この特性はCOUNT関数だけに当てはまる特殊なものです。ほかの関数はそもそもアスタリスクを引数にとることができません（エラーになります）。

鉄則3-1

COUNT関数は引数によって動作が異なる。COUNT(*)はNULLを含む行数を、COUNT(<列名>)はNULLを除外した行数を数える。

合計を求める

　それでは、残り4つの集約関数についても使い方を見てみましょう。構文は基本的にCOUNT関数と同じです。ただし、前述のようにアスタリスクを引数にとる使い方はできません。
　まずは、合計を求めるSUM関数を使用して、販売単価の合計を求めてみます（List❸-4）。

KEYWORD
●SUM関数

List❸-4　販売単価の合計を求める

```
SELECT SUM(hanbai_tanka)
  FROM Shohin;
```

実行結果

```
  sum
-------
 16780
```

　結果の **16780**（円）というのは、全レコードの販売単価（**hanbai_tanka** 列）の合計ですから、具体的には次の式と同じ計算をしていることになります。

$$
\begin{array}{r}
1,000 \\
500 \\
4,000 \\
3,000 \\
6,800 \\
500 \\
880 \\
+\quad 100 \\
\hline
16,780
\end{array}
$$

　続いて、販売単価だけでなく、仕入単価（**shiire_tanka** 列）の合計も求めてみましょう（List❸-5）。

List❸-5　販売単価と仕入単価の合計を求める

```
SELECT SUM(hanbai_tanka), SUM(shiire_tanka)
  FROM Shohin;
```

実行結果

```
  sum  |  sum
-------+-------        SUM(shiire_tanka)の結果
 16780 | 12210
```

SUM(hanbai_tanka)の結果

　今度は「**SUM(shiire_tanka)**」によって仕入単価の合計も一緒に出力されていますが、この内訳の計算式には少し注意すべきところがあります。具体的に中身の計算を見てみましょう。

```
      500
      320
    2,800
    2,800
    5,000
      790
     NULL
+    NULL
─────────
   12,210
```

もうお気づきでしょう。販売単価と違って、仕入単価には数値が不明で`NULL`になっているレコードが2行あるのです。`SUM`関数には、これらも含めた形の合計が出ていますが、前章の内容を覚えている方の中には、次のような違和感を感じた人もいるでしょう。

「四則演算の中に`NULL`が含まれた場合、結果は問答無用で`NULL`になるはず。それならこの仕入単価の合計値も`NULL`なのでは？」

このような矛盾を感じた方はなかなか鋭いですが、実は矛盾していません。結論から言うと、すべての集約関数は、列名を引数にとった場合、計算前に`NULL`を除外することになっているのです。したがって、`NULL`は何個あろうとすべて無視されます。「0と同じ扱い」とも違います (注❸-2)。

したがって、上記の仕入単価の計算式は、正しくは次のようになります。

```
     500
     320
   2,800
   2,800
   5,000
+    790    ← NULLはそもそも計算式に入らない
─────────
  12,210
```

> 注❸-2
> `SUM`関数の場合、「`NULL`を除外する」「0と同じ扱い」のいずれも結果は同じですが、`AVG`関数の場合は、この2つは意味がまったく異なります。`NULL`のある列を`AVG`関数の入力とするケースは次項で紹介します。

鉄則 3-2
集約関数は`NULL`を除外する。ただし「`COUNT(*)`」は例外的に`NULL`を除外しない。

平均値を求める

KEYWORD
●AVG関数

次に、複数行の値から平均値を求める練習をしましょう。そのためには**AVG関数**を使います。構文は**SUM**関数とまったく同じです (List❸-6)。

List❸-6　販売単価の平均値を求める

```
SELECT AVG(hanbai_tanka)
  FROM Shohin;
```

実行結果

```
        avg
----------------------
 2097.5000000000000000
```

これを求める式は、次のとおりです。

$$\frac{1{,}000+500+4{,}000+3{,}000+6{,}800+500+880+100}{8}$$

(値の合計) / (値の個数) という平均値を求める公式そのままですね。それでは、**SUM**関数のときと同様、**NULL**を含む仕入単価についても平均値を求めてみましょう (List❸-7)。

List❸-7　販売単価と仕入単価の平均値を求める

```
SELECT AVG(hanbai_tanka), AVG(shiire_tanka)
  FROM Shohin;
```

実行結果

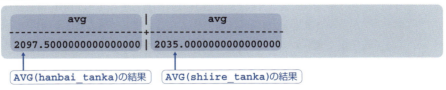

仕入単価の場合、**SUM**関数のときと同じく、**NULL**はあらかじめ除去した形で計算が行なわれます。したがって算出式はこうなります。

$$\frac{500+320+2{,}800+2{,}800+5{,}000+790}{6}=2035$$

分母が8から6に減っているのがポイントです。減った2つはもちろん、**NULL**のレコードの分です。

ただしここで、**NULL**を0とみなして次のような算出式が望ましい場合もあるでしょう。これを実現する方法については、第6章で取り上げます。

$$\frac{500+320+2{,}800+2{,}800+5{,}000+790+0+0}{8}=1526.25$$

（+0+0 の部分に「NULLを0に変更」の注釈）

最大値・最小値を求める

KEYWORD
- MAX関数
- MIN関数

複数行の中から最大値または最小値を求めるには、それぞれ**MAX**（マックス）と**MIN**（ミン）という関数を使います。英語のmaximum（最大値）、minimum（最小値）の略語なので覚えやすいでしょう。

この2つも**SUM**関数と同じ構文で、引数に列を入力して使います（List❸-8）。

List❸-8　販売単価の最大値、仕入単価の最小値を求める

```
SELECT MAX(hanbai_tanka), MIN(shiire_tanka)
  FROM Shohin;
```

実行結果

```
 max  | min
------+-----
 6800 | 320
```

（6800 は MAX(hanbai_tanka) の結果、320 は MIN(shiire_tanka) の結果）

図❸-1に示したように、それぞれの列の最大値と最小値が取得されています。

ただし、**MAX/MIN**関数には、**SUM/AVG**関数と異なる点が1つあります。それは、**SUM/AVG**関数が数値型の列に対してのみしか用いることができなかったのに対し、**MAX/MIN**関数は原則的にどんなデータ型の列にも適用可能な点です。たとえば、図❸-1に示した日付型の列（**torokubi**列）に適用すると次のような結果になります（List❸-9）。

List❸-9　登録日の最大値・最小値を求める

```
SELECT MAX(torokubi), MIN(torokubi)
  FROM Shohin;
```

実行結果

先ほど「どんなデータ型の列にも適用可能」と言いましたが、つまり、順序がつけられるデータであれば、最大値と最小値も自然と決まるため、この2つの関数を適用することができるのです。一方、日付に対する平均や合計は、そもそも意味をなさないので、**SUM/AVG**関数を日付に適用することはできません。これは、文字型についてもいえることで、**MAX/MIN**関数は文字型に対して適用できますが、**SUM/AVG**関数は適用できません。

> **鉄則3-3**
> **MAX/MIN**関数はほとんどすべてのデータ型に適用できる。**SUM/AVG**関数は数値のみにしか使えない。

重複値を除外して集約関数を使う（DISTINCTキーワード）

さて今度は、次のような要件を考えてみましょう。

図❸-1に示した商品分類（**shohin_bunrui**列）や販売単価（**hanbai_tanka**列）のデータを見ると、同じ値が複数行に現われているのがわかります。

たとえば、商品分類の場合、テーブルの行数を数えれば8行ですが、衣服：2行、事務用品：2行、キッチン用品：4行という分類なので、値の種類としては3種類ということになります。このような「値の種類」の個数を求めるにはどうしたら良いでしょうか。そのためには、値の重複を除いて行数を数えれば良いわけです。実は、第2章の2-1節で紹介した**DISTINCT**キーワードを、**COUNT**関数の引数に対しても使うことができます（List❸-10）。

KEYWORD
●**DISTINCT**キーワード

List❸-10　値の重複を除いて行数を数える

```
SELECT COUNT(DISTINCT shohin_bunrui)
  FROM Shohin;
```

実行結果

```
 count
-------
     3
```

このとき、**DISTINCT**は必ずカッコの中に書かないといけないので、注意してください。なぜなら、「最初に**shohin_bunrui**列の重複値を除外し、それからその結果の行数を数える」必要があるからです。もし、List❸-11のようにカッコの外に書いてしまうと、「最初に**shohin_bunrui**列の行数を数え、それからその結果の重複

値を除外する」ことになり、結果は`shohin_bunrui`列の全行数（つまり8）となります。

List❸-11　行数を数えてから値の重複を除くことになる

```
SELECT DISTINCT COUNT(shohin_bunrui)
  FROM Shohin;
```

実行結果

```
 count
-------
     8
```

鉄則 3-4
値の種類を数えたいときは、`COUNT`関数の引数に`DISTINCT`をつける。

`DISTINCT`は、`COUNT`関数に限らず集約関数ならばどれにでも適用できます。たとえば、`DISTINCT`を使わない場合と使う場合のそれぞれについて、`SUM`関数の動作を見てみましょう（List❸-12）。

List❸-12　DISTINCTの有無による動作の違い（SUM関数）

```
SELECT SUM(hanbai_tanka), SUM(DISTINCT hanbai_tanka)
  FROM Shohin;
```

実行結果

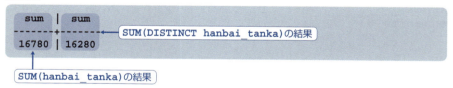

`DISTINCT`を使わない左側の合計値は、先ほど求めた値と同じく`16780`円です。一方、`DISTINCT`を適用した右側の合計値は、それより500円少なくなっています。これは、販売単価が500円の商品「穴あけパンチ」と「フォーク」が2つテーブルに存在するため、その重複が解消されて1レコードという扱いになっているからです。

鉄則 3-5
重複値を除外して集約するには、集約関数の引数に`DISTINCT`をつける。

3-2 テーブルをグループに切り分ける ── 91

第3章 集約と並べ替え

3-2 テーブルをグループに切り分ける

学習のポイント

- **GROUP BY**句はテーブルをケーキのようにカット（切り分け）します。集約関数と**GROUP BY**句を使うことで、テーブルを「商品分類ごと」や「登録日ごと」などのように切り分けて集約できます。
- 集約キーに**NULL**が含まれる場合は、集計結果にも「不明」行（空行）として現われます。
- 集約関数と**GROUP BY**句を使うときには、次の4つに注意する必要があります。
  - ① **SELECT**句に書けるものが限定される
  - ② **GROUP BY**句には**SELECT**句でつけた列の別名は使えない
  - ③ **GROUP BY**句は集約結果をソートしない
  - ④ **WHERE**句に集約関数を書くことはできない

GROUP BY句

　これまで見てきた集約関数の使い方は、**NULL**を含む・含まない、重複値を除外する・除外しないという区別はあるにせよ、とにかくテーブル全体を集約範囲としてきました。今度は、テーブルをいくつかのグループに切り分けて集約してみましょう。これはつまり、「商品分類ごと」や「登録日ごと」に集約する、ということです。日本語では、よく「〜ごと」や「〜別」「〜単位」という表現を使います。

KEYWORD
●GROUP BY句

　このときに使う新しい道具が、**GROUP BY**句です。日本語に訳すと「〜によってグループ分けする」という意味です。構文は次のとおりです。

構文❸-1　GROUP BY句による集約

```
SELECT <列名1>, <列名2>, <列名3>, ……
  FROM <テーブル名>
 GROUP BY <列名1>, <列名2>, <列名3>, ……;
```

　たとえば、商品分類ごとの行数（＝商品数）を数えてみましょう (List❸-13)。

List❸-13 商品分類ごとの行数を数える

```
SELECT shohin_bunrui, COUNT(*)
  FROM Shohin
 GROUP BY shohin_bunrui;
```

実行結果

```
shohin_bunrui | count
--------------+-------
衣服          |   2
事務用品      |   2
キッチン用品  |   4
```

　ご覧のように、**GROUP BY**句を使っていなかったときは、1行だけだった結果が、今度は複数行に増えました。これは、**GROUP BY**句なしの場合はテーブル全体を1つのグループとみなしていたのに対し、**GROUP BY**句を使うことで複数のグループに切り分けられることになったためです。図❸-4のようにテーブルを「カット（切り分け）」するイメージを持つと、**GROUP BY**句の動作が理解できます。

図❸-4 商品分類別にテーブルをカットしたイメージ図

KEYWORD
●集約キー
●グループ化列

　このように、**GROUP BY**句はちょうどケーキを切り分けるようにテーブルをカットしてグループ分けします。**GROUP BY**句に指定する列のことを集約キーやグループ化列と呼びます。テーブルをどう切り分けるかを指定するための、非常に重要な列です。もちろん、**SELECT**句と同じで、**GROUP BY**句にも複数の列をカンマ区切りで指定することができます。
　実際にテーブルの形のまま切り分けのラインを引いてみると、図❸-5のように商品分類ごとに境界線を引いて3つのグループに分けるイメージになります。後は、商品分類ごとの行数を数えれば、結果が出るという仕組みです。

図❸-5　商品分類でテーブルを切り分ける

shohin_bunrui (商品分類)	shohin_mei (商品名)	shohin_id (商品ID)	hanbai_tanka (販売単価)	shiire_tanka (仕入単価)	torokubi (登録日)
衣服	Tシャツ	0001	1000	500	2009-09-20
	カッターシャツ	0003	4000	2800	
事務用品	穴あけパンチ	0002	500	320	2009-09-11
	ボールペン	0008	100		2009-11-11
キッチン用品	包丁	0004	3000	2800	2009-09-20
	圧力鍋	0005	6800	5000	2009-01-15
	フォーク	0006	500		2009-09-20
	おろしがね	0007	880	790	2008-04-28

鉄則3-6
GROUP BY句はテーブルをカットするナイフである。

　なお、GROUP BY句の位置にも厳密なルールがあって、必ずFROM句の後ろ（WHERE句があるならさらにその後ろ）におく必要があります。この句の順番を無視すると、SQLは絶対に正しく動作せず、エラーになってしまいます。まだSQLの全部の句が登場したわけではありませんが、ここで句の記述順の暫定順位をつけると、次のようになります。

▶句の記述順序（暫定版）
　1. SELECT → 2. FROM → 3. WHERE → 4. GROUP BY

鉄則3-7
SQLにおいて句の記述順は不変。入れ替えは不可！

集約キーにNULLが含まれていた場合

　それでは次に、仕入単価（shiire_tanka列）をキーとしてテーブルをカットしてみます。GROUP BY句に仕入単価を指定するわけですから、List❸-14のようになります。

List❸-14　仕入単価ごとの行数を数える

```
SELECT shiire_tanka, COUNT(*)
  FROM Shohin
 GROUP BY shiire_tanka;
```

さて、この`SELECT`文の結果は、次のようになります。

実行結果

```
shiire_tanka | count
-------------+-------
             |     2     ← NULLが集約キーの行が現われる
         320 |     1
         500 |     1
        5000 |     1
        2800 |     2
         790 |     1
```

　790円や500円など、仕入単価の値がわかっている行については、特に問題はありません。先ほどのケースと同じです。問題は、この結果で見ると一番上の行、つまり仕入単価が`NULL`のグループです。この結果からもわかるように、集約キーに`NULL`が含まれる場合、それらは一括して「`NULL`」という1つのグループに分類されるようになっています。図示すると図❸-6のようになります。

図❸-6　仕入単価別にテーブルをカットしたイメージ図

　この場合の`NULL`は、「不明」を意味すると考えていただければ良いでしょう。

　鉄則3-8

集約キーに`NULL`が含まれる場合、結果にも「不明」行（空行）として現われる。

3-2 テーブルをグループに切り分ける　　95

WHERE句を使った場合のGROUP BYの動作

　GROUP BY句を使うSELECT文でも、WHERE句は問題なく併用できます。句の記述順は先ほど説明したとおりなので、構文は次のようになります。

構文❸-2　WHERE句とGROUP BY句による集約

```
SELECT <列名1>, <列名2>, <列名3>, ……
  FROM <テーブル名>
 WHERE
 GROUP BY <列名1>, <列名2>, <列名3>, ……;
```

　このようにWHERE句をつけた集約を行なう場合、WHERE句で指定した条件で先にレコードが絞り込まれてから集約が行なわれます。たとえば、List❸-15のような例文を考えましょう。

List❸-15　WHERE句とGROUP BY句の併用

```
SELECT shiire_tanka, COUNT(*)
  FROM Shohin
 WHERE shohin_bunrui = '衣服'
 GROUP BY shiire_tanka;
```

　このSELECT文では、まずWHERE句でレコードが絞り込まれるため、実際に集約対象になるレコードは表❸-1の2行に絞られます。

表❸-1　WHERE句で絞り込んだ結果

shohin_bunrui （商品分類）	shohin_mei （商品名）	shohin_id （商品ID）	hanbai_tanka （販売単価）	shiire_tanka （仕入単価）	torokubi （登録日）
衣服	Tシャツ	0001	1000	500	2009-09-20
衣服	カッターシャツ	0003	4000	2800	

　この2つのレコードについて仕入単価でグループ化するため、List❸-15の実行結果は次のようになります。

実行結果

```
 shiire_tanka | count
--------------+-------
          500 |     1
         2800 |     1
```

　つまり、GROUP BYとWHEREを併用したときのSELECT文の実行順序は、次のようになっているのです。

▶**GROUP BY/WHERE**句を併用するときの**SELECT**文の実行順序
FROM → WHERE → GROUP BY → SELECT

　これは前述の**構文❸-2**に示した順番とは異なります。つまり、SQLでは、見た目の句の並び順とDBMS内部の実行順序が一致しないのです。これがSQLの理解を難しくしている一因でもあります。英語の考え方に慣れた欧米人ならば、この実行順序は自然に思えるのかもしれませんが、私たち日本人はどうしても先頭から読み下してしまう癖があるので注意しましょう。

集約関数と**GROUP BY**句にまつわるよくある間違い

　ここまで、集約関数とGROUP BY句の基本的な使い方を学びました。これらは便利なのでよく使われますが、SQLを書く際に間違えやすい点や注意しておくべき点がいくつかあります。

■よくある間違い① ── **SELECT**句に余計な列を書いてしまう

　COUNTのような集約関数を使った場合、**SELECT**句に書くことができる要素が非常に限定されます。実のところ、集約関数を使うときは、次の3つしか**SELECT**句に書くことができません。

・定数
・集約関数
・**GROUP BY**句で指定した列名（つまり集約キー）

　第1章で学びましたが、定数とは、たとえば、123という数値や'テスト'という文字列などSQL文の中にじかに書く固定値のことです。これを直接**SELECT**句に書くことは、問題ありません。また、集約関数や集約キーを書くことができるのも、これまでのサンプルコードから明らかでしょう。
　ここでわりとよくやってしまう間違いが、集約キー以外の列名を**SELECT**句に書いてしまうというものです。たとえば、List❸-16の**SELECT**文はエラーになり、実行できません。

List❸-16　SELECT句に集約キー以外の列名を書くとエラーになる

```
SELECT shohin_mei, shiire_tanka, COUNT(*)
  FROM Shohin
 GROUP BY shiire_tanka;
```

実行結果（PostgreSQLの場合）

```
ERROR:  列"shohin.shohin_mei"はGROUP BY句で出現しなければならないか、集約➡
関数内で使用しなければなりません
行 1: SELECT shohin_mei, shiire_tanka, COUNT(*)
```

➡は紙面の都合で折り返していることを表わします。

shohin_meiという列名は、**GROUP BY**句にありません。したがって、これを**SELECT**句に書くことはできないのです（注❸-3）。

なぜこの構文が許されないかという理由は、考えてみるとすぐにわかります。何らかのキーでグループ化したということは、結果に出てくる1行あたりの単位もそのグループになっている、ということです。たとえば、仕入単価でグループ化すれば、1行につき1つの仕入単価が現われます。問題は、この集約キーと商品名が必ずしも一対一に対応しないという点にあります。

たとえば、仕入単価が2800円の商品は「カッターシャツ」と「包丁」ですが、では2800円の行にはこのどちらの商品名を表示すれば良いでしょうか（図❸-7）。どちらか一方を優先的に表示するルールでもあれば別ですが、そんなルールはありません。

図❸-7 集約キーと商品名が一対一対応でない場合

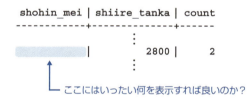

ここにはいったい何を表示すれば良いのか？

そのようなわけで、集約キーに対して複数の値が存在する列を**SELECT**句に含めることは、論理的に不可能なのです。

> **鉄則3-9**
>
> **GROUP BY**句を使うときは、**SELECT**句に集約キー以外の列名を書けない。

■よくある間違い② ── GROUP BY句に列の別名を書いてしまう

これもよくある間違いの1つです。第2章の2-1節で学んだように、**SELECT**句に含めた項目には、「**AS**」というキーワードを使うことで、表示用の別名をつけることができました。しかし、**GROUP BY**句でこの別名を使うことはできません。List❸-17の**SELECT**文はエラーになります（注❸-4）。

注❸-3
ただし、MySQLだけは、この構文も認めているため、エラーにならず実行できます（複数ある候補から、1つを適当なルールで抜き出しているのです）。しかし、MySQL以外のDBMSでは一切通用しないので、このような書き方はしないでください。

注❸-4
PostgreSQLとMySQLではこの構文を実行できますが、これは一般性がない書き方なので注意してください。

List❸-17　GROUP BY句で列の別名を使うとエラーになる

```
SELECT shohin_bunrui AS sb, COUNT(*)
  FROM Shohin
 GROUP BY sb;
```
↑ SELECT句でつけた別名を GROUP BY句で使っている

　なぜこの構文がいけないのか、という理由は、前述したとおり、DBMS内部でSQL文が実行される順序において、**SELECT**句が**GROUP BY**句よりも後に実行されるからです。そのため、**GROUP BY**句の時点では**SELECT**句でつけた別名を、DBMSはまだ知らないのです。

　なお、本書で学習用に利用しているPostgreSQLの場合、エラーにならず、次のような結果が表示されます。しかし、この書き方はほかのDBMSでは通じないため、使わないようにしてください。

実行結果（PostgreSQLの場合）

```
      sb      | count
--------------+-------
 衣服         |     2
 事務用品     |     2
 キッチン用品 |     4
```

 鉄則3-10

GROUP BY句に**SELECT**句でつけた別名は使えない。

■よくある間違い③ —— GROUP BY句は結果の順序をソートする？

　GROUP BY句を使って結果を選択したとき、表示される結果は、たいていの場合、複数行が含まれています。ときには何百、何千という行数になるかもしれません。さて、それではこの結果は、いったいどういう順番で並んでいるのでしょうか。

　その答えはランダムです。

　結果のレコードの順序がどんな規則に従っているかは、まったくわかりません。もしかすると、一見、行数の降順とか集約キーの昇順らしく見えることもあるかもしれませんが、それらはすべてただの偶然です。次に同じ**SELECT**文を実行したときには、全然違う並び順で表示されるかもしれません。まったくアテにならないのです。

　一般に、**SELECT**文の結果として表示される行の並び順は、ランダムです。この並び順をソート（並べ替え）するためには、そのための指定をきっちりと**SELECT**文でしておく必要があります。このやり方は、3-4節で学びます。

KEYWORD

●ソート

鉄則3-11
GROUP BY句を使っても結果の表示順序はソートされない。

■よくある間違い④ ── WHERE句に集約関数を書いてしまう

最後に紹介するのは、おそらく初心者のときに一番陥りがちな間違いです。具体例として、先ほどから使っている、商品分類（`shohin_bunrui`列）でグルーピングして行数を数えるSQLを見てみましょう。List❸-18のような`SELECT`文でした。

List❸-18　商品分類ごとに行数を数える

```
SELECT shohin_bunrui, COUNT(*)
  FROM Shohin
 GROUP BY shohin_bunrui;
```

実行結果

```
shohin_bunrui | count
--------------+-------
衣服          |   2
事務用品      |   2
キッチン用品  |   4
```

この結果を見て、今度は「この数えた行数が、ちょうど2行のグループだけ選択したい」と思ったら、どうでしょう。この場合なら、事務用品と衣服の行が相当します。

条件を指定して選択するためには`WHERE`句を使えば良いのでしたね。ということで、List❸-19のような`SELECT`文を考える人が、初心者の中にはわりと多くいます。

List❸-19　WHERE句に集約関数を書くとエラーになる

```
SELECT shohin_bunrui, COUNT(*)
  FROM Shohin
 WHERE COUNT(*) = 2
 GROUP BY shohin_bunrui;
```

残念ながら、この`SELECT`文はエラーになります。

実行結果（PostgreSQLの場合）

```
ERROR:  WHERE句では集約を使用できません
行 3:  WHERE COUNT(*) = 2
             ^
```

実は、`COUNT`など集約関数を書くことのできる場所は、`SELECT`句と`HAVING`句（と後述の`ORDER BY`句）だけなのです。そしてこの新しく登場した`HAVING`句こそ

100 ―――― 第3章　集約と並べ替え

が、「2行のグループだけ選択する」のようなグループに対する条件を指定するための便利な道具です。次節では、この**HAVING**句について学びましょう。

鉄則3-12

集約関数を書ける場所は**SELECT**句と**HAVING**句（と**ORDER BY**句）だけ。

COLUMN

DISTINCTとGROUP BY

　気づいた方もいるかもしれませんが、3-1節で紹介した**DISTINCT**と、3-2節で紹介した**GROUP BY**句は、どちらも、その後に続く列について重複を排除するという点で同じ動作をします。たとえば、List❸-Aの2つの**SELECT**文は、どちらも同じ結果を返します。

List❸-A　DISTINCTとGROUP BYのどちらも同じ動作をする

```
SELECT DISTINCT shohin_bunrui
  FROM Shohin;

SELECT shohin_bunrui
  FROM Shohin
 GROUP BY shohin_bunrui;
```

実行結果

```
shohin_bunrui
---------------
衣服
事務用品
キッチン用品
```

　ほかにも、**NULL**をひとまとめにするという点も同じですし、複数列を使う場合の結果もまったく同じです。さらに、結果の内容が同じというだけでなく、実行速度もほぼ同じなので（注❸-5）、どちらを使えば良いか迷うかもしれません。

　しかしこの疑問は、本当は本末転倒な話で、基本的にはむしろ、その**SELECT**文の意味が要件に合致しているかどうかを考えるべきです。「選択結果から重複を除外したい」という要件に対しては**DISTINCT**を使い、「集約した結果を求めたい」という要件に対しては**GROUP BY**句を使う、というのが筋のとおった使い方です。

　そう考えると、**COUNT**などの集約関数を使わずに**GROUP BY**句だけを使う、というこのコラムで紹介したような**SELECT**文は、意味的におかしいことがわかります。だったらいったい、何のためにグループ化したのか、必要性が不明だからです。

　SQL文は、せっかく英語によく似た構文を持っていて、人間にも意味がわかりやすいという利点を備えているのですから、その長所をわざわざ殺すような書き方をしてはもったいない話です。

注❸-5
データベース内の内部処理としては、どちらもソート処理やハッシュ演算を行なうことで実現されます。

3-3 集約した結果に条件を指定する

学習のポイント
- COUNT関数などを使ってテーブルのデータを集約した場合、その結果に対する条件指定はWHERE句ではなく、HAVING句を使って行ないます。
- 集約関数を書ける場所はSELECT句、HAVING句、ORDER BY句です。
- HAVING句はGROUP BY句の後ろに書きます。
- WHERE句には「行に対する条件指定」を書き、HAVING句には「グループに対する条件指定」を書くという使い分けをします。

HAVING句

　前節で学んだGROUP BY句によって、元のテーブルをグループ分けして結果を得ることができるようになりました。ここでは、さらにそのグループに対して条件を指定して選択する方法を考えます。たとえば、「集約した結果がちょうど2行になるようなグループ」を選択するにはどうすれば良いでしょうか（図❸-8）。

図❸-8　指定した条件に合ったグループのみを選択する

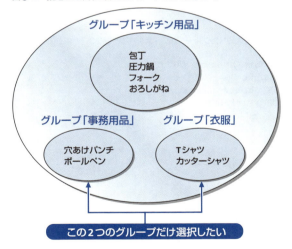

　条件指定といえば、WHERE句が真っ先に思い浮かぶかもしれません。しかし、WHERE句はあくまで「レコード（行）」に対してのみしか条件を指定できないため、グループに対する条件指定（たとえば、「含まれる行数が2行」や「平均値が500」な

102 —— 第3章　集約と並べ替え

ど）には使えないという制限があります。

　したがって、そういう集合に対する条件を指定する句が、別に必要となります。それが**HAVING句**です (注**❸**-6)。

　HAVING句の構文は次のとおりです。

KEYWORD
●HAVING句

注**❸**-6
HAVINGという語は、もちろん動詞HAVE（持つ）の現在分詞なのですが、あまり通常の英文で見かける形ではありません。

構文**❸**-3　HAVING句

```
SELECT <列名1>, <列名2>, <列名3>, ……
  FROM <テーブル名>
 GROUP BY <列名1>, <列名2>, <列名3>, ……
HAVING <グループの値に対する条件>
```

　HAVING句を書く位置は、**GROUP BY**句の後ろである必要があります。DBMS内部での実行順序も、**GROUP BY**句の後になります。

▶**HAVING句を使用するときのSELECT文の記述順序**

SELECT → FROM → WHERE → GROUP BY → HAVING

> 👆 **鉄則3-13**
>
> **HAVING**句は**GROUP BY**句の後ろに書く。

　さて、それでは**HAVING句**を実際に使ってみましょう。たとえば、商品分類で集約したグループに対して、「含まれる行数が2行」という条件を指定すると、List**❸**-20のようになります。

List**❸**-20　商品分類で集約したグループから「含まれる行数が2行」のものを選択する

```
SELECT shohin_bunrui, COUNT(*)
  FROM Shohin
 GROUP BY shohin_bunrui
HAVING COUNT(*) = 2;
```

実行結果

```
shohin_bunrui | count
--------------+-------
衣服          |     2
事務用品      |     2
```

　含まれる行数が4行の「キッチン用品」が結果から除外されていることが確認できます。**HAVING**句がない状態では、キッチン用品も結果として表示されていました。しかし、**HAVING**句の条件によって、2行だけのグループに結果が制限されるわけです（List**❸**-21）。

3-3 集約した結果に条件を指定する —— 103

List❸-21 HAVING句なしで選択した場合

```
SELECT shohin_bunrui, COUNT(*)
  FROM Shohin
 GROUP BY shohin_bunrui;
```

実行結果

```
 shohin_bunrui | count
---------------+-------
 衣服          |     2
 事務用品      |     2
 キッチン用品  |     4  ←—— 行数が2以外のグループも表示される
```

　HAVING句を使う例をもう1つ挙げてみましょう。今度も同じく商品分類でグループ
化しますが、条件を「販売単価の平均が2500円以上」に変えます。
　まず、HAVING句での条件なしの場合、List❸-22のようになります。

List❸-22 HAVING句なしで選択した場合

```
SELECT shohin_bunrui, AVG(hanbai_tanka)
  FROM Shohin
 GROUP BY shohin_bunrui;
```

実行結果

```
 shohin_bunrui |          avg
---------------+-----------------------
 衣服          | 2500.0000000000000000
 事務用品      |  300.0000000000000000
 キッチン用品  | 2795.0000000000000000
```

　商品分類の3つのグループすべてが結果に現われていることがわかります。ここに
HAVING句で条件を設定すると、List❸-23のようになります。

List❸-23 HAVING句で条件を設定して選択した場合

```
SELECT shohin_bunrui, AVG(hanbai_tanka)
  FROM Shohin
 GROUP BY shohin_bunrui
HAVING AVG(hanbai_tanka) >= 2500;
```

実行結果

```
 shohin_bunrui |          avg
---------------+-----------------------
 衣服          | 2500.0000000000000000
 キッチン用品  | 2795.0000000000000000
```

　販売単価の平均が300円だった事務用品が、結果から消えています。

HAVING句に書ける要素

　HAVING句も、GROUP BY句を使ったときのSELECT句と同様に、書くことができる要素が制限されます。制限内容はまったく同じで、HAVING句に書くことができる要素は次の3つになります。

・定数
・集約関数
・GROUP BY句で指定した列名（つまり集約キー）

　List❸-20に示した例文では、「HAVING COUNT(*) = 2」となっていますが、このうち、COUNT(*)は集約関数、2は定数ですから、この規則をきちんと守っていることがわかります。逆に、こんなふうに書くとエラーになります（List❸-24）。

List❸-24　エラーになるHAVING句の使い方

```
SELECT shohin_bunrui, COUNT(*)
  FROM Shohin
 GROUP BY shohin_bunrui
HAVING shohin_mei = 'ボールペン';
```

実行結果

```
ERROR:  列"shohin.shohin_mei"はGROUP BY句で出現しなければならないか、集約➡
関数内で使用しなければなりません
行 4: HAVING shohin_mei = 'ボールペン';
```

➡は紙面の都合で折り返していることを表わします。

　shohin_meiという列は、GROUP BY句に含まれていません。したがって、HAVING句に書くことも許されません。HAVING句の使い方を考えるときは、「一度集約が終わった段階の、表❸-2のようなテーブルを出発点にしている」と考えるとわかりやすいでしょう。

表❸-2　商品分類で集約したグループのイメージ

shohin_bunrui	COUNT(*)
キッチン用品	4
衣服	2
事務用品	2

　このことは、もちろんGROUP BY句を使った場合のSELECT句を考えるときにも当てはまります。この集約後のテーブルには、もうshohin_meiという列はどこにも

存在しません。テーブルにない列を指定するなんて、SQLにおいてはできない相談というものです。

HAVING句よりもWHERE句に書いたほうが良い条件

気づいた方もいるかもしれませんが、**HAVING**句にも**WHERE**句にも書ける条件というものが存在します。それは、「集約キーに対する条件」です。元のテーブルの列のうち、集約キーとして使っているものは、**HAVING**句にも書くことができます。したがって、List❸-25の**SELECT**文は正しい構文です。

List❸-25　条件を**HAVING**句に書いた場合

```
SELECT shohin_bunrui, COUNT(*)
  FROM Shohin
 GROUP BY shohin_bunrui
HAVING shohin_bunrui = '衣服';
```

実行結果

```
shohin_bunrui | count
--------------+-------
衣服          |     2
```

この**SELECT**文は、List❸-26のように書いた場合と同じ結果を返します。

List❸-26　条件を**WHERE**句に書いた場合

```
SELECT shohin_bunrui, COUNT(*)
  FROM Shohin
 WHERE shohin_bunrui = '衣服'
 GROUP BY shohin_bunrui;
```

実行結果

```
shohin_bunrui | count
--------------+-------
衣服          |     2
```

条件を書く場所が**WHERE**句か**HAVING**句かの違いだけで、条件の内容は同じ、返す結果も同じ。したがって、どちらの書き方をしても良いではないか、と思うかもしれません。

選択される結果だけを見るなら、そのとおりです。しかし私は、こういう集約キーに対する条件は**WHERE**句に書くべきだと考えています。

私がこのように考える理由は2つあります。

まず1つは、**WHERE**句と**HAVING**句の役割の違いという、根本的なものです。前述のように、**HAVING**句というのは「グループ」に対する条件を指定するものです。したがって、単なる「行」に対する条件は、**WHERE**句で書くようにしたほうが、互いの機能をはっきりさせることができて、読みやすいコードになります。

WHERE句＝行に対する条件指定
HAVING句＝グループに対する条件指定

もう1つの理由は、DBMS内部の動作に踏み込む、少しレベルの高い話になるため、本文では割愛いたします。これについてはコラム「**WHERE**句と**HAVING**句の実行速度」で取り上げていますので、興味のある方はそちらを読んでください。

鉄則3-14
集約キーに対する条件は、**HAVING**句ではなく**WHERE**句に書く。

COLUMN

WHERE句とHAVING句の実行速度

　WHERE句と**HAVING**句のどちらにも書ける条件を、あえて**WHERE**句に書くべきもう1つの理由は、パフォーマンス、つまり実行速度に関するものです。パフォーマンスは本書で取り上げる範囲外のテーマなので、あまりこの点については立ち入りませんが、一般的に、同じ結果が得られるにせよ、**HAVING**句よりは**WHERE**句に条件を記述するほうが、処理速度が速く、結果が返ってくる時間も短くなります。

　その理由を理解するには、DBMS内部で行なわれている処理について考える必要があります。**COUNT**関数などを使って、テーブルのデータを集約する場合、DBMS内部では「ソート」という行の並べ替えが行なわれます。このソート処理は、かなりマシンに負荷をかける、いわゆる「重い」処理です（注❸-7）。そのため、なるべくソートする行数が少ないほうが、処理が速くなるのです。

　WHERE句を使って条件を指定すると、ソートの前に行を絞り込むため、ソート対象の行数を減らせます。一方、**HAVING**句はソートが終わってグループ化された後に実行されるため、**WHERE**句で条件指定する場合よりソート行数が多くなってしまうのです。こうした内部動作はDBMSによっても異なりますが、このソート処理に関しては、多くのDBMSに共通していると言えます。

　そして、**WHERE**句が速度の面で有利なもう1つの理由は、**WHERE**句の条件で指定する列に「索引（インデックス）」を作成することで、処理を大幅に高速化することが可能なことです。この索引という技術は、DBMSのパフォーマンス向上の方法として非常にポピュラーで、かつ効果の高いものですから、**WHERE**句にとって非常に有利な材料なのです。

注❸-7
Oracleなどではソートの代わりにハッシュという処理が行なわれることもありますが、マシンに負荷をかける処理であることは同じです。

KEYWORD
●索引（インデックス）

3-4 検索結果を並べ替える ── *107*

第3章　集約と並べ替え

3-4 検索結果を並べ替える

学習のポイント

- ・検索結果を並べ替えるには**ORDER BY**句を使います。
- ・**ORDER BY**句の列名の後ろに**ASC**キーワードをつけると昇順、**DESC**キーワードをつけると降順に並べ替えることができます。
- ・**ORDER BY**句には、複数のソートキーを指定することが可能です。
- ・ソートキーに**NULL**が含まれていた場合、先頭か末尾にまとめられます。
- ・**ORDER BY**句では**SELECT**句でつけた列の別名を使えます
- ・**ORDER BY**句では**SELECT**句に含まれていない列や集約関数を使えます。
- ・**ORDER BY**句で列番号を使ってはいけません。

ORDER BY句

　これまでの節では、テーブルのデータにいろいろな条件をつけたり加工したりして検索を行ないましたが、本節ではいまいちど、簡単な**SELECT**文へ立ち戻りましょう（List❸-27）。

List❸-27　商品ID、商品名、販売単価、仕入単価を表示する**SELECT**文

```
SELECT shohin_id, shohin_mei, hanbai_tanka, shiire_tanka
  FROM Shohin;
```

実行結果

```
 shohin_id |   shohin_mei   | hanbai_tanka | shiire_tanka
-----------+----------------+--------------+--------------
 0001      | Tシャツ         |         1000 |          500
 0002      | 穴あけパンチ     |          500 |          320
 0003      | カッターシャツ    |         4000 |         2800
 0004      | 包丁            |         3000 |         2800
 0005      | 圧力鍋          |         6800 |         5000
 0006      | フォーク        |          500 |
 0007      | おろしがね       |          880 |          790
 0008      | ボールペン       |          100 |
```

　表示される結果の内容については、特に言うことはありません。本節で取り上げたいのは、結果の内容ではなく、結果が表示されるときの行の並び順です。

KEYWORD
●昇順

さて、この8行の結果は、いったいどんな順番で並んでいるのでしょうか。一見すると、商品IDの小さい順（昇順）のように見えます。しかし、実はこれはただの偶然に過ぎません。答えは、ランダムです。したがって、次に同じ**SELECT**文を実行したときには、前回とは違う順番で表示されるかもしれません。

一般に、テーブルからデータを選択する場合、その順番は、特に指定がない限り、どんな順番で並ぶかはまったくわかりません。同じ**SELECT**文ですら、実行するたびに並び順が変わる可能性があります。

しかし、順番がちゃんと並んでいないと、結果を使いづらい場合も多くあります。そういうケースにおいては、**SELECT**文の文末に**ORDER BY**句をつけることで明示的に行の順序を指定します。

KEYWORD
●ORDER BY句

ORDER BY句の構文は次のとおりです。

構文❸-4　ORDER BY句

```
SELECT <列名1>, <列名2>, <列名3>, ……
  FROM <テーブル名>;
 ORDER BY <並べ替えの基準となる列1>, <並べ替えの基準となる列2>, ……
```

たとえば、販売単価の低い順、つまり昇順に並べる場合は、List❸-28のように書きます。

List❸-28　販売単価の低い順（昇順）に並べる

```
SELECT shohin_id, shohin_mei, hanbai_tanka, shiire_tanka
  FROM Shohin
ORDER BY hanbai_tanka;
```

実行結果

```
 shohin_id |  shohin_mei   | hanbai_tanka | shiire_tanka
-----------+---------------+--------------+--------------
 0008      | ボールペン     |          100 |                 販売単価の昇順
 0006      | フォーク       |          500 |
 0002      | 穴あけパンチ   |          500 |          320
 0007      | おろしがね     |          880 |          790
 0001      | Tシャツ        |         1000 |          500
 0004      | 包丁          |         3000 |         2800
 0003      | カッターシャツ |         4000 |         2800
 0005      | 圧力鍋        |         6800 |         5000
```

この**ORDER BY**句は、いつどんな場合でも、**SELECT**文の最後に書きます。これは、行の並べ替え（ソート）は、結果を返す直前で行なう必要があるからです。また、**ORDER BY**句に書く列名を「ソートキー」と呼びます。ほかの句との順序関係を表わすと次のようになります。

KEYWORD
●ソートキー

▶句の記述順序
1. `SELECT`句 → 2. `FROM`句 → 3. `WHERE`句 → 4. `GROUP BY`句 →
5. `HAVING`句 → 6. `ORDER BY`句

 鉄則3-15
`ORDER BY`句は常に`SELECT`文の最後尾に書く。

なお、`ORDER BY`句は、行の順番を指定したいと思わなければ、別に書かなくてもかまいません。

昇順と降順の指定

KEYWORD
●降順
●DESCキーワード

上記の例とは反対に、販売単価の高い順、つまり降順に並べる場合は、List❸-29のように、列名の後ろに`DESC`キーワードを使います。

List❸-29 販売単価の高い順（降順）に並べる

```sql
SELECT shohin_id, shohin_mei, hanbai_tanka, shiire_tanka
  FROM Shohin
ORDER BY hanbai_tanka DESC;
```

実行結果

```
shohin_id | shohin_mei      | hanbai_tanka | shiire_tanka
----------+-----------------+--------------+--------------
0005      | 圧力鍋           |         6800 |         5000
0003      | カッターシャツ    |         4000 |         2800
0004      | 包丁             |         3000 |         2800
0001      | Tシャツ          |         1000 |          500
0007      | おろしがね        |          880 |          790
0002      | 穴あけパンチ      |          500 |          320
0006      | フォーク          |          500 |
0008      | ボールペン        |          100 |
```

ご覧のように、今度は6800円という一番高い圧力鍋が最初に来ています。実は、昇順に並べる場合も、正式には`ASC`というキーワードがあるのですが、省略した場合は暗黙に昇順に並べるという約束になっています。これは、実務では昇順に並べる場合が多いための措置でしょう。`ASC`と`DESC`は、それぞれascendent（昇っていく）、descendent（降っていく）という単語の略です。

KEYWORD
●ASCキーワード

 鉄則3-16
`ORDER BY`句で並び順を指定しないと暗黙に昇順扱いになる。

この**ASC**と**DESC**のキーワードは列単位で指定するものなので、1つの列は昇順を指定し、別の列は降順を指定する、ということも可能です。

複数のソートキーを指定する

ここで、本節の冒頭で示した販売単価の昇順に並べる**SELECT**文 (List❸-27) の結果をもう一度見てみましょう。500円の商品が2つあることがわかるはずです。この同じ値段の商品の順序は、特に指定がない限り、またしてもランダムです。

もしこの「同順位」の商品についても細かく並び順を指定したい場合は、もう1つソートキーを追加する必要があります。ここでは、商品IDの昇順としましょう。すると、List❸-30のようになります。

List❸-30 販売単価と商品IDの昇順に並べる

```
SELECT shohin_id, shohin_mei, hanbai_tanka, shiire_tanka
  FROM Shohin
ORDER BY hanbai_tanka, shohin_id;
```

実行結果

```
 shohin_id |  shohin_mei    | hanbai_tanka | shiire_tanka
-----------+----------------+--------------+--------------
 0008      | ボールペン      |          100 |
 0002      | 穴あけパンチ    |          500 |          320
 0006      | フォーク        |          500 |
 0007      | おろしがね      |          880 |          790
 0001      | Tシャツ         |         1000 |          500
 0004      | 包丁            |         3000 |         2800
 0003      | カッターシャツ  |         4000 |         2800
 0005      | 圧力鍋          |         6800 |         5000
```

← 値段が同じ場合は、商品IDの昇順

このように、**ORDER BY**句には、複数のソートキーを指定することが可能です。左側のキーから優先的に使用され、そのキーで同じ値が存在した場合に、右のキーが参照される、というルールです。もちろん、3列以上のソートキーを使うことも可能です。

NULLの順番

これまでの例では、販売単価（**hanbai_tanka**列）をソートキーにしてきましたが、今度は仕入単価（**shiire_tanka**列）をキーに使ってみましょう。このとき問題になるのは、ボールペンとフォークの行にある**NULL**です。いったい、**NULL**というのはどういう順序づけがされるのでしょう。**NULL**は100よりも大きいのでしょうか、小さいのでしょうか。また、5000と**NULL**とではどちらが大きいのでしょうか。

ここで、第2章の「**NULL**に比較演算子は使えない」（65ページ）で学んだ内容を思い出してください。そう、**NULL**に比較演算子は使えない、すなわち、**NULL**と数値の順序づけはできないのです。文字や日付とも比較できません。したがって、**NULL**を含む列をソートキーにした場合、**NULL**は先頭または末尾にまとめて表示されます（List❸-31）。

List❸-31　仕入単価の昇順に並べる

```
SELECT shohin_id, shohin_mei, hanbai_tanka, shiire_tanka
  FROM Shohin
ORDER BY shiire_tanka;
```

実行結果

```
shohin_id |   shohin_mei    | hanbai_tanka | shiire_tanka
----------+-----------------+--------------+--------------
0002      | 穴あけパンチ      |          500 |          320
0001      | Tシャツ          |         1000 |          500
0007      | おろしがね        |          880 |          790
0003      | カッターシャツ     |         4000 |         2800
0004      | 包丁             |         3000 |         2800
0005      | 圧力鍋           |         6800 |         5000
0006      | フォーク          |          500 |
0008      | ボールペン        |          100 |
```

NULLは先頭か末尾にまとめられる

先頭に来るか末尾に来るかは、特に決まっていません。中には、先頭か末尾かを指定することのできるDBMSもあるので、自分が使っているDBMSの機能を調べてみることをおすすめします。

> 🖐 **鉄則3-17**
>
> ソートキーに**NULL**が含まれていた場合、先頭か末尾にまとめられる。

ソートキーに表示用の別名を使う

3-2節「よくある間違い②」（97ページ）で、**GROUP BY**句には、**SELECT**句でつけた列の別名は使うことが許されていない、という話をしました。一方、**ORDER BY**句ではそれが許されています。したがって、List❸-32のような**SELECT**文は、エラーにはならず、正しく実行できます。

List❸-32 ORDER BY句では列の別名が使える

```
SELECT shohin_id AS id, shohin_mei, hanbai_tanka AS ht, shiire➡
_tanka
  FROM Shohin
ORDER BY ht, id;
```

➡は紙面の都合で折り返していることを表わします。

これは、「販売単価の昇順、商品IDの昇順」という先ほどの**SELECT**文 (List❸-31) と同じ意味になります。

実行結果

```
 id  | shohin_mei  | ht   | shiire_tanka
------+-------------+------+--------------
 0008 | ボールペン     |  100 |
 0002 | 穴あけパンチ   |  500 |          320
 0006 | フォーク       |  500 |
 0007 | おろしがね     |  880 |          790
 0001 | Tシャツ       | 1000 |          500
 0004 | 包丁          | 3000 |         2800
 0003 | カッターシャツ  | 4000 |         2800
 0005 | 圧力鍋        | 6800 |         5000
```

なぜ**GROUP BY**句では使えない別名が、**ORDER BY**句では使えるのでしょうか。その理由は、DBMS内部でSQL文が実行される順序に隠されています。**SELECT**文の実行順序は、句単位で見ると次のようになります。

▶**SELECT**文の内部的な実行順序

　FROM → WHERE → GROUP BY → HAVING → SELECT → ORDER BY

これは大ざっぱなまとめなので、細かい部分はDBMSごとに違うところもありますが、おおよそのイメージをつかむには十分です。ここで重要なのは「**GROUP BY**よりも後で、**ORDER BY**よりも前」という**SELECT**句の位置です。したがって、**GROUP BY**句が実行される時点では、**SELECT**句でつけることになっている別名を認識できません (注❸-8)。**SELECT**句より後ろの**ORDER BY**句ならば、その心配はないというわけです。

注❸-8
これは**HAVING**句でも同様です。だから**HAVING**句でも別名は使えません。

 鉄則3-18
ORDER BY句では、**SELECT**句でつけた別名を利用できる。

ORDER BY句に使える列

ORDER BY句には、テーブルに存在する列であれば、**SELECT**句に含まれていな

い列でも指定できます (List❸-33)。

List❸-33　SELECT句に含まれていない列もORDER BY句に指定できる

```
SELECT shohin_mei, hanbai_tanka, shiire_tanka
  FROM Shohin
 ORDER BY shohin_id;
```

実行結果

```
   shohin_mei   | hanbai_tanka | shiire_tanka
----------------+--------------+--------------
 Tシャツ         |         1000 |          500
 穴あけパンチ     |          500 |          320
 カッターシャツ   |         4000 |         2800
 包丁            |         3000 |         2800
 圧力鍋          |         6800 |         5000
 フォーク        |          500 |
 おろしがね      |          880 |          790
 ボールペン      |          100 |
```

また、集約関数も使うことができます (List❸-34)。

List❸-34　集約関数もORDER BY句で利用可能

```
SELECT shohin_bunrui, COUNT(*)
  FROM Shohin
 GROUP BY shohin_bunrui
 ORDER BY COUNT(*);
```
                    ↑ 集約関数も使える

実行結果

```
 shohin_bunrui | count
---------------+-------
 衣服           |     2
 事務用品       |     2
 キッチン用品   |     4
```

鉄則3-19
ORDER BY句では、SELECT句に含まれていない列や集約関数も使える。

列番号は使ってはいけない

　ちょっと意外かもしれませんが、ORDER BY句では、SELECT句に含まれる列を参照する列番号を使うことができます。列番号とは、SELECT句で指定した列を左か

KEYWORD
●列番号

ら1、2、3……と順番を割り振った番号です。したがって、List❸-35の2つの
SELECT文は同じ意味になります。

List❸-35　ORDER BY句では列番号を指定できる

```
-- 列名で指定
SELECT shohin_id, shohin_mei, hanbai_tanka, shiire_tanka
  FROM Shohin
ORDER BY hanbai_tanka DESC, shohin_id;

-- 列番号で指定
SELECT shohin_id, shohin_mei, hanbai_tanka, shiire_tanka
  FROM Shohin
ORDER BY 3 DESC, 1;
```

2つ目のSELECT文のORDER BY句は「SELECT句の3番目の列で降順ソートし、
続いて1番目の列で昇順ソートする」という意味になります。これは、1つ目の
SELECT文とまったく同じことを表わします。

実行結果

```
 shohin_id |  shohin_mei  | hanbai_tanka | shiire_tanka
-----------+--------------+--------------+--------------
 0005      | 圧力鍋        |         6800 |         5000
 0003      | カッターシャツ  |         4000 |         2800
 0004      | 包丁          |         3000 |         2800
 0001      | Tシャツ       |         1000 |          500
 0007      | おろしがね     |          880 |          790
 0002      | 穴あけパンチ    |          500 |          320
 0006      | フォーク       |          500 |
 0008      | ボールペン     |          100 |
```

　列番号で指定する書き方は、列名を書かなくても良いという手軽さもあって非常に便
利なのですが、次の2つの理由から使うべきではありません。

　まず1つ目の理由は、コードが読みにくいことです。列番号を使うと、ORDER BY
句を見ただけではどんな列をソートキーにしているかわからず、SELECT句のリスト
を先頭から数えなければなりません。この例ではSELECT句の列数が少ないので、あ
まり気にならないかもしれませんが、実務ではもっとたくさんの列を含めることもあり
ますし、SELECT句とORDER BY句の間に大きなWHERE句やHAVING句がはさ
まって、目で追うことが大変な場合もあります。

　そして2つ目の理由は、もっと根本的な問題です。実は、この順番項目の機能は、
SQL-92 (注❸-9) において、「将来削除されるべき機能」に挙げられました。したがって、
現在は問題なくても、将来、DBMSのバージョンアップを行なった際に、これまで動い
ていたSQLが突如エラーになるという厄介な問題を引き起こす可能性があります。そ
の場限りの使い捨てのSQLならまだしも、システムに組み込むSQLでこの機能を使う
ことは、避けたほうが身のためです。

注❸-9
1992年に制定された標準
SQL規格。

鉄則 3-20
ORDER BY 句では、列番号は使わない。

練習問題

3.1 次の SELECT 文は文法的に間違っています。おかしい箇所をすべて指摘してください。

```
SELECT shohin_id, SUM(shohin_mei)
-- この SELECT 文は間違っています。
  FROM Shohin
 GROUP BY shohin_bunrui
 WHERE torokubi > '2009-09-01';
```

3.2 販売単価（`hanbai_tanka`列）の合計が仕入単価（`shiire_tanka`列）の合計の1.5倍より大きい商品分類を求める SELECT 文を考えてください。実行した結果は次のようになるものとします。

```
shohin_bunrui | sum  | sum
--------------+------+------
衣服          | 5000 | 3300    ← SUM(shiire_tanka)の結果
事務用品      |  600 |  320
```
↑ SUM(hanbai_tanka)の結果

3.3 以前、Shohin（商品）テーブルからすべてのレコードを選択する SELECT 文を使って結果を取得しました。そのとき、ORDER BY 句を使って順序を指定したのですが、どんなルールで指定したのか忘れてしまいました。次の実行結果を参考にして、いったいどんな ORDER BY 句だったのか考えてください。

実行結果

```
shohin_id | shohin_mei   | shohin_bunrui | hanbai_tanka | shiire_tanka | torokubi
----------+--------------+---------------+--------------+--------------+-----------
0003      | カッターシャツ | 衣服          |         4000 |         2800 |
0008      | ボールペン    | 事務用品      |          100 |              | 2009-11-11
0006      | フォーク      | キッチン用品  |          500 |              | 2009-09-20
0001      | Tシャツ       | 衣服          |         1000 |          500 | 2009-09-20
0004      | 包丁          | キッチン用品  |         3000 |         2800 | 2009-09-20
0002      | 穴あけパンチ  | 事務用品      |          500 |          320 | 2009-09-11
0005      | 圧力鍋        | キッチン用品  |         6800 |         5000 | 2009-01-15
0007      | おろしがね    | キッチン用品  |          880 |          790 | 2008-04-28
```

第4章 | データの更新

データの登録（INSERT文の使い方）
データの削除（DELETE文の使い方）
データの更新（UPDATE文の使い方）
トランザクション

SQL

この章のテーマ

　前章まで、テーブルに格納されたデータをいろいろな形で検索する方法を学びました。このとき使ったSQLが**SELECT**文でしたが、この**SELECT**文は、テーブルのデータには一切変化を起こさないものでした。いわば、「読み取り専用」のコマンドだったわけです。

　本章では、DBMSにおいて、テーブルのデータを更新するための方法を学びます。テーブルのデータを更新する処理は、大きく分けて「挿入（**INSERT**）」「削除（**DELETE**）」「更新（**UPDATE**）」の3種類です。本章では、この3種類の更新方法について詳しく学んでいきます。また、データベースにおけるデータ更新を管理するための重要な概念「トランザクション」についても学びます。

4-1　データの登録（INSERT文の使い方）
■ **INSERT**とは
■ **INSERT**文の基本構文
■ 列リストの省略
■ **NULL**を挿入する
■ デフォルト値を挿入する
■ ほかのテーブルからデータをコピーする

4-2　データの削除（DELETE文の使い方）
■ **DROP　TABLE**文と**DELETE**文
■ **DELETE**文の基本構文
■ 削除対象を制限した**DELETE**文（探索型**DELETE**）

4-3　データの更新（UPDATE文の使い方）
■ **UPDATE**文の基本構文
■ 条件を指定した**UPDATE**文（探索型**UPDATE**）
■ **NULL**で更新するには
■ 複数列の更新

4-4　トランザクション
■ トランザクションとは何か
■ トランザクションを作るには
■ ACID特性

4-1　データの登録（INSERT文の使い方）——— *119* ●

第4章　データの更新

4-1　データの登録（INSERT文の使い方）

学習のポイント

- テーブルにデータ（行）を登録するには **INSERT** 文を使います。原則として **INSERT** 文は1回の実行で1行を挿入するようにします。
- 列名や値をカンマで区切って、外側をカッコ **( )** でくくった形式をリストと呼びます。
- テーブル名の後の列リストは、テーブルの全列に対して **INSERT** を行なう場合、省略することができます。
- **NULL** を挿入するには **VALUES** 句の値リストに「**NULL**」を書きます。
- テーブルの列にはデフォルト値（初期値）を設定することができます。デフォルト値を設定するには、**CREATE TABLE** 文の中で、列に対して **DEFAULT** 制約をつけます。
- デフォルト値を挿入するには、**INSERT** 文の **VALUES** 句に **DEFAULT** キーワードを指定する方法（明示的な方法）と、列リストを省略する方法（暗黙的な方法）の2種類があります。
- 別のテーブルからデータをコピーするには **INSERT … SELECT** を使います。

INSERTとは

KEYWORD
● **INSERT** 文

　第1章の1-4節では、テーブルを作成する **CREATE TABLE** 文を学びました。**CREATE TABLE** 文でテーブルを作成した段階では、まだ空っぽの箱ができたに過ぎません。この箱の中に「データ」を詰めていくことで、はじめてデータベースは有用なものになります。このデータを詰めるために使うSQLが、**INSERT**（挿入）です（図❹-1）。レコード（行）を挿入するというイメージから、この名前がつけられました。

　本節では、この **INSERT** 文について学びます。

図❹-1 INSERT（挿入）の流れ

まず、INSERT文を学習するために、「ShohinIns」という名前のテーブルを作りましょう。List❹-1のCREATE TABLE文を実行してください。テーブルの内容は、hanbai_tanka列（販売単価）の制約が「DEFAULT 0」である以外は、これまで使ってきたShohin（商品）テーブルとまったく同じです。「DEFAULT 0」の意味については後述しますので、いまは気にしないでください。

List❹-1 ShohinInsテーブルを作成するCREATE TABLE文

```
CREATE TABLE ShohinIns
(shohin_id     CHAR(4)       NOT NULL,
 shohin_mei    VARCHAR(100)  NOT NULL,
 shohin_bunrui VARCHAR(32)   NOT NULL,
 hanbai_tanka  INTEGER       DEFAULT 0,
 shiire_tanka  INTEGER       ,
 torokubi      DATE          ,
PRIMARY KEY (shohin_id));
```

先ほども述べたように、テーブルを作っただけでは、まだデータは入っていません。次項以降で、この空っぽのShohinInsテーブルにデータを登録していきます。

INSERT文の基本構文

INSERT文の実例は、すでに本書でも一度登場しています。第1章の1-5節で紹介した、CREATE TABLE文で作ったShohinテーブルにデータを登録（挿入）するSQL文で使われていました。しかし、そこでの目的はSELECT文の学習用データを準備することだったため、構文の詳しい説明は省略しました。そのため、ここであらためて構文の説明からはじめましょう。

INSERT文の基本構文は、次のとおりです。

4-1　データの登録（INSERT文の使い方）—— *121*

構文❹-1　INSERT文

```
INSERT INTO <テーブル名> (列1, 列2, 列3, ……) VALUES (値1, 値2, 値3, ……);
```

　たとえば、各列が次のような値を持つ1行を**ShohinIns**テーブルに挿入したいとします。

shohin_id （商品ID）	shohin_mei （商品名）	shohin_bunrui （商品分類）	hanbai_tanka （販売単価）	shiire_tanka （仕入単価）	torokubi （登録日）
0001	Tシャツ	衣服	1000	500	2009-09-20

　そのための**INSERT**文はList❹-2のとおりです。

List❹-2　テーブルにデータを1行登録する

```
INSERT INTO ShohinIns (shohin_id, shohin_mei, shohin_bunrui, ➡
hanbai_tanka, shiire_tanka, torokubi) VALUES ('0001', 'Tシャツ', ➡
'衣服', 1000, 500, '2009-09-20');
```

➡は紙面の都合で折り返していることを表わします。

　shohin_id列（商品ID）や**shohin_mei**列（商品名）は文字型なので、挿入する値も**'0001'**のようにシングルクォーテーションで囲む必要があります。これは**torokubi**（登録日）のような日付型の列も同様です（注❹-1）。

　また、列名や値をカンマで区切って、外側をカッコ**()**でくくった形式をリストと呼びます。List❹-2の**INSERT**文でいえば、次の2つがリストです。

Ⓐ列リスト→**(shohin_id, shohin_mei, shohin_bunrui, hanbai_
　　　　　　tanka, shiire_tanka, torokubi)**
Ⓑ値リスト→**('0001', 'Tシャツ' ,'衣服', 1000, 500, '2009-09-20')**

　当然のことですが、テーブル名の後の列リストと、**VALUES**句の値リストは、列数が一致している必要があります。次のように、数が不一致だとエラーになって挿入できません（注❹-2）。

```
-- VALUES句の値リストが1列足りない！
INSERT INTO ShohinIns (shohin_id, shohin_mei, shohin_bunrui, ➡
hanbai_tanka, shiire_tanka, torokubi) VALUES ('0001', 'Tシャツ', ➡
'衣服', 1000, 500);
```

➡は紙面の都合で折り返していることを表わします。

　また、**INSERT**文は、基本的に1回で1行を挿入します（注❹-3）。したがって、複数の行を挿入したい場合は、原則的にその行数だけ**INSERT**文も繰り返し実行する必要があります。

注❹-1
日付型については、第1章の「データ型の指定」（34ページ）を参照してください。

KEYWORD
●リスト
●列リスト
●値リスト

注❹-2
ただし、デフォルト値を利用する場合は列数が一致する必要はありません。これについては、後述の「デフォルト値を挿入する」で説明します。

注❹-3
複数行の挿入については、コラム「複数行**INSERT**」を参照してください。

鉄則 4-1

原則として、INSERT文は1回の実行で1行を挿入すること。

COLUMN

複数行INSERT

「鉄則4-1」では、「INSERT文は1回で1行を挿入する」という原則を示しました。これはほとんどの場合正しいのですが、あくまで原則です。実を言うと、多くのRDBMSでは、1回で複数行をINSERTすることも可能です。このような機能を「複数行INSERT (multi row INSERT)」と呼びます。言葉どおりの機能ですね。

構文は、List ④-Aのサンプルのように、複数のVALUES句のリストをカンマで区切って並列します。

KEYWORD
●複数行INSERT

List ④-A　通常のINSERTと複数行INSERT

```
-- 通常のINSERT
INSERT INTO ShohinIns VALUES ('0002', '穴あけパンチ', ➡
'事務用品', 500, 320, '2009-09-11');
INSERT INTO ShohinIns VALUES ('0003', 'カッターシャツ', ➡
'衣服', 4000, 2800, NULL);
INSERT INTO ShohinIns VALUES ('0004', '包丁', ➡
'キッチン用品', 3000, 2800, '2009-09-20');

-- 複数行INSERT (Oracle以外)
INSERT INTO ShohinIns VALUES ('0002', '穴あけパンチ', ➡
'事務用品', 500, 320, '2009-09-11'),
                             ('0003', 'カッターシャツ', ➡
'衣服', 4000, 2800, NULL),
                             ('0004', '包丁', ➡
'キッチン用品', 3000, 2800, '2009-09-20');
```

➡は紙面の都合で折り返していることを表わします。

直観的にもわかりやすい構文ですし、記述する分量も減るので便利だと思う方も多いでしょう。ただし、この構文には注意点があります。

まず1つ目の注意点は、INSERT文の記述内容に間違いがあったり、不正なデータを挿入しようとした場合です。当然、そのときはINSERTがエラーになりますが、複数行INSERTの場合、どの行のどの箇所がエラーだったのか、特定するのが単一行INSERTより大変です。

そして2つ目の注意点は、この構文がすべてのRDBMSで利用できるわけではないという点です。この複数行INSERTの構文は、DB2、SQL Server、PostgreSQL、MySQLでは利用できますが、Oracleでは利用できません。

4-1 データの登録（INSERT文の使い方）——— *123*

> **方言**
>
> Oracleでは次のように少し妙な構文を使用します。
>
> ```
> -- Oracleでの複数行INSERT
> INSERT ALL INTO ShohinIns VALUES ('0002', '穴あけパンチ', ➡
> '事務用品', 500, 320, '2009-09-11')
>           INTO ShohinIns VALUES ('0003', 'カッターシャツ', ➡
> '衣服', 4000, 2800, NULL)
>           INTO ShohinIns VALUES ('0004', '包丁', ➡
> 'キッチン用品', 3000, 2800, '2009-09-20')
> SELECT * FROM DUAL;
> ```
>
> ➡は紙面の都合で折り返していることを表わします。
>
> **DUAL**は、Oracleだけに（インストールすると必ず）存在する一種のダミーテーブル（注❹-4）です。したがって「**SELECT * FROM DUAL**」の部分も、ダミーで、実質的な意味はありません。

注❹-4
参照するテーブルが特にないSELECT文を書きたいときに、FROM句に書いておくテーブルです。意味のあるデータは入っておらず、またINSERTやUPDATEの対象にもなりません。

列リストの省略

テーブル名の後の列リストは、テーブルの全列に対して**INSERT**を行なう場合、省略することができます。このとき、**VALUES**句の値が暗黙のうちに、左から順に各列に割り当てられます。したがって、List❹-3の2つの**INSERT**文はともに同じデータを挿入します。

List❹-3 列リストの省略

```
-- 列リストあり
INSERT INTO ShohinIns (shohin_id, shohin_mei, shohin_bunrui, ➡
hanbai_tanka, shiire_tanka, torokubi) VALUES ('0005', '圧力鍋', ➡
'キッチン用品', 6800, 5000, '2009-01-15');

-- 列リストなし
INSERT INTO ShohinIns VALUES ('0005', '圧力鍋', 'キッチン用品', ➡
6800, 5000, '2009-01-15');
```

➡は紙面の都合で折り返していることを表わします。

NULLを挿入する

INSERT文で、ある列に**NULL**を割り当てたい場合は、**VALUES**句の値リストに**NULL**をそのまま記述します。たとえば、**shiire_tanka**列（仕入単価）に**NULL**を割り当てるには、List❹-4のような**INSERT**文になります。

List❹-4　shiire_tanka列にNULLを割り当てる

```
INSERT INTO ShohinIns (shohin_id, shohin_mei, shohin_bunrui, ➡
hanbai_tanka, shiire_tanka, torokubi) VALUES ('0006', 'フォーク', ➡
'キッチン用品', 500, NULL, '2009-09-20');
```

➡は紙面の都合で折り返していることを表わします。

　ただし、**NULL**を割り当てられる列は、当然のことですが**NOT NULL**制約のついていない列に限られます。**NOT NULL**制約のついている列（たとえば、**shohin_id**）に**NULL**を指定した場合、**INSERT**文はエラーとなり、データの挿入に失敗します。

　なお、「挿入に失敗する」とは、**INSERT**文で登録しようとしたデータが登録できなかった、ということです。それまでテーブルに登録されていたデータが消えたり壊れてしまうことはありません（注❹-5）。

> **注❹-5**
> **INSERT**に限らず、**DELETE**や**UPDATE**などの更新文においても同様で、SQL文が失敗したときにはテーブルのデータは何の影響も受けません。

> **KEYWORD**
> ●デフォルト値
> ●**DEFAULT**制約

デフォルト値を挿入する

　テーブルの列には、デフォルト値（初期値）を設定することができます。デフォルト値を設定するには、テーブルを定義する**CREATE TABLE**文の中で、列に対して**DEFAULT**制約をつけます。

　List❹-5は、本章の冒頭で作成した**ShohinIns**テーブルの定義の抜粋です。「**DEFAULT 0**」という箇所が**DEFAULT**制約を設定している部分です。このように「**DEFAULT**＜デフォルト値＞」という形式で列のデフォルト値を設定します。

List❹-5　ShohinInsテーブルを作成するCREATE TABLE文（抜粋）

```
CREATE TABLE ShohinIns
(shohin_id      CHAR(4)        NOT NULL,
          (略)
 hanbai_tanka   INTEGER        DEFAULT 0, -- 販売単価のデフォルト値を0に設定
          (略)
 PRIMARY KEY (shohin_id));
```

　このようにテーブルの定義時にデフォルト値が設定されていた場合、自動的にそれを**INSERT**文の列の値として利用することができます。その利用方法には、「明示的な方法」と「暗黙的な方法」の2種類があります。

■① 明示的にデフォルト値を挿入する

　VALUES句に、**DEFAULT**キーワードを指定します（List❹-6）。

> **KEYWORD**
> ●**DEFAULT**キーワード

4-1 データの登録（INSERT文の使い方） —— *125*

List❹-6　明示的なデフォルト値の設定

```
INSERT INTO ShohinIns (shohin_id, shohin_mei, shohin_bunrui, ➡
hanbai_tanka, shiire_tanka, torokubi) VALUES ('0007', ➡
'おろしがね', 'キッチン用品', DEFAULT, 790, '2009-04-28');
```

➡は紙面の都合で折り返していることを表わします。

　こうすることで、RDBMSは自動的に列のデフォルト値を使用してレコードの挿入を行ないます。

　INSERT文が挿入した行を、**SELECT**文で確認してみましょう。

```
-- 挿入行の確認
SELECT * FROM ShohinIns WHERE shohin_id = '0007';
```

　この場合、**hanbai_tanka**列（販売単価）のデフォルト値は0なので、**hanbai_tanka**に0が割り当てられています。

実行結果

```
 shohin_id | shohin_mei | shohin_bunrui | hanbai_tanka | shiire_tanka | torokubi
-----------+------------+---------------+--------------+--------------+-----------
 0007      | おろしがね  | キッチン用品   |            0 |          790 | 2008-04-28
```

■② 暗黙的にデフォルト値を挿入する

　デフォルト値の挿入は、**DEFAULT**キーワードを使用しなくても行なうことが可能です。単純に、デフォルト値が設定されている列を、列リストからも**VALUES**からも省略してしまえば良いのです。List❹-7のように**hanbai_tanka**列（販売単価）を**INSERT**文から削除します。

List❹-7　暗黙的なデフォルト値の設定

hanbai_tankaを省略

```
INSERT INTO ShohinIns (shohin_id, shohin_mei, shohin_bunrui, ➡
shiire_tanka, torokubi) VALUES ('0007', 'おろしがね', 'キッチン用品', ➡
790, '2009-04-28');
```

値も省略

➡は紙面の都合で折り返していることを表わします。

　この場合もやはり**hanbai_tanka**にはデフォルト値の0が使われます。

　さて、そうすると実際にどちらの方法を使うのが良いか、という点が問題になります。これはあくまで私見ですが、私は①の「明示的な書き方」をおすすめします。なぜなら、こちらのほうがぱっと見て**hanbai_tanka**にデフォルト値が利用されることが一目でわかり、意味のとらえやすいSQL文になるからです。

　なお、列名の省略の話が出たついでに、もう1つ述べておくと、デフォルト値が設定されていない列を省略した場合は、**NULL**が割り当てられます。したがって、**NOT**

NULL制約がつけられている列を省略すると、**INSERT**文はエラーになります（List**❹**-8）。この点にも、注意が必要です。

List**❹**-8　デフォルト値が設定されていない場合

```
-- shiire_tanka列（制約なし）を省略：「NULL」になる
INSERT INTO ShohinIns (shohin_id, shohin_mei, shohin_bunrui, ➡
hanbai_tanka, torokubi) VALUES ('0008', 'ボールペン', '事務用品', ➡
100, '2009-11-11');

-- shohin_mei列（NOT NULL制約）を省略：エラー！
INSERT INTO ShohinIns (shohin_id, shohin_bunrui, hanbai_tanka,➡
 shiire_tanka, torokubi) VALUES ('0009', '事務用品', 1000, 500, ➡
'2009-12-12');
```

➡は紙面の都合で折り返していることを表わします。

> **鉄則 4-2**
>
> **INSERT**文で列名を省略すると、デフォルト値が使われる（デフォルト値が設定されていない場合は、**NULL**になる）。

ほかのテーブルからデータをコピーする

　データを挿入する方法としては、**VALUES**句で具体的なデータを指定する以外に、「ほかのテーブルから選択する」という方法もあります。ここでは、あるテーブルのデータを選択し、それを別のテーブルへコピーして登録する方法を学びます。

　まずは、この方法を学習するために、List**❹**-9のようなサンプルテーブルをもう1つ作りましょう。

List**❹**-9　ShohinCopyテーブルを作成する**CREATE TABLE**文

```
-- データ挿入先の商品コピーテーブル
CREATE TABLE ShohinCopy
(shohin_id     CHAR(4)      NOT NULL,
 shohin_mei    VARCHAR(100) NOT NULL,
 shohin_bunrui VARCHAR(32)  NOT NULL,
 hanbai_tanka  INTEGER      ,
 shiire_tanka  INTEGER      ,
 torokubi      DATE         ,
 PRIMARY KEY (shohin_id));
```

　この**ShohinCopy**（商品コピー）テーブルのテーブル定義は、前章まで使ってきた**Shohin**（商品）テーブルとまったく同じです。テーブル名だけを変えています。

　さっそく**ShohinCopy**テーブルに、**Shohin**テーブルのデータを挿入してみま

しょう。このような場合、List❹-10のように、**SELECT**した結果をそのままテーブルに**INSERT**することができます。

List❹-10　INSERT ... SELECT文

```
-- 商品テーブルのデータを商品コピーテーブルへ「コピー」
INSERT INTO ShohinCopy (shohin_id, shohin_mei, shohin_bunrui, ➡
hanbai_tanka, shiire_tanka, torokubi)
SELECT shohin_id, shohin_mei, shohin_bunrui, hanbai_tanka, ➡
shiire_tanka, torokubi
  FROM Shohin;
```

➡は紙面の都合で折り返していることを表わします。

KEYWORD

● INSERT ... SELECT 文

この**INSERT … SELECT文**を実行すると、たとえば元の**Shohin**テーブルに8行のデータが入っていたとすれば、**ShohinCopy**テーブルにもまったく同じ8行のデータが追加されます。もちろん、元の**Shohin**テーブルのデータは変わらず8行のままです。このように、**INSERT … SELECT**文は、データのバックアップ（予備）をとるような場合にも使えます（図❹-2）。

図❹-2　INSERT ... SELECT文

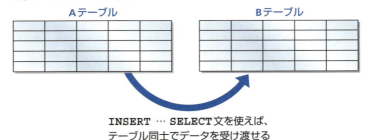

INSERT … SELECT文を使えば、
テーブル同士でデータを受け渡せる

■ **SELECT文のバリエーション**

この**INSERT**文内の**SELECT**文には、**WHERE**句や**GROUP BY**句などを使うこともできます。これまで学んできた、さまざまな**SELECT**文を記述することが可能です（注❹-6）。テーブル同士でデータをやり取りしたい場合に便利な機能です。

たとえば、**GROUP BY**句を使った**SELECT**文を**INSERT**してみましょう。**INSERT**先のテーブルとして、List❹-11のテーブルを作ります。

注❹-6
ただし、**ORDER BY**句を指定しても意味がありません。テーブル内部でのレコードの並び順は保証されないからです。

List❹-11　ShohinBunruiテーブルを作成するCREATE TABLE文

```
-- 商品分類ごとにまとめたテーブル
CREATE TABLE ShohinBunrui
(shohin_bunrui     VARCHAR(32) NOT NULL,
 sum_hanbai_tanka INTEGER         ,
 sum_shiire_tanka INTEGER         ,
 PRIMARY KEY (shohin_bunrui));
```

商品分類（`shohin_bunrui`）ごとに販売単価の合計（`sum_hanbai_tanka`）と仕入単価の合計（`sum_shiire_tanka`）を保持するためのテーブルです。ここに、`Shohin`テーブルからデータを挿入するならば、List❹-12のような`INSERT` … `SELECT`文が使えます。

List❹-12　ほかのテーブルのデータを集約して挿入するINSERT … SELECT文

```
INSERT INTO ShohinBunrui (shohin_bunrui, sum_hanbai_tanka, ➡
sum_shiire_tanka)
SELECT shohin_bunrui, SUM(hanbai_tanka), SUM(shiire_tanka)
  FROM Shohin
 GROUP BY shohin_bunrui;
```

➡は紙面の都合で折り返していることを表わします。

`SELECT`文で挿入結果を確認すると、`ShohinBunrui`テーブルに以下のような3行が追加されているのがわかります。

```
-- 挿入行の確認
SELECT * FROM ShohinBunrui;
```

実行結果

```
shohin_bunrui | sum_hanbai_tanka | sum_shiire_tanka
--------------+------------------+------------------
衣服          |             5000 |             3300
事務用品      |              600 |              320
キッチン用品  |            11180 |             8590
```

 鉄則 4-3
`INSERT`文内の`SELECT`文では、`WHERE`句や`GROUP　BY`句など、どんなSQL構文も使うことができる（ただし、`ORDER　BY`句は使っても効果がない）。

4-2　データの削除（DELETE文の使い方）――― *129*

第4章　データの更新

4-2 データの削除（DELETE文の使い方）

学習のポイント	・テーブルごとすべて削除するにはDROP　TABLE文を、テーブル自体は残して行のみをすべて削除するにはDELETE文を使います。 ・一部の行を削除するときは、WHERE句で対象行の条件を書きます。WHERE句で削除対象行を制限したDELETE文を探索型DELETEと呼びます。

DROP　TABLE文とDELETE文

　データの登録方法がわかったら、次はデータの削除です。データの削除方法は、大きく分けて2つあります。

KEYWORD
●DROP　TABLE文
●DELETE文

①<ruby>DROP<rt>ドロップ</rt></ruby>　<ruby>TABLE<rt>テーブル</rt></ruby><ruby>文<rt>ぶん</rt></ruby>によって、テーブルそのものを削除する。
②<ruby>DELETE<rt>デリート</rt></ruby><ruby>文<rt>ぶん</rt></ruby>によって、テーブル（入れ物、容器）は残したまま、テーブル内のすべての行を削除する。

　①のDROP　TABLE文は、第1章の1-5節で学びましたが、ここで少しおさらいをしておきます。DROP　TABLE文はテーブルごとすべて削除するため、一度削除した後にデータを再登録するには、CREATE　TABLE文でテーブルの作成からはじめなければなりません。
　これに対し、②のDELETE文の場合は、データ（行）を削除してもテーブルは残っているため、INSERT文によってすぐにデータを再登録することが可能です。
　本章のテーマは「データの削除」ということで、データのみを削除するDELETE文の使い方を学びます。
　なお、第1章でも述べましたが、どちらの方法を使うにせよ、データを削除するときには、くれぐれも間違いのないようによく注意しましょう。間違えて削除して後から「しまった！」と思っても、データ復旧はなかなか大変で骨の折れる作業だからです。

DELETE文の基本構文

　DELETE文の基本構文は、次のような非常に単純なものです。

構文❹-2　テーブルは残したまま、すべての行を削除するDELETE文

```
DELETE FROM <テーブル名>;
```

　この基本構文に沿ってDELETE文を実行すると、指定したテーブルのすべての行を削除します。したがって、**Shohin**テーブルを全行削除して空っぽにするならば、List❹-13のように書きます。

List❹-13　Shohinテーブルを空っぽにする

```
DELETE FROM Shohin;
```

　時々、**FROM**を忘れて「DELETE <テーブル名>」と書いたり、列名をつけようとして「DELETE <列名> FROM <テーブル名>」と書いたりする間違いを見かけますが、いずれもエラーとなって正しく動作しませんので、注意してください。

　前者がうまくいかないのは、削除対象となるのがテーブルではなく、あくまでテーブルに含まれる「行（レコード）」であることを考えれば、納得がいくでしょう（注❹-7）。

　また、後者が間違いである理由も、これとまったく同じです。DELETE文における削除対象は、列ではなく行なので、DELETE文で一部の列だけを削除することはできないのです。したがって、DELETE文で列名を指定することはできません。当然ながら、アスタリスクを使って「DELETE * FROM Shohin;」と書くのも間違いで、これはエラーになります。

> **鉄則4-4**
> DELETE文の削除対象はテーブルや列ではなく「レコード（行）」である。

注❹-7
INSERT文と同じく、データの更新はすべて「レコード」を基本単位として行なわれます。これは次節で学ぶUPDATE文の場合も同じです。

削除対象を制限したDELETE文（探索型DELETE）

　テーブルの全行ではなく、一部の行だけを削除する場合は、SELECT文の場合と同様、WHERE句で条件を記述します。このように削除対象のレコードを制限したDELETE文のことを、「探索型DELETE」と呼びます（注❹-8）。

　探索型DELETEの構文は次のとおりです。

構文❹-3　一部の行だけを削除する探索型DELETE

```
DELETE FROM <テーブル名>
  WHERE <条件>;
```

KEYWORD
●探索型DELETE

注❹-8
この「探索型DELETE」は正式な用語ですが、実際にはこの呼び方はあまり使われていません（単純にDELETE文と表現されることが多いようです）。

Shohin（商品）テーブルを例に、データ削除の具体例を考えてみましょう（表❹-1）。

表❹-1　Shohinテーブル

shohin_id （商品ID）	shohin_mei （商品名）	shohin_bunrui （商品分類）	hanbai_tanka （販売単価）	shiire_tanka （仕入単価）	torokubi （登録日）
0001	Tシャツ	衣服	1000	500	2009-09-20
0002	穴あけパンチ	事務用品	500	320	2009-09-11
0003	カッターシャツ	衣服	4000	2800	
0004	包丁	キッチン用品	3000	2800	2009-09-20
0005	圧力鍋	キッチン用品	6800	5000	2009-01-15
0006	フォーク	キッチン用品	500		2009-09-20
0007	おろしがね	キッチン用品	880	790	2008-04-28
0008	ボールペン	事務用品	100		2009-11-11

　たとえば、販売単価（**hanbai_tanka**）が4000円以上の行だけを削除したい場合を考えます（List❹-14）。このテーブルでは、「カッターシャツ」「圧力鍋」が対象となります。

List❹-14　販売単価が4000円以上の行だけを削除

```
DELETE FROM Shohin
 WHERE hanbai_tanka >= 4000;
```

　WHERE句の記述方法は、これまで**SELECT**文で使ってきたものとまったく同じように考えてかまいません。

　削除後のテーブルを**SELECT**文で確認すると、データが2行削除されて、6行だけになっているのがわかります。

```
-- 削除結果の確認
SELECT * FROM Shohin;
```

実行結果

```
 shohin_id | shohin_mei | shohin_bunrui | hanbai_tanka | shiire_tanka | torokubi
-----------+------------+---------------+--------------+--------------+-----------
 0001      | Tシャツ      | 衣服           |         1000 |          500 | 2009-09-20
 0002      | 穴あけパンチ  | 事務用品        |          500 |          320 | 2009-09-11
 0004      | 包丁        | キッチン用品     |         3000 |         2800 | 2009-09-20
 0006      | フォーク     | キッチン用品     |          500 |              | 2009-09-20
 0007      | おろしがね   | キッチン用品     |          880 |          790 | 2008-04-28
 0008      | ボールペン   | 事務用品        |          100 |              | 2009-11-11
```

鉄則 4-5
一部の行を削除するときは、WHERE句で対象行の条件を記述する。

　なお、SELECT文と違って、DELETE文にはGROUP BY、HAVING、ORDER BYの3つの句は指定できません。使えるのはWHERE句だけです。理由は、少し考えればわかりますね。GROUP BYやHAVINGというのは、元となるテーブルからデータを選択するときに、「抽出する形を変えたい」という場合に使います。ORDER BYも、結果の表示順を指定するのが目的です。そのため、テーブルのデータそのものを削除するときには、そもそも出番がないわけです。

COLUMN

削除と切り捨て

　テーブルからデータを削除する方法として、標準SQLが用意しているのはDELETE文だけです。しかし、多くのデータベース製品には、これとは別にもう1つ、「TRUNCATE」というコマンドが用意されています。主なところでは、Oracle、SQL Server、PostgreSQL、MySQL、DB2がこのコマンドを持っています。

　TRUNCATEとは「切り捨てる」という意味で、具体的には、次のように使います。

構文❹-A　必ずテーブルを全行削除するTRUNCATE文

```
TRUNCATE <テーブル名>;
```

　DELETEと違って、TRUNCATEは、必ずテーブルを全行削除します。WHERE句で条件を指定して、一部の行だけ削除するということはできません。したがって、細かい制御はできないのですが、その代わり、DELETEよりも削除の処理が高速であるというメリットがあります。実はDELETE文というのは、DML文の中でもかなり実行に時間がかかる処理であるため、全行削除してかまわない場合は、TRUNCATEを使うことで実行時間を短縮できます。

　ただし、Oracleのように、TRUNCATEをDMLではなくDDLとして定義しているケースもあるなど、製品によっては注意すべき点があります（注❹-9）。TRUNCATEを使うときは、製品のマニュアルをよく読んでから、注意して使いましょう。便利な道具は、それに相応するデメリットも抱えているのです。

KEYWORD
●TRUNCATE文

注❹-9
したがってOracleではTRUNCATEにはROLLBACKがききません。TRUNCATEを実行することで、暗黙のCOMMITが発行されます。

4-3　データの更新（**UPDATE**文の使い方） ──── *133*

第4章　データの更新

4-3 データの更新（UPDATE文の使い方）

学習のポイント

- ・テーブルのデータを変更（更新）するには**UPDATE**文を使います。
- ・一部の行を更新するときは、**WHERE**句で対象行の条件を書きます。**WHERE**句で更新対象行を制限した**UPDATE**文を、探索型**UPDATE**と呼びます。
- ・**UPDATE**文で列を**NULL**クリアすることもできます。
- ・複数の列を同時に更新するには、**UPDATE**文の**SET**句に更新対象の複数の列をカンマ区切りで並べます。

UPDATE文の基本構文

テーブルに**INSERT**文でデータを登録した後、登録済みのデータを変更したいと思うことがあるでしょう。たとえば、「商品の販売単価を間違えて登録してしまった」などはよくある話です。そんなとき、データを削除して再登録するなどという面倒な方法をとる必要はありません。**UPDATE文**によって、テーブルのデータを変更することが可能なのです。

KEYWORD
●UPDATE文

UPDATE文は、**INSERT**文や**DELETE**文と同じくDML文に属します。これを利用することで、テーブルのデータを変更することができます。基本的な構文は、次のとおりです。

構文❹-4　テーブルのデータを変更するUPDATE文

```
UPDATE <テーブル名>
    SET <列名> = <式>;
```

KEYWORD
●SET句

更新対象の列と、更新後の値は、**SET句**に記述します。再び、**Shohin**（商品）テーブルを例に考えてみましょう。前節で「販売単価が4000円以上の行を削除」したため、2行減って表❹-2のように6行になっています。

表❹-2 Shohinテーブル

shohin_id (商品ID)	shohin_mei (商品名)	shohin_bunrui (商品分類)	hanbai_tanka (販売単価)	shiire_tanka (仕入単価)	torokubi (登録日)
0001	Tシャツ	衣服	1000	500	2009-09-20
0002	穴あけパンチ	事務用品	500	320	2009-09-11
0004	包丁	キッチン用品	3000	2800	2009-09-20
0006	フォーク	キッチン用品	500		2009-09-20
0007	おろしがね	キッチン用品	880	790	2008-04-28
0008	ボールペン	事務用品	100		2009-11-11

それではまず、`torokubi`列（登録日）を全行、「2009年10月10日」で統一してみましょう。これは、List❹-15のように記述します。

List❹-15 登録日をすべて「2009年10月10日」に変更

```
UPDATE Shohin
   SET torokubi = '2009-10-10';
```

テーブルの内容がどのように変更されたか、`SELECT`文で確認してみましょう。

```
-- 変更内容の確認
SELECT * FROM Shohin ORDER BY shohin_id;
```

実行結果

```
 shohin_id | shohin_mei | shohin_bunrui | hanbai_tanka | shiire_tanka | torokubi
-----------+------------+---------------+--------------+--------------+------------
 0001      | Tシャツ     | 衣服          |         1000 |          500 | 2009-10-10
 0002      | 穴あけパンチ | 事務用品      |          500 |          320 | 2009-10-10
 0004      | 包丁       | キッチン用品   |         3000 |         2800 | 2009-10-10
 0006      | フォーク    | キッチン用品   |          500 |              | 2009-10-10
 0007      | おろしがね  | キッチン用品   |          880 |          790 | 2009-10-10
 0008      | ボールペン  | 事務用品      |          100 |              | 2009-10-10
```

全行「2009-10-10」に変更

前節で削除した「カッターシャツ」の行のように、更新前に登録日が`NULL`だった場合はどうなるでしょうか。この場合、`NULL`の部分にも「2009-10-10」という値が入ります。

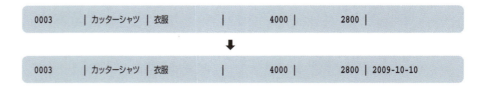

4-3 データの更新（UPDATE文の使い方）——— *135*

条件を指定したUPDATE文（探索型UPDATE）

次に、全行を更新するのではなく、更新対象の行を制限してみましょう。行を制限するには、**DELETE**文のときと同様、**WHERE**句を使うことで可能です。こういう対象行を制限した**UPDATE**文のことを、やはり「探索型**UPDATE**」と呼びます。構文は次のとおりです（これも**DELETE**文と似ています）。

KEYWORD
●探索型UPDATE

構文❹-5　一部の行だけを変更する探索型UPDATE

```
UPDATE <テーブル名>
    SET <列名> = <式>
 WHERE <条件>;
```

たとえば、商品分類（**shohin_bunrui**）が「キッチン用品」の行に限って、販売単価（**hanbai_tanka**）を10倍にするにはList❹-16のように書きます。

List❹-16　商品分類が「キッチン用品」の行のみ販売単価を10倍に変更

```
UPDATE Shohin
    SET hanbai_tanka = hanbai_tanka * 10
 WHERE shohin_bunrui = 'キッチン用品';
```

変更内容を**SELECT**文で確認してみましょう。

```
-- 変更内容の確認
SELECT * FROM Shohin ORDER BY shohin_id;
```

実行結果

```
 shohin_id | shohin_mei | shohin_bunrui | hanbai_tanka | shiire_tanka | torokubi
-----------+------------+---------------+--------------+--------------+------------
 0001      | Tシャツ     | 衣服           |         1000 |          500 | 2009-10-10
 0002      | 穴あけパンチ | 事務用品       |          500 |          320 | 2009-10-10
 0004      | 包丁        | キッチン用品    |        30000 |         2800 | 2009-10-10
 0006      | フォーク     | キッチン用品    |         5000 |              | 2009-10-10
 0007      | おろしがね   | キッチン用品    |         8800 |          790 | 2009-10-10
 0008      | ボールペン   | 事務用品       |          100 |              | 2009-10-10
```

キッチン用品だけ価格が10倍に！

WHERE句の「**shohin_bunrui = 'キッチン用品'**」という条件で、更新対象の行は3行に制限されます。そして、**SET**句の「**hanbai_tanka * 10**」という式によって、「元の単価の10倍」を表現しています。このように、**SET**句の代入式の右辺には、単純な値だけでなく、列を含む式を記述することができます。

NULLで更新するには

KEYWORD
●NULLクリア

UPDATEを使うことで、列を**NULL**で更新することもできます（このような更新を俗に「**NULL**クリア」と呼びます）。これは、代入式の右辺にそのまま**NULL**を記述すればOKです。たとえば、商品ID（**shohin_id**）が「0008」のボールペンの登録日（**torokubi**）を**NULL**にしてみましょう（List❹-17）。

List❹-17　商品IDが「0008」のボールペンの登録日をNULLに変更

```
UPDATE Shohin
   SET torokubi = NULL
 WHERE shohin_id = '0008';


-- 変更内容の確認
SELECT * FROM Shohin ORDER BY shohin_id;
```

実行結果

```
shohin_id | shohin_mei | shohin_bunrui | hanbai_tanka | shiire_tanka | torokubi
----------+------------+---------------+--------------+--------------+-----------
0001      | Tシャツ    | 衣服          |         1000 |          500 | 2009-10-10
0002      | 穴あけパンチ | 事務用品     |          500 |          320 | 2009-10-10
0004      | 包丁       | キッチン用品  |        30000 |         2800 | 2009-10-10
0006      | フォーク   | キッチン用品  |         5000 |              | 2009-10-10
0007      | おろしがね | キッチン用品  |         8800 |          790 | 2009-10-10
0008      | ボールペン | 事務用品      |          100 |              |
```

　　　　　　　　　　　　　　　　　　　　　　　　ボールペンの登録日がNULLに！

このように、**INSERT**文のときと同様、**UPDATE**文においても**NULL**を1つの値として使うことが可能です。

ただし、**NULL**クリアが可能なのは、**NOT NULL**制約や主キー制約のついていない列に限られます。こうした制約のついている列を**NULL**に更新しようとしたときは、エラーとなります。この点も、**INSERT**文のときと同じです。

 鉄則4-6
UPDATE文で値をNULLクリアすることもできる（ただし、NOT NULL制約のついていない列に限る）。

4-3 データの更新（UPDATE文の使い方） ── *137* ●

複数列の更新

UPDATE文のSET句には、複数の列を更新対象として記述することが可能です。た
とえば、先ほど、キッチン用品の販売単価（**hanbai_tanka**）を10倍にしました
が、同時に仕入単価（**shiire_tanka**）を1/2にしたい場合はどうしたら良いで
しょう。最も単純に考えるなら、List❹-18のように、2つのUPDATE文を実行するこ
とになります。

List❹-18　正しく更新できるが冗長なUPDATE文

```
-- 1回のUPDATEで1列だけ更新する
UPDATE Shohin
   SET hanbai_tanka = hanbai_tanka * 10
 WHERE shohin_bunrui = 'キッチン用品';

UPDATE Shohin
   SET shiire_tanka = shiire_tanka / 2
 WHERE shohin_bunrui = 'キッチン用品';
```

これはこれで正しく更新が行なわれますが、二度もUPDATE文を実行するのは無駄
ですし、SQL文の記述量も増えます。実は、これと同じ処理を、1つのUPDATE文に
まとめることが可能です。まとめ方は、List❹-19、20のように2種類の方法がありま
す。

List❹-19　List❹-18の処理を1つのUPDATE文にまとめる方法①

```
-- 列をカンマ区切りで並べる
UPDATE Shohin
   SET hanbai_tanka = hanbai_tanka * 10,
       shiire_tanka = shiire_tanka / 2
 WHERE shohin_bunrui = 'キッチン用品';
```

List❹-20　List❹-18の処理を1つのUPDATE文にまとめる方法②

```
-- 列をカッコ()で囲むことによるリスト表現
UPDATE Shohin
   SET (hanbai_tanka, shiire_tanka) = (hanbai_tanka * 10, ➡
shiire_tanka / 2)
 WHERE shohin_bunrui = 'キッチン用品';
```

➡は紙面の都合で折り返していることを表わします。

この2種類のUPDATE文は、実行するとどちらも次のような結果になります。キッ
チン用品のレコードだけ、販売単価（**hanbai_tanka**）と仕入単価（**shiire_
tanka**）の金額が変更されています。

```
-- 変更内容の確認
SELECT * FROM Shohin ORDER BY shohin_id;
```

実行結果

```
 shohin_id | shohin_mei | shohin_bunrui | hanbai_tanka | shiire_tanka | torokubi
-----------+------------+---------------+--------------+--------------+------------
 0001      | Tシャツ      | 衣服           |         1000 |          500 | 2009-10-10
 0002      | 穴あけパンチ  | 事務用品       |          500 |          320 | 2009-10-10
 0004      | 包丁        | キッチン用品    |       300000 |         1400 | 2009-10-10
 0006      | フォーク     | キッチン用品    |        50000 |              | 2009-10-10
 0007      | おろしがね   | キッチン用品    |        88000 |          395 | 2009-10-10
 0008      | ボールペン   | 事務用品       |          100 |              |
```

キッチン用品の販売単価を10倍に変更

キッチン用品の仕入単価を1/2に変更

　もちろん、**SET**句の列は2列だけでなく、3列以上並べることも可能です。

　注意が必要なのは、列をカンマで区切って並べる①の方法 (List❹-19) は、どの DBMSでも利用することが可能な一方、列をリスト化する②の方法 (List❹-20) は、一部のDBMSでしか使用できないことです (注❹-10)。したがって、基本的には①の方法を使うのが確実です。

注❹-10
PostgreSQLとDB2で使用可能。

4-4　トランザクション ── 139

第4章　データの更新

4-4 トランザクション

学習のポイント

・トランザクションとは、セット（ひとまとまり）で実行されるべき1つ以上の更新処理の集まりのことです。トランザクションを使用すれば、データベースにおけるデータ更新処理の確定や取り消しなどを管理することができます。

・トランザクションの処理を終わらせるコマンドとして、**COMMIT**（処理の確定）、**ROLLBACK**（処理の取り消し）の2つがあります。

・DBMSのトランザクションには、原子性（Atomicity）、一貫性（Consistency）、独立性（Isolation）、永続性（Durability）という、守らなければならない約束事があります。これら4つの頭文字をとってACID特性とも呼ばれます。

トランザクションとは何か

KEYWORD
●トランザクション

トランザクション（transaction）という言葉を、聞き慣れない人もいるでしょう。一般的には「商取引」や「経済活動」という意味で使いますが、RDBMSの世界においては、「テーブルのデータに対する更新の単位」を表わします。もっと簡単に言えば、トランザクションは「データベースに対する1つ以上の更新をまとめて呼ぶときの名称」です。

テーブルに対する更新は、前節まで見てきたように、**INSERT**、**DELETE**、**UPDATE**という3つの道具を使って行ないます。しかし、更新は、一般的に1回の操作で終わることはなく、複数の操作をまとめて連続的に行なうことが多いのです。トランザクションとは、このような複数の操作を意味的にわかりやすくひとまとまりにしたもの、と考えてください。

たとえば、トランザクションの例として、こんな状況がありえます。

いま、皆さんが**Shohin**（商品）テーブルの管理を任されているプログラマやSEだとしましょう。販売部門の上司の人がやってきてこんなことを言いました。

「あー君、こないだの会議で、カッターシャツの販売単価を1000円下げて、その代わりにTシャツの販売単価を1000円上げることに決まったんだ。すまないが、そういうふうにデータベースを更新しておいてくれないか」

皆さんはすでにこのような更新を行なう方法を学習済みですから、「**UPDATE**で更新すればOKだな」と考えて「はい、お安い御用です」と答えるでしょう。

第4章　データの更新

さて、このとき、トランザクションは次の2つの更新によって構成されます。

●取扱商品更新トランザクション
①カッターシャツの販売単価を1000円下げる。

```
UPDATE Shohin
   SET hanbai_tanka = hanbai_tanka - 1000
 WHERE shohin_mei = 'カッターシャツ';
```

②Tシャツの販売単価を1000円上げる。

```
UPDATE Shohin
   SET hanbai_tanka = hanbai_tanka + 1000
 WHERE shohin_mei = 'Tシャツ';
```

この①と②の更新は、必ずセットで行なわれる必要があります。①だけ実行して②を実行するのを忘れたとか、あるいはその逆のようないい加減な仕事をすると、上司から大目玉をくらってしまいます。このように、「ワンセットで行なわれるべき更新の集合」は、必ず「トランザクション」としてひとまとめに扱う必要があるわけです。

鉄則4-7

トランザクションとは、セットで実行されるべき1つ以上の更新処理の集まりのこと。

なお、1つのトランザクションに「どの程度の数の更新処理を含むか」あるいは「どんな処理を含むか」という点についての固定的な基準は、DBMS側にはありません。それはあくまで、ユーザの要求に従って決められるものだからです（たとえば、カッターシャツとTシャツの販売単価が連動して動くべきかどうかなんて、DBMS側からはわかりません）。

トランザクションを作るには

DBMS内でトランザクションを作るには、次のような構文でSQL文を書きます。

構文❹-6　トランザクションの構文

```
トランザクション開始文；

    DML文①；
    DML文②；
    DML文③；
      ⋮

トランザクション終了文（COMMIT または ROLLBACK）；
```

4-4　トランザクション　――――　*141*

「トランザクション開始文」と「トランザクション終了文」で更新を行なうDML文（**INSERT**/**UPDATE**/**DELETE**文）を囲む、という形をとっているわけです。

このとき、ちょっと注意が必要なのは、「トランザクション開始文」は何か、ということです（注❹-11）。というのも、実は標準SQLにおいて、トランザクションを開始する文ははっきり定義されておらず、DBMSによって方言のブレがあるからです。以下に代表的な構文を挙げます。

●SQL Server、PostgreSQL
　BEGIN TRANSACTION

●MySQL
　START TRANSACTION

●Oracle、DB2
　ない

たとえば、前項の2つの**UPDATE**（①と②）を使って、トランザクションを作ると、List❹-21のようになります。

List❹-21　取扱商品更新トランザクション

```
SQL Server  PostgreSQL
BEGIN TRANSACTION;

    -- カッターシャツの販売単価を1000円値引き
    UPDATE Shohin
       SET hanbai_tanka = hanbai_tanka - 1000
     WHERE shohin_mei = 'カッターシャツ';

    -- Tシャツの販売単価を1000円値上げ
    UPDATE Shohin
       SET hanbai_tanka = hanbai_tanka + 1000
     WHERE shohin_mei = 'Tシャツ';

COMMIT;

MySQL
START TRANSACTION;

    -- カッターシャツの販売単価を1000円値引き
    UPDATE Shohin
       SET hanbai_tanka = hanbai_tanka - 1000
     WHERE shohin_mei = 'カッターシャツ';

    -- Tシャツの販売単価を1000円値上げ
    UPDATE Shohin
       SET hanbai_tanka = hanbai_tanka + 1000
     WHERE shohin_mei = 'Tシャツ';
```

注❹-11
これに対し、「トランザクション終了文」は**COMMIT**と**ROLLBACK**の2種類しかなく、すべてのRDBMSで共通です。

KEYWORD
●**BEGIN TRANSACTION**
●**START TRANSACTION**

```
COMMIT;
```

【Oracle】【DB2】
```
--  カッターシャツの販売単価を1000円値引き
UPDATE Shohin
   SET hanbai_tanka = hanbai_tanka - 1000
 WHERE shohin_mei = 'カッターシャツ';

--  Tシャツの販売単価を1000円値上げ
UPDATE Shohin
   SET hanbai_tanka = hanbai_tanka + 1000
 WHERE shohin_mei = 'Tシャツ';

COMMIT;
```

　このように、使うDBMSによって「トランザクション開始文」はバラバラです。OracleやDB2ではそもそも開始文を用意していません。これは妙な仕組みだと思うかもしれませんが、実はトランザクションが暗黙に開始されることは、標準SQL規格で決められているのです (注❹-12)。そのため、トランザクションが開始されるタイミングについては、経験を積んだエンジニアでも、あまり意識していないことが多くあります。ためしに学校や会社の先輩をつかまえて「このDBMSでトランザクションがいつ開始されるか、知ってますか？」と質問してみると、その人のデータベース知識を測れるでしょう。

　一方、トランザクションの終わりは、ユーザが明示的に区切ってやる必要があります。トランザクションを終わらせるコマンドには以下の2つがあります。

■ COMMIT――処理の確定

　COMMITとは、トランザクションに含まれていた処理による変更をすべて反映して、トランザクションを終了するコマンドです (図❹-3)。ファイルでいうところの、「上書き保存」に相当します。一度コミットしたら、もうトランザクションの開始前の状態に戻すことはできないので、コミットする前には、本当に変更を確定して良いか自問自答しましょう。

図❹-3　COMMITのイメージ＝処理が一直線に流れる

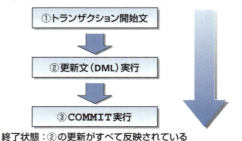

終了状態：②の更新がすべて反映されている

注❹-12
次のように書かれています。
「また、トランザクションが必ず暗黙的に開始される点にも注意してほしい。"BEGIN TRANSACTION"といった、明示的な開始ステートメントは存在しない。」
『標準SQLガイド　改訂第4版』(69ページ)

KEYWORD
●COMMIT
●コミット

万が一、間違えた変更を含むトランザクションを確定してしまうと、またテーブルを作り直してデータを再登録して……など面倒な手順を踏むはめに陥ります。最悪の場合、データを復元できないケースもあるので、よく注意する必要があります（特に**DELETE**文の**COMMIT**は細心の注意をもってやってください）。

> **鉄則 4-8**
> トランザクションの開始時にはボンヤリしていてもいいが、終了時にはしっかり確認しないと泣きを見る。

■ROLLBACK──処理の取り消し

KEYWORD
●ROLLBACK
●ロールバック

ROLLBACKは、トランザクションに含まれていた処理による変更をすべて破棄して、トランザクションを終了するコマンドです（図❹-4）。ファイルでいうところの、「保存せずに終了」に相当します。ロールバックしたら、データベースの状態はトランザクションを開始する前の状態に戻ります（List❹-22）。一般的に、コミットと違ってロールバックが大きなデータ損失につながることはありません。

図❹-4　ROLLBACKのイメージ＝スタート地点まで一気にUターンする

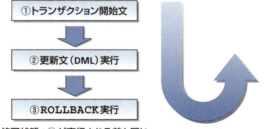

終了状態：①が実行される前と同じ

List❹-22　トランザクションをロールバックする例

```
SQL Server | PostgreSQL
BEGIN TRANSACTION;                    ──①

    -- カッターシャツの販売単価を1000円値引き
UPDATE Shohin
   SET hanbai_tanka = hanbai_tanka - 1000
 WHERE shohin_mei = 'カッターシャツ';

    -- Tシャツの販売単価を1000円値上げ
UPDATE Shohin
   SET hanbai_tanka = hanbai_tanka + 1000
 WHERE shohin_mei = 'Tシャツ';

ROLLBACK;
```

144 ────── 第4章　データの更新

> **方言**
>
> 先ほど学んだようにDBMSによってトランザクション構文が異なります。List❹-22をMySQL
> で実行するには、①を「**START TRANSACTION;**」に変更してください。また、OracleとDB2で
> 実行するには、①は必要ありません（削除してください）。
> 詳細は「トランザクションを作るには」（140ページ）を参照してください。

　上記のサンプルコードは、実行してもテーブルのデータに一切変更は生じません。最
終行の「**ROLLBACK**」によって、処理がすべてキャンセルされるからです。そのため、
コミットと違って、ロールバックをするときは、比較的気軽に実行してもかまいません
（本当は処理を確定したかった場合でも、トランザクションを再実行するだけで済みます）。

COLUMN

トランザクションはいつはじまるのか

　先ほど「トランザクションを開始する標準的なコマンドは存在せず、それゆえDBMSによっ
てバラバラのコマンドが使われている」ということを述べました。

　実際には、ほとんどの製品では、トランザクションの開始コマンドさえ不要であったりしま
す。どういうことかというと、たいていの場合、データベースへ接続した時点で暗黙にトラン
ザクションが開始されるため、ユーザが自分で明示的にトランザクションを開始する必要がな
いのです。たとえば、Oracleの場合、データベースへの接続後、最初にSQLが実行された時
点でトランザクションが暗黙に開始されることになっています。

　このように、コマンドを使わずに暗黙にトランザクションが開始された場合、そのトランザク
ションの区切りはどうなるのでしょう。これには以下の2つのパターンがあります。

KEYWORD

●自動コミットモード

Ⓐ「1つのSQL文で1つのトランザクション」というルールが適用される（自動コミットモード）
ⒷユーザがCOMMITまたはROLLBACKを実行するまでが1つのトランザクションとみなされる

　一般的なDBMSでは、どちらのモードも選択可能になっています。既定（デフォルト）の設
定が自動コミットモードになっているDBMSには、SQL Server、PostgreSQL、MySQLな
どがあります（注❹-13）。このモードにおいては、DML文は、次のように1文ずつがトランザク
ションの開始文と終了文で囲まれているイメージになります。

注❹-13

たとえば、PostgreSQLの
マニュアルにはこう書かれ
ています。
「PostgreSQLは実際全て
のSQL命令文をトランザク
ション内で実行するように
なっています。**BEGIN**を発
行しないでも、それぞれの
命令文は暗黙的に**BEGIN**
がついているとみなし、（成
功すれば）**COMMIT**で囲ま
れているものとします。」
（『PostgreSQL 9.5.2文
書』の「3.4.トランザクショ
ン」）

```
BEGIN TRANSACTION;
    -- カッターシャツの販売単価を1000円値引き
    UPDATE Shohin
       SET hanbai_tanka = hanbai_tanka - 1000
     WHERE shohin_mei = 'カッターシャツ';
COMMIT;

BEGIN TRANSACTION;
    -- Tシャツの販売単価を1000円値上げ
    UPDATE Shohin
       SET hanbai_tanka = hanbai_tanka + 1000
     WHERE shohin_mei = 'Tシャツ';
COMMIT;
```

一方、Ⓑのモードをデフォルト設定としている**Oracle**の場合、ユーザが自分でコミット／ロールバックを発行するまでは、トランザクションが終わることはありません。

　自動コミットモードの場合、特に注意してほしいのが、**DELETE**文の実行です。自動コミットでなければ、**DELETE**文でテーブルを削除したとしても、**ROLLBACK**コマンドによってトランザクションを取り消せば、テーブルのデータを復旧することが可能です。ただし、これはあくまでトランザクションを明示的に開始しているか、または自動コミットモードをオフにしている場合だけです。勘違いして自動コミットが有効な状態で**DELETE**を実行すると、ロールバックしても無駄になってしまいます。これはけっこう怖いことですが、初心者のときには何度かやってしまう間違いです。間違えてデータを消してしまい、データ再登録の手段もないとなると、泣きたい気分になるので、くれぐれも用心しましょう。

ACID特性

KEYWORD
●ACID特性

　DBMSのトランザクションには、守るべき4つの大事な約束事が標準規格によって取り決められています。頭文字をとって「ACID特性」と呼ばれていますが、これらの約束は、どんなDBMSも守らねばならない一般的なルールです。

KEYWORD
●原子性（Atomicity）

■原子性（Atomicity）

　トランザクションが終わったとき、そこに含まれていた更新処理は、すべて実行されるか、またはすべて実行されない状態で終わることを保証する性質のことです。オール・オア・ナッシングとも言います。たとえば、先ほどの例を使うと、カッターシャツの値引きは行なわれたけど、Tシャツの値上げは行なわれていない、という状態でトランザクションが終わることは絶対にありません。この場合のトランザクションの終了状態は、2つとも実行される（**COMMIT**）か、または2つとも実行されない（**ROLLBACK**）か、二者択一です。

　なぜこの原子性が重要であるかは、トランザクションが中途半端な終わり方をすることがありえる場合を考えるとわかります。ユーザが2つの**UPDATE**文を1つのトランザクションとして定義したのに、DBMSが気分によってその片ほうしか実行してくれない、なんてことがあっては、業務に支障をきたすことは明らかです。

KEYWORD
●一貫性（Consistency）
●整合性

■一貫性（Consistency）

　トランザクションに含まれる処理は、データベースにあらかじめ設定された制約、たとえば主キーや**NOT NULL**制約を満たす、という性質です。たとえば、これまでの章でも説明してきたように、**NOT NULL**制約の付加された列を**NULL**に更新したり、主キー制約違反のレコードを挿入するような SQL 文は、エラーになり、実行できません。これをトランザクション的な言い方で表現すると、そういう違法な SQL は「ロールバックされた」ということになります。要するにそういう SQL は、一文単位で実行が取り消

され、実行されなかったのと同じことになるのです。

なお、一貫性は「整合性(せいごうせい)」とも呼びます（図❹-5）。

図❹-5　整合性保証のイメージ

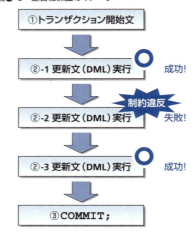

終了状態：②-2の更新だけ反映されない

KEYWORD
●独立性（Isolation）

■ 独立性(どくりつせい)（Isolation(アイソレーション)）

トランザクション同士が互いに干渉を受けないことを保証する性質です。この性質によって、トランザクション同士が入れ子になることがありません。また、あるトランザクションによる変更は、トランザクション終了時までは、別のトランザクションから隠蔽されます。したがって、あるトランザクションがテーブルにレコードを追加していたとしても、コミットされるまでは、ほかのトランザクションからはその新規に追加されたレコードは「見えない」状態にあります。

KEYWORD
●永続性（Durability）
●ログ

■ 永続性(えいぞくせい)（Durability(デュラビリティ)）

これは耐久性といっても良いのですが、トランザクションが（コミットにせよロールバックにせよ）終了したら、その時点でのデータの状態が保存されることを保証する性質です。たとえシステム障害が発生してデータが失われたとしても、データベースは何らかの手段でこれを復旧させる手段を持たねばなりません。

永続性がないと、せっかく無事にトランザクションをコミットして終了させても、システムに障害が発生してデータが全部消えて最初から処理を全部やり直す必要がある……といった脱力してしまうような状況が起きてしまいます。

この永続性を保証する方法は、実装によって異なりますが、一番ポピュラーなものは、トランザクションの実行記録をディスクなどに保存しておき（このような実行記録を「ログ」と呼びます）、障害が起きた場合には、このログを使って障害前の状態に復旧する、という方法です。

練習問題

4.1 Aさんが自分のコンピュータ（パソコン）から、**CREATE TABLE**で作成したばかりの空の**Shohin**（商品）テーブルに対して、次の**SQL**文を実行してデータを登録しました。

```
BEGIN TRANSACTION;
    INSERT INTO Shohin VALUES ('0001', 'Tシャツ', ➡
'衣服', 1000, 500, '2008-09-20');
    INSERT INTO Shohin VALUES ('0002', '穴あけパンチ', ➡
'事務用品', 500, 320, '2008-09-11');
    INSERT INTO Shohin VALUES ('0003', 'カッターシャツ', ➡
'衣服', 4000, 2800, NULL);
```

➡は紙面の都合で折り返していることを表わします。

　ちょうどその直後、Bさんもほかのコンピュータから同じデータベースに接続し、次の**SELECT**文を実行しました。このとき、Bさんが受け取る結果はどのようなものでしょうか。

```
SELECT * FROM Shohin;
```

【ヒント】**DELETE**文を使えば、**CREATE TABLE**で作成したばかりの空のテーブルにすることができます。

4.2 次の3行が含まれた**Shohin**テーブルがあります。

商品ID	商品名	商品分類	販売単価	仕入単価	登録日
0001	Tシャツ	衣服	1000	500	2009-09-20
0002	穴あけパンチ	事務用品	500	320	2009-09-11
0003	カッターシャツ	衣服	4000	2800	

　この3行をそのままコピーして6行に増やそうと思い、次の**INSERT**文を実行しました。さて、結果はどうなるでしょう。

```
INSERT INTO Shohin SELECT * FROM Shohin;
```

4.3 問題4.2に示した**Shohin**テーブルがあるとします。これとは別に、もう1つ新しいテーブルとして、次のような差益の列を持った**ShohinSaeki**（商品差益）テーブルを作ります。

```
--  商品差益テーブル
CREATE TABLE ShohinSaeki
(shohin_id       CHAR(4)        NOT NULL,
 shohin_mei      VARCHAR(100)   NOT NULL,
 hanbai_tanka    INTEGER,
 shiire_tanka    INTEGER,
 saeki           INTEGER,
 PRIMARY KEY(shohin_id));
```

このテーブルに、**Shohin**テーブルから差益を計算して、次のようなデータを登録するSQL文を書いてください。差益は単純に、（販売単価－仕入単価）で求めます。

shohin_id	shohin_mei	hanbai_tanka	shiire_tanka	saeki
0001	Tシャツ	1000	500	500
0002	穴あけパンチ	500	320	180
0003	カッターシャツ	4000	2800	1200

4.4 問題4.3でデータを登録した**ShohinSaeki**テーブルに対して、次のような変更をかけたいと考えています。

1. カッターシャツの販売単価を4000円から3000円に引き下げる。
2. その結果を受けて、カッターシャツの差益を再計算する。

変更後の**ShohinSaeki**テーブルは以下のようになります。この更新を実現するSQLを考えてください。

shohin_id	shohin_mei	hanbai_tanka	shiire_tanka	saeki
0001	Tシャツ	1000	500	500
0002	穴あけパンチ	500	320	180
0003	カッターシャツ	3000	2800	200

販売単価と差益が変更 ← された

第5章 複雑な問い合わせ

ビュー
サブクエリ
相関サブクエリ

SQL

この章のテーマ

　前章まで、テーブルを「作る」「検索する」「更新する」という、一通りのデータベースの操作方法について学んできました。本章以降は、こうした基本的な方法を踏まえて、少しずつ応用的な方法を学んでいきましょう。

　本章では、これまでに覚えた**SELECT**文を、さらに**SELECT**文の中で入れ子にして使用する「ビュー」や「サブクエリ」という技術を中心に学びます。ビューやサブクエリはテーブルと同じように使用できるため、これらの技術を利用することで、より柔軟なSQLを記述できるようになります。

5-1　ビュー
■ビューとテーブル
■ビューの作り方
■ビューの制限事項① ── ビュー定義で**ORDER　BY**句は使えない
■ビューの制限事項② ── ビューに対する更新
■ビューを削除する

5-2　サブクエリ
■サブクエリとビュー
■サブクエリの名前
■スカラ・サブクエリ
■スカラ・サブクエリを書ける場所
■スカラ・サブクエリを使うときの注意点

5-3　相関サブクエリ
■普通のサブクエリと相関サブクエリの違い
■相関サブクエリも、結局は集合のカットをしている
■結合条件は必ずサブクエリの中に書く

5-1　ビュー ——— *151*

5-1　ビュー

第5章　複雑な問い合わせ

学習のポイント

- ・SQLの観点から見るとビューは「テーブルと同じもの」。両者の違いは、テーブルの中には「実際のデータ」が保存され、ビューの中には「**SELECT**文」が保存されている点です（ビュー自体はデータを持ちません）。
- ・ビューを使うと、必要なデータが複数のテーブルにまたがる場合などの複雑な集約を楽に行なうことができます。
- ・よく使う**SELECT**文をビューにしておくことで、使いまわすことができます。
- ・ビューを作るには**CREATE VIEW**文を使います。
- ・ビューには「**ORDER BY**句は使えない」「ビューに対する更新は不可能ではないが制限がある」という2つの制限事項があります。
- ・ビューを削除するには**DROP VIEW**文を使います。

ビューとテーブル

KEYWORD
●ビュー

まず最初に習得する新しい道具は「ビュー（view）」です。

このビューとはいったい何か。それを一言で説明するならば、「SQLの観点から見ると"テーブルと同じもの"」です。実際、SQL文の中で、テーブルなのかビューなのかを意識する必要は、ほとんどありません。実は更新の場合だけは違いを意識する必要がありますが、これはまた後で説明します。少なくとも、**SELECT**文を組み立てる際には、テーブルとビューの違いは気にしなくてかまいません。

ではいったい、ビューとテーブルの違いはどこにあるのでしょうか。それはただ1つ、「実際のデータを保存しているか否か」です。

通常、私たちがテーブルを作り、**INSERT**文でデータを格納すると、データベースにデータを保存できます。そして、このデータベースのデータが実際に保存されるのはどこかというと、コンピュータ内の記憶装置（一般的にはハードディスク）という場所です。したがって、**SELECT**文でデータを検索しようとするときは、実際にはこの記憶装置（ハードディスク）からデータを引っ張り出して、いろいろな計算を行ない、ユーザに結果を返す、という過程をたどります。

一方、ビューの場合、データを記憶装置に保存しません。ではどこにデータを保存しているかというと、どこにも保存していないのです。実は、ビューが保存しているのは「**SELECT**文」そのものなのです（図❺-1）。私たちがビューからデータを取り出そうとするときに、ビューは内部的にその**SELECT**文を実行し一時的に仮想のテーブルを

作ります。

図❺-1　ビューとテーブル

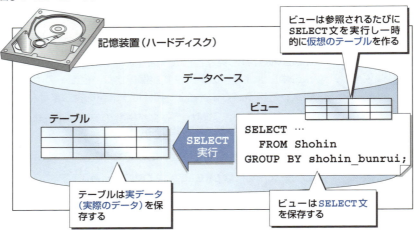

■ビューのメリット

ビューのメリットは、大きく分けて2つあります。

1つ目は、データを保存しないため、記憶装置の容量を節約できることです。たとえば、第4章の4-1節で、商品分類（**shohin_bunrui**）ごとに集約したテーブルを作りました。このテーブルに含まれるデータも、結局のところ記憶装置に保存されるため、その分、記憶装置のデータ領域を消費します。しかし、これと同じデータをビューとして保存するならば、List❺-1のような**SELECT**文だけを保存すれば良いので、記憶装置のデータ領域を節約できるのです。

List❺-1　ビューならSELECT文だけを保存すれば良い

```
SELECT shohin_bunrui, SUM(hanbai_tanka), SUM(shiire_tanka)
  FROM Shohin
 GROUP BY shohin_bunrui;
```

このサンプルでは、テーブルに保存するデータ量もせいぜい数行程度のため、ビューにすることで大幅にデータのサイズが小さくなるわけではありませんが、実際の業務ではデータはもっと大量です。そのような場合、ビューの容量節約という恩恵は非常に大きなものになります。

　鉄則5-1

テーブルが「実データ」を保存するの対し、ビューはテーブルからデータを取り出す「SELECT文」を保存する。

2つ目のメリットは、頻繁に使う**SELECT**文を、いちいち毎回書かなくても、ビューとして保存しておくことで使いまわしがきくことです。一度ビューを作っておけば、後はそれを呼び出すだけで、簡単に**SELECT**文の結果を得ることができます。集計や条件が複雑で本体の**SELECT**文が大きくなればなるほど、ビューによる効率化の恩恵は大きなものになります。

しかも、ビューが含むデータは、元のテーブルと連動して自動的に最新の状態に更新されます。ビューとは結局のところ「**SELECT**文」なので、「ビューを参照する」とは「その**SELECT**文を実行する」ということです。ですから、最新状態のデータを選択できるのです。これは、データをテーブルとして保存した場合にはない利点です（注❺-1）。

> **注❺-1**
> データをテーブルとして持つ場合は、そのテーブルを明示的に更新するSQLを実行しないと、データは更新されません。

👆 鉄則 5-2

よく使う**SELECT**文はビューにして使いまわすべし。

ビューの作り方

KEYWORD

●CREATE VIEW文

ビューを作成するには**CREATE VIEW**文（クリエイト ビュー ぶん）を使います。構文は次のとおりです。

構文❺-1　ビューを作成する**CREATE VIEW**文

```
CREATE VIEW ビュー名 (<ビューの列名1>, <ビューの列名2>, ……)
AS
<SELECT文>
```

ASキーワードの後には**SELECT**文を記述します。**SELECT**文の列とビューの列は並び順で一致し、**SELECT**文の最初の列はビューの1番目の列、**SELECT**文の2番目の列はビューの2番目の列、になります。ビューの列名は、ビュー名の後ろのリストで定義します。

メモ

以降では、これまで使ってきた**Shohin**（商品）テーブルを元にビューを作ります。前章の内容に従って**Shohin**テーブルのデータ変更を行なった方は、ビューを作る前に一度データを初期状態に戻しておいてください。手順は次のとおりです。

> ① Shohinテーブルのデータを削除し、テーブルを空にする
>
> ```
> DELETE FROM Shohin;
> ```
>
> ② List❶-6（40ページ）のSQL文を実行し、空の Shohin テーブルにデータを登録する
>
> 　②のSQL文（**CreateTableShohin.sql**）は、サンプルコードの**¥Sample¥Create Table¥PostgreSQL**フォルダに収録しています。

　それではためしに、ビューを作ってみましょう。元にするテーブルは、これまでどおり **Shohin** テーブルです（List❺-2）。

List❺-2　ShohinSumビュー

```
CREATE VIEW ShohinSum (shohin_bunrui, cnt_shohin)     ①ビューの列名
AS
SELECT shohin_bunrui, COUNT(*)      ②ビュー定義の本体（中身
  FROM Shohin                       はただのSELECT文）
 GROUP BY shohin_bunrui;
```

　これで **ShohinSum**（商品合計）という名前のビューが1つ、データベース内に作られました。2行目のキーワード「**AS**」は絶対に省略しないでください。ここでの **AS** は、列名やテーブル名に別名をつけるときに使った **AS** と違って、省略するとエラーになります。まぎらわしいのですが、構文でそう決められているので、お約束として覚えておいてください。

　後は、ビューの使い方ですが、ビューはテーブルと同じく、**SELECT** 文の **FROM** 句に書くことができます（List❺-3）。

List❺-3　ビューを使う

```
SELECT shohin_bunrui, cnt_shohin
  FROM ShohinSum;      FROM句にテーブルの代わりにビューを指定する
```

実行結果

```
 shohin_bunrui | cnt_shohin
---------------+------------
 衣服          |          2
 事務用品      |          2
 キッチン用品  |          4
```

　この **ShohinSum** ビューは、ビュー定義の本体（**SELECT** 文）を見てもらえばわかるように、商品分類（**shohin_bunrui**）ごとに商品数（**cnt_shohin**）を集計した結果を保存しています。ですから、たとえば皆さんが仕事で、頻繁にこういう集計

をしなければいけない場合、毎回いちいち`Shohin`テーブルから`GROUP BY`と`COUNT`関数を使って`SELECT`文を書く必要はありません。一度ビューを作っておけば、後は簡単な`SELECT`文によって、いつでも集計結果を得られるようになるわけです。しかも、前に説明したように、`Shohin`テーブルのデータが更新されたら、自動的にビューも更新されるのですから、気が利いています。

　こうしたことが可能なのも、ビューが**`SELECT`文を保存**しているからです。ビュー定義には、どんな`SELECT`文でも書くことができます。`WHERE`、`GROUP BY`、`HAVING`も使えますし、「`SELECT *`」のように全列を指定することも可能です。

■ビューに対する検索

　ビューを`FROM`句に指定したときの検索は、

①最初に、ビューに定義された`SELECT`文が実行され、
②その結果に対して、ビューを`FROM`句に指定した`SELECT`文が実行される

という2段階を踏みます。つまり、ビューに対する検索では、常に2つ以上の`SELECT`文が実行されるのです (注❺-2)。

　ここで「2つ」ではなく「2つ以上」という言葉を使ったのは、ビューを元にさらにビューを作る「屋上屋」みたいな芸当（通称「多段ビュー」）も可能だからです (図❺-2)。たとえば、`ShohinSum`ビューからさらにList❺-4のようなビュー定義によって`ShohinSumJim`ビューを作ることができます。

> **注❺-2**
> ただし実装によっては、内部でビューが使われる`SELECT`文自体を組み替える動作をするDBMSもあります。
>
> **KEYWORD**
> ●多段ビュー

図❺-2　ビューの上にビューを重ねることも可能

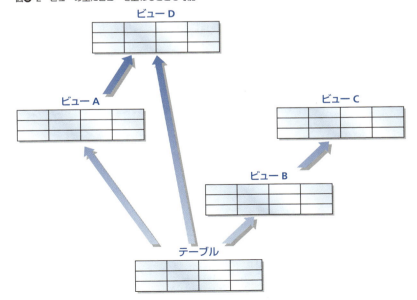

List**⑤**-4　ShohinSumJimビュー

```
CREATE VIEW ShohinSumJim (shohin_bunrui, cnt_shohin)
AS
SELECT shohin_bunrui, cnt_shohin
  FROM ShohinSum  ← ビューからビューを作る
 WHERE shohin_bunrui = '事務用品';


-- ビューが作成されていることの確認
SELECT shohin_bunrui, cnt_shohin
  FROM ShohinSumJim;
```

実行結果

```
shohin_bunrui | cnt_shohin
--------------+------------
事務用品       |          2
```

　もっとも、構文上は認められているとはいえ、ビューの上にビューを重ねることは、なるべく避けてください。というのは、多くのDBMSにおいて、ビューを重ねることはパフォーマンス低下を招くからです。そのため、特に慣れない最初のうちは、ビューを使うときは極力一段だけにとどめましょう。

> **鉄則5-3**
> ビューの上にビューを重ねることは（なるべく）しない。

　このほかにもビューを使ううえで注意すべき点として、ビューが持つ2つの制限事項があります。以降でこれらについて見ていきましょう。

ビューの制限事項①
── ビュー定義でORDER BY句は使えない

　先ほど、「ビュー定義には、どんな**SELECT**文でも書くことができる」と書きましたが、1つだけ例外があって、**ORDER BY**句だけは使えません。したがって、次のようなビュー定義文は認められていません。

```
-- このようなビュー定義は不可
CREATE VIEW ShohinSum (shohin_bunrui, cnt_shohin)
AS
SELECT shohin_bunrui, COUNT(*)
  FROM Shohin
 GROUP BY shohin_bunrui
 ORDER BY shohin_bunrui;  ← ビュー定義にORDER BY句を使用してはいけない
```

> 5-1 ビュー ── *157*

なぜ**ORDER BY**句を使ってはいけないかというと、テーブルと同様、ビューについても「行には順序がない」と定められているからです。実際には、このように**ORDER BY**句を使ったビュー定義文をOKとみなすDBMSもありますが (注**⑤**-3)、一般的に通用する構文ではありません。そのため、ビュー定義で**ORDER BY**句は使わないでください。

注⑤-3
たとえば、PostgreSQLでは上記のSQL文を問題なく実行できてしまいます。

鉄則 5-4
ビュー定義には**ORDER BY**句を使わないこと。

ビューの制限事項② ── ビューに対する更新

これまでに、**SELECT**文の中では、ビューをテーブルとまったく同様に扱うことが可能だと述べました。それでは、**INSERT**、**DELETE**、**UPDATE**といった更新系SQL（データを更新するSQL）においては、どうでしょうか。

実は、かなり厳しい制限つきではありますが、ビューに対する更新が可能な場合があります。標準SQLでは、

「ビュー定義の**SELECT**文において、いくつかの条件を満たしている場合、ビューに対する更新が可能」

と定められています。代表的な条件を挙げると、次のとおりです。

① **SELECT**句に**DISTINCT**が含まれていない
② **FROM**句に含まれるテーブルが1つだけである
③ **GROUP BY**句を使用していない
④ **HAVING**句を使用していない

これまでの章のサンプルでは、**FROM**句に含まれるテーブルは常に1つだけでした。そのため、②の条件は、ピンと来ないかもしれませんが、**FROM**句には、複数のテーブルを並べて書くことも可能なのです。これは次章で「テーブルの結合」という操作について学習するとわかります。

それ以外の条件の多くは、集約に関するものです。平たく言ってしまうと、今回サンプルに使った**ShohinSum**のように、ビューが元のテーブルを集約した結果を保持している場合、ビューでの変更を元のテーブルにどう反映すれば良いか判断できないのです。

たとえば、**ShohinSum**ビューに次のような**INSERT**文を実行したとします。

```
INSERT INTO ShohinSum VALUES ('電化製品', 5);
```

しかし、この`INSERT`文はエラーになります。`ShohinSum`ビューは`GROUP BY`句を使って元のテーブルを集約しているからです。なぜ集約したビューは更新できないのでしょうか。

ビューは、あくまでテーブルから派生して作られています。ですから、元となるテーブルが変更されれば、ビューのデータ内容も変更されます。逆もしかりで、ビューが変

図❺-3 集約したビューは更新できない

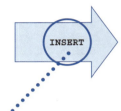

更されれば、テーブルもそれにあわせて変更されないと、両者の整合性がとれません。

では先ほどの**INSERT**文のように、**ShohinSum**ビューに対して**('電化製品', 5)** という1行を追加する場合、元の**Shohin**テーブルはどう変更すれば良いでしょう。商品分類が「電化製品」の商品を、5つ（5行）追加することはわかります。しかしそれらの商品の、商品IDも商品名も販売単価もわかりません（図❺-3）。データベースはここではたと困ってしまうわけです。

> **鉄則 5-5**
> ビューとテーブルの更新は連動して行なわれる。したがって集約されたビューは更新不可能。

■ビューを更新できるケース

裏を返すと、List❺-5のような集約なしのビューならば、更新可能です。

List❺-5　更新可能なビュー

```
CREATE VIEW ShohinJim (shohin_id, shohin_mei, shohin_bunrui, ➡
hanbai_tanka, shiire_tanka, torokubi)
AS
SELECT *
  FROM Shohin
 WHERE shohin_bunrui = '事務用品';
```
　　　　　　　　　　　　　　　　　　　集約も結合もないSELECT文

➡は紙面の都合で折り返していることを表わします。

この事務用品の商品だけをフィルタして抜き出した**ShohinJim**ビューに対して、List❺-6のような**INSERT**文を実行することは問題なくできます。

List❺-6　ビューに行を追加

```
INSERT INTO ShohinJim VALUES ('0009', '印鑑', '事務用品', 95, 10, ➡
'2009-11-30');
```
　　　　　　　　ビューに1行追加

➡は紙面の都合で折り返していることを表わします。

> **注意**
>
> PostgreSQLでは、バージョンによっては、ビューの初期設定が読み取り専用のため、List❺-6の**INSERT**文を実行すると、次のようなエラーになることがあります。
>
> 実行結果（PostgreSQLの場合）
>
> ```
> ERROR:   ビューへの挿入はできません
> HINT:    無条件のON INSERT DO INSTEADルールが必要です。
> ```
>
> その場合は、**INSERT**文を実行する前に、List❺-Aのコマンドによってビューの更新を許可する必要があります。DB2、MySQLなどほかのDBMSではこのコマンドは必要ありません。

List **❺**-A PostgreSQLでビューの更新を許可する

```PostgreSQL
CREATE OR REPLACE RULE insert_rule
AS ON INSERT
TO   ShohinJim DO INSTEAD
INSERT INTO Shohin VALUES (
           new.shohin_id,
           new.shohin_mei,
           new.shohin_bunrui,
           new.hanbai_tanka,
           new.shiire_tanka,
           new.torokubi);
```

行を追加できたかどうか、**SELECT**文で確認してみましょう。

●ビュー

```
-- ビューに追加されていることの確認
SELECT * FROM ShohinJim;
```

実行結果

shohin_id	shohin_mei	shohin_bunrui	hanbai_tanka	shiire_tanka	torokubi
0002	穴あけパンチ	事務用品	500	320	2009-09-11
0008	ボールペン	事務用品	100		2009-11-11
0009	印鑑	事務用品	95	10	2009-11-30 ← 追加されている

●元のテーブル

```
-- 元のテーブルに追加されていることの確認
SELECT * FROM Shohin;
```

実行結果

shohin_id	shohin_mei	shohin_bunrui	hanbai_tanka	shiire_tanka	torokubi
0001	Tシャツ	衣服	1000	500	2009-09-20
0002	穴あけパンチ	事務用品	500	320	2009-09-11
0003	カッターシャツ	衣服	4000	2800	
0004	包丁	キッチン用品	3000	2800	2009-09-20
0005	圧力鍋	キッチン用品	6800	5000	2009-01-15
0006	フォーク	キッチン用品	500		2009-09-20
0007	おろしがね	キッチン用品	880	790	2008-04-28
0008	ボールペン	事務用品	100		2009-11-11
0009	印鑑	事務用品	95	10	2008-11-30 ← 追加されている

　もちろん、**UPDATE**文や**DELETE**文も、通常のテーブルを扱うときと同じ構文で実行可能です。ただし、元となるテーブルについているさまざまな制約（主キーや**NOT NULL**など）も受けることになる点に注意してください。

5-1 ビュー —— *161*

ビューを削除する

KEYWORD
●DROP VIEW文

ビューを削除するには**DROP VIEW文**を使います。構文は次のとおりです。

構文❺-2 ビューを削除するDROP VIEW文

```
DROP VIEW ビュー名 (<ビューの列名1>, <ビューの列名2>, ……)
```

たとえば、**ShohinSum**ビューを削除するなら、List❺-7のように書きます。

List❺-7 ビューの削除

```
DROP VIEW ShohinSum;
```

方言

PostgreSQLでは、多段ビューの作成元となっているビューを削除する場合に、それに依存するビューが存在すると次のようなエラーになります。

実行結果（PostgreSQLの場合）

```
ERROR:    他のオブジェクトが依存していますのでビュー shohinsumを削除できません
DETAIL:   ビュー shohinsumjimはビュー shohinsumに依存します
HINT:     依存しているオブジェクトも削除するにはDROP ... CASCADEを使用して ➡
          ください
```

➡は紙面の都合で折り返していることを表わします。

このようなときには、次のように依存するビューごと削除する**CASCADE**オプションをつけて実行します。

PostgreSQL
```
DROP VIEW ShohinSum CASCADE;
```

メ モ

- -

ここで再度、**Shohin**テーブルのデータを初期状態（8行）に戻しておきます。次の**DELETE**文を実行し、先ほど追加した1行を削除してください。

List❺-B

```
-- 商品ID：0009の印鑑を削除する
DELETE FROM Shohin WHERE shohin_id = '0009';
```

5-2 サブクエリ

第5章 複雑な問い合わせ

学習のポイント

- ・サブクエリとは一言で言えば「使い捨てのビュー（**SELECT**文）」です。ビューと異なり、**SELECT**文の実行終了後に消去されます。
- ・サブクエリには名前をつける必要があるため、処理内容から考えて適切な名前をつけます。
- ・スカラ・サブクエリとは「必ず1行1列だけの結果を返す」という制限をつけたサブクエリのことです。

サブクエリとビュー

KEYWORD
●サブクエリ

　前節ではビューという便利な道具について学習しました。そして、これから本節で学ぶ「サブクエリ」は、そのビューを基本とした技術です。サブクエリの特徴を一言で表わすと、「使い捨てのビュー」です。

　おさらいしておくと、ビューとは、データそのものを保存するのではなく、データを取り出す**SELECT**文だけを保存するという方法で、ユーザの利便性を高める道具でした。それに対してサブクエリは、ビュー定義の**SELECT**文をそのまま**FROM**句に持ち込んでしまったものです。論より証拠、前節で使った**ShohinSum**（商品合計）ビューを使って両者を比較してみましょう。

　まず、もう一度**ShohinSum**ビューのビュー定義と、ビューに対する**SELECT**文を見てみましょう（List❺-8）。

List❺-8　ShohinSumビューと確認用の**SELECT**文

```
-- 商品分類ごとに商品数を集計するビュー
CREATE VIEW ShohinSum (shohin_bunrui, cnt_shohin)
AS
SELECT shohin_bunrui, COUNT(*)
  FROM Shohin
 GROUP BY shohin_bunrui;

-- ビューが作成されていることの確認
SELECT shohin_bunrui, cnt_shohin
  FROM ShohinSum;
```

　これと同じことをサブクエリを使って表現すると、List❺-9のようになります。

List❺-9 サブクエリ

```
SQL Server   DB2   PostgreSQL   MySQL
-- FROM句に直接ビュー定義のSELECT文を書く
SELECT shohin_bunrui, cnt_shohin
  FROM (SELECT shohin_bunrui, COUNT(*) AS cnt_shohin
          FROM Shohin
         GROUP BY shohin_bunrui) AS ShohinSum;  ──①
```

> ビュー定義のSELECT文を
> そのまま書く

> **方言**
> OracleではFROM句でASは使えません（エラーになります）。そのため、OracleでList❺-9を実行する場合には、①の部分の「) AS ShohinSum;」を「) ShohinSum;」に変更してください。

得られる結果はどちらも同じです。

実行結果

```
shohin_bunrui  | cnt_shohin
---------------+------------
衣服           |     2
事務用品       |     2
キッチン用品   |     4
```

見てのとおり、ビュー定義のSELECT文を、そのままFROM句の中に入れてしまったのがサブクエリです。「AS ShohinSum」というのがこのサブクエリにつけられた名前ですが、これは使い捨ての名前なので、ビューのように記憶装置（ハードディスク）に保存されることはなく、SELECT文の実行終了後には消えてなくなります。サブクエリ（subquery）とは「下位の（sub）」の「問い合わせ（query）」という意味です。query（クエリ）はSELECT文の同義語なので、日本語で言えば「一段レベルが下のSELECT文」という意味です。

実際、このSELECT文は、入れ子構造になっていて、まずFROM句の中のSELECT文が実行され、その後に外側のSELECT文が実行される、という順番になります（図❺-4）。

図❺-4　SELECT文の実行順（サブクエリ）

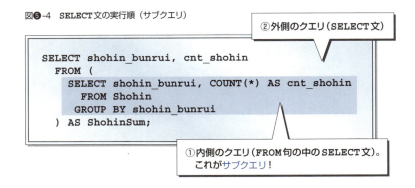

● ① まずは FROM 句の中の SELECT 文（サブクエリ）が実行される

```
SELECT shohin_bunrui, COUNT(*) AS cnt_shohin
  FROM Shohin
 GROUP BY shohin_bunrui;
```

● ② ①の結果に対して、外側の SELECT 文が実行される

```
SELECT shohin_bunrui, cnt_shohin
  FROM ShohinSum;
```

 鉄則 5-6
サブクエリは内側から最初に実行される。

■ **サブクエリの階層数を増やす**

　サブクエリの階層数には原則的に制限はないので、サブクエリの中の **FROM** 句にさらにサブクエリを使って、その中の **FROM** 句にさらにサブクエリを……というように、いくらでも入れ子を深くすることが（一応）可能です（List❺-10）。

List❺-10　サブクエリの入れ子の階層を増やしてみた

```
[SQL Server] [DB2] [PostgreSQL] [MySQL]
SELECT shohin_bunrui, cnt_shohin
  FROM (SELECT *
          FROM (SELECT shohin_bunrui, COUNT(*) AS cnt_shohin
                  FROM Shohin
                 GROUP BY shohin_bunrui) AS ShohinSum ――①
         WHERE cnt_shohin = 4) AS ShohinSum2; ―――――②
```

方言
Oracle では **FROM** 句で **AS** は使えません（エラーになります）。そのため、Oracle で List❺-10 を実行する場合には、①の部分の「) AS ShohinSum」を「) ShohinSum」に、②の部分の「) AS ShohinSum2;」を「) ShohinSum2;」に、変更してください。

実行結果

```
shohin_bunrui | cnt_shohin
--------------+------------
キッチン用品   |          4
```

　これは、一番内側のサブクエリ（**ShohinSum**）で先ほどと同様、商品分類（**shohin_bunrui**）ごとに集約し、その1つ外側のサブクエリで、商品数（**cnt_shohin**）が4のレコードに制限しています。結果は、キッチン用品の1行に絞られる、と

5-2 サブクエリ —— 165

いうわけです。

　ただし、サブクエリの階層が深くなるほど、SQL文は読みにくくなるうえ、ビューの
ときにも述べたようにパフォーマンスにも悪影響を与えます。そのため、あまり階層を
深くすることは避けましょう。

サブクエリの名前

　先ほどの例では、サブクエリに「**ShohinSum**」などの名前をつけました。サブク
エリの名前は、原則的に必要なものなので、処理内容から考えて適切な名前をつけるよ
うにしてください。今回の例では、**Shohin**テーブルのデータを集約しているため、
Sumという単語を後ろにつけています。

　名前をつけるときは、**AS**キーワードを使いますが、この**AS**は省略することも可能で
す（注❺-4）。

> **注❺-4**
> 中には Oracle のように、
> 名前をつけるときに**AS**を
> 使うとエラーになるデータ
> ベースもありますが、この
> ようなものは例外と考えて
> ください。

> **KEYWORD**
> ●スカラ・サブクエリ
> ●スカラ

スカラ・サブクエリ

　続いて、サブクエリの一種である「スカラ・サブクエリ（scalar subquery）」とい
う技術を学びます。

■スカラとは

　「スカラ」とは、「単一の」という意味の言葉で、データベース以外の分野でも使わ
れます。

　前節で学んだサブクエリは、（たまたま1行しか返さないこともありますが）基本的に
複数行を結果として返します。構造的にはテーブルと同じなのですから、まあ、当たり
前のことではあります。

　これに対してスカラ・サブクエリは、「必ず1行1列だけの戻り値を返す」という制
限をつけたサブクエリのことです。テーブルの"ある1行"の"ある1列"の値とは、
要するに「10」や「東京都」のようなただ1つの値、ということです。

> **KEYWORD**
> ●戻り値
>
> 戻り値とは、関数やSQL文
> などが処理を行ない、その
> 結果として返す値のことで
> す。「返り値」とも言います。

> **鉄則 5-7**
> スカラ・サブクエリとは、戻り値が単一の値になるサブクエリのこと。

　ここでお気づきの方もいるでしょう。そう、戻り値が単一の値ということは、このス
カラ・サブクエリの戻り値を、**=**、**<>**など、スカラ値を入力する比較演算子の入力とし
て利用することができるようになるのです。スカラ・サブクエリの面白いところは、こ
の点にあります。以降で、さっそくスカラ・サブクエリを使ってみましょう。

第5章　複雑な問い合わせ

■WHERE句でスカラ・サブクエリを使う

第4章の4-2節で、**Shohin**（商品）テーブルから、いろいろな条件で検索する練習をしたとき、次のような条件で検索したい、と思った方はいないでしょうか。

「販売単価が、全体の平均の販売単価より高い商品だけを検索する」

値段が上位半分の商品を見てみたい、という場合なども、この条件で検索することになります。

ところが、これは一筋縄ではいきません。**AVG**関数を使って次のようなSQLを書いたとしても、エラーになってしまうのです。

```
-- WHERE句に集約関数は使えない
SELECT shohin_id, shohinmei, hanbai_tanka
  FROM Shohin
 WHERE hanbai_tanka > AVG(hanbai_tanka);
```

「販売単価の平均より大きい」という条件？

SELECT文の意味としてはこれであっていそうに見えますが、集約関数を**WHERE**句に書くことはできないという制限のため、この**SELECT**文は誤りとなります。

さて、それではいったい、どうすれば上記のような条件を満たす**SELECT**文を書くことができるのでしょうか。

ここで、スカラ・サブクエリが効果を発揮します。まず、**Shohin**テーブルに含まれている商品（**Shohin**）の平均の販売単価（**hanbai_tanka**）を求めるには、List❺-11の**SELECT**文で可能です。

List❺-11　平均の販売単価を求めるスカラ・サブクエリ

```
SELECT AVG(hanbai_tanka)
  FROM Shohin;
```

実行結果

```
         avg
-----------------------
 2097.5000000000000000
```

AVG関数の使い方は**COUNT**関数と同じです。内部の計算式は、次のようになります。

（1000＋500＋4000＋3000＋6800＋500＋880＋100）/ 8＝2097.5

平均価格は2100円といったところです。ここで、List❺-11の**SELECT**文の検索結果がスカラ値であることは、一目瞭然です。「**2097.5**」という単一の値なのですから。したがって、この結果をそのまま、先ほど失敗したクエリの右辺に使うことが可能なのです。正しいSQLはList❺-12のとおりです。

List5-12　販売単価（hanbai_tanka）が商品すべての平均販売単価より高い商品を選択する

```
SELECT shohin_id, shohin_mei, hanbai_tanka
  FROM Shohin
 WHERE hanbai_tanka > (SELECT AVG(hanbai_tanka)
                         FROM Shohin);
```

平均の販売単価を求める
スカラ・サブクエリ

実行結果

```
 shohin_id | shohin_mei  | hanbai_tanka
-----------+-------------+--------------
 0003      | カッターシャツ |         4000
 0004      | 包丁          |         3000
 0005      | 圧力鍋        |         6800
```

　前節でも説明したように、サブクエリを使ったSQLでは、まず最初にサブクエリから実行されます。したがって、この場合も、やはり平均単価を求める次のサブクエリが実行されます（図5-5）。

```
-- ①内側のサブクエリ
SELECT AVG(hanbai_tanka)
  FROM Shohin;
```

　この結果は「**2097.5**」なので、サブクエリのあった部分はこの数値で置き換えられて、次の**SELECT**文が実行されます。

```
-- ②外側のクエリ
SELECT shohin_id, shohin_mei, hanbai_tanka
  FROM Shohin
 WHERE hanbai_tanka > 2097.5
```

　このSQLが、何の問題もなく実行可能なことは、皆さんもおわかりでしょう。結果は上記のとおりです。

図5-5　SELECT文の実行順（スカラ・サブクエリ）

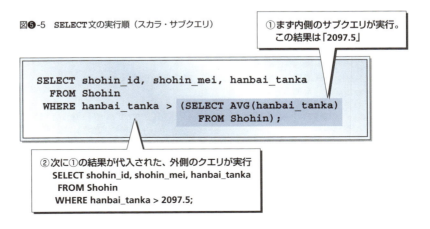

168 ——— 第5章 複雑な問い合わせ

スカラ・サブクエリを書ける場所

スカラ・サブクエリを書ける場所は、何も**WHERE**句だけに限りません。基本的に、スカラ値が書けるところにはどこにでも書けます。ということは、定数や列名を書くことのできる場所すべてとなり、**SELECT**句でも**GROUP BY**句でも**HAVING**句でも**ORDER BY**句でも、ほとんどあらゆる場所に書くことが可能です。

たとえば、**SELECT**句で先ほどの平均値を求めるスカラ・サブクエリを使えば、List**❺**-13のようになります。

List**❺**-13　**SELECT**句でスカラ・サブクエリを使う

```
SELECT shohin_id,
       shohin_mei,
       hanbai_tanka,
       (SELECT AVG(hanbai_tanka)
          FROM Shohin) AS avg_tanka    ← スカラ・サブクエリ
  FROM Shohin;
```

実行結果

```
shohin_id |   shohin_mei   | hanbai_tanka |       avg_tanka
----------+----------------+--------------+------------------------
0001      | Tシャツ        |         1000 | 2097.5000000000000000
0002      | 穴あけパンチ   |          500 | 2097.5000000000000000
0003      | カッターシャツ |         4000 | 2097.5000000000000000
0004      | 包丁           |         3000 | 2097.5000000000000000
0005      | 圧力鍋         |         6800 | 2097.5000000000000000
0006      | フォーク       |          500 | 2097.5000000000000000
0007      | おろしがね     |          880 | 2097.5000000000000000
0008      | ボールペン     |          100 | 2097.5000000000000000
```

これは、商品一覧表の中に商品全体の平均価格も含めた結果、ということです。こういう帳票なども、ときとして求められることがあります。

また、**HAVING**句に書くのなら、たとえば、List**❺**-14のような**SELECT**文が考えられます。

List**❺**-14　**HAVING**句でスカラ・サブクエリを使う

```
SELECT shohin_bunrui, AVG(hanbai_tanka)
  FROM Shohin
 GROUP BY shohin_bunrui
HAVING AVG(hanbai_tanka) > (SELECT AVG(hanbai_tanka)    ← スカラ・
                              FROM Shohin);                 サブクエリ
```

実行結果

```
 shohin_bunrui |          avg
---------------+-----------------------
 衣服          | 2500.0000000000000000
 キッチン用品  | 2795.0000000000000000
```

このクエリの意味は、「商品分類（**shohin_bunrui**）ごとに計算した平均販売単価が、商品全体の平均販売単価より高い商品分類を選択する」となります。もしこの**SELECT**文に**HAVING**句がついていなければ、平均販売単価が300円の「事務用品」も選択されます。しかし、商品全体の平均販売単価が**2097.5**円ですから、それより低い事務用品は、**HAVING**句の条件により結果から除外される、という仕組みです。

スカラ・サブクエリを使うときの注意点

最後に、スカラ・サブクエリを使うときに最も注意しなければならないことを取り上げます。それは「絶対にサブクエリが複数行を返さないようにする」ことです。というのも、サブクエリが複数行を返す時点ですでにそれはスカラ・サブクエリではなく、ただのサブクエリになってしまいます。すると、**=**、**<>**といったスカラ値を入力する演算子も利用できませんし、**SELECT**句などに書くこともできなくなります。

たとえば、次の**SELECT**文はエラーになります。

```
-- スカラ・サブクエリではないのでSELECT句に書けない
SELECT shohin_id,
       shohin_mei,
       hanbai_tanka,
       (SELECT AVG(hanbai_tanka)
          FROM Shohin
         GROUP BY shohin_bunrui) AS avg_tanka    ← サブクエリ
  FROM Shohin;
```

エラーの理由は簡単で、このサブクエリは、次のような複数行を返すからです。

```
          avg
-----------------------
 2500.0000000000000000
  300.0000000000000000
 2795.0000000000000000
```

注❺-5
たとえば、PostgreSQLの場合は次のエラーが返されます。
「**ERROR:** 副問い合わせで1行を超える行を返すものが式として使用されました」

SELECT句の1行の中に3行を押し込むことは不可能な話です。そのため、上記の**SELECT**文は、「サブクエリが複数行を返すため実行できない」という由のエラーが返されることになります（注❺-5）。

170 ——— 第5章　複雑な問い合わせ

第5章　複雑な問い合わせ

5-3 相関サブクエリ

学習のポイント

・相関サブクエリは、小分けにしたグループ内での比較をするときに使います。
・**GROUP BY**句と同じく、相関サブクエリも集合の「カット」という機能を持っています。
・相関サブクエリの結合条件は、サブクエリの中に書かないとエラーになってしまうので注意が必要です。

普通のサブクエリと相関サブクエリの違い

　前節で学習したように、「販売単価（**hanbai_tanka**）が、全体の平均の販売単価より高い商品」を選び出すには、サブクエリを使えば実現できます。今度は少しこの条件を変えて「商品分類（**shohin_bunrui**）ごとに平均販売単価より高い商品」を、商品分類のグループから選び出すことを考えてみましょう。

■商品分類ごとに平均販売単価を比較する

　言葉での説明だけではわかりにくいので、具体的な例に即して考えましょう。分類が「キッチン用品」の商品群をサンプルに使います。この分類には、表❺-1のような4種類の商品が含まれています。

　したがって、これらの4商品の平均価格を求める数式は次のようになります。

表❺-1　分類が「キッチン用品」の商品群

商品名	販売単価
包丁	3000
圧力鍋	6800
フォーク	500
おろしがね	880

（3000＋6800＋500＋880）/ 4＝2795（円）

　そうすると、このグループ内の平均価格より高い商品は、包丁と圧力鍋の2つということになります。したがって、この2つが選択対象となります。

　同じことを残りのグループについても繰り返します。「衣服」グループの場合、平均販売単価は、

（1000＋4000）/ 2＝2500（円）

したがって、カッターシャツが選択対象となり、「事務用品」グループの場合は、

（500＋100）/ 2＝300（円）

5-3 相関サブクエリ ── 171

したがって、穴あけパンチが選択対象となります。

これで、何をやりたいか、ということはおわかりいただけたと思います。商品全体ではなくグループごとに「小分けに」したうえで、そのグループ内の平均金額と各商品の販売単価を比較したい、ということです。

商品分類別に平均価格を求めること自体は、難しくありません。これをどのように行なうか、もう学習済みですね。List❺-15のように**GROUP BY**句を使えば良いのです。

List❺-15　商品分類別に平均価格を求める

```
SELECT AVG(hanbai_tanka)
  FROM Shohin
 GROUP BY shohin_bunrui;
```

しかし、前節（スカラ・サブクエリ）のやり方にならって、この**SELECT**文をそのままサブクエリとして**WHERE**句に書いてしまうと、エラーになってうまくいきません。

```
-- エラーになるサブクエリ
SELECT shohin_id, shohinmei, hanbai_tanka
  FROM Shohin
 WHERE hanbai_tanka > (SELECT AVG(hanbai_tanka)
                         FROM Shohin
                        GROUP BY shohin_bunrui);
```

エラーになる理由は、前節でも述べたとおり、このサブクエリが（2795、2500、300）という3行を返してしまい、スカラ・サブクエリにならないからです。**WHERE**句でサブクエリを使用する場合は、必ず結果は1行である必要があります。

しかし、商品分類というグループ単位で販売単価と平均単価を比較する以上、これ以外に書きようはない気がします。いったい、どうすれば良いのでしょうか。

KEYWORD

●相関サブクエリ

注❺-6
実際は、List❺-16の**SELECT**文において、サブクエリ内の**GROUP BY**句はなくても正しい結果が得られます。これは、**WHERE**句に「**S1.shohin_bunrui =S2.shohin_bunrui**」という条件を追加したことで、AVG関数が商品分類ごとの平均を計算するようになったためです。しかしここでは、前ページのエラーになったクエリとの対比を行なうために、**GROUP BY**句をつけたままにしています。

■相関サブクエリを使った解決方法

ここで登場する心強い味方が、相関サブクエリです。

先ほどの**SELECT**文に1行追加してやるだけで、求める結果を得られる正しい**SELECT**文に変身させることができます（注❺-6）。論より証拠、まず答えの**SELECT**文から見てみましょう（List❺-16）。

List❺-16　相関サブクエリで商品分類ごとに平均販売単価と比較する

```
SQL Server   DB2   PostgreSQL   MySQL
SELECT shohin_bunrui, shohin_mei, hanbai_tanka
  FROM Shohin AS S1 ─────────────────── ①
 WHERE hanbai_tanka > (SELECT AVG(hanbai_tanka)
                         FROM Shohin AS S2 ──── ②
  この条件がミソ！ →   WHERE S1.shohin_bunrui = S2.shohin_bunrui
                        GROUP BY shohin_bunrui);
```

> **方言**
> OracleではFROM句でASは使えません（エラーになります）。そのため、OracleでList❺-16を実行する場合には、①の部分の「`FROM Shohin AS S1`」を「`FROM Shohin S1`」に、②の部分の「`FROM Shohin AS S2`」を「`FROM Shohin S2`」に、変更してください。

実行結果

```
shohin_bunrui    | shohin_mei      | hanbai_tanka
-----------------+-----------------+-------------
事務用品         | 穴あけパンチ     |          500
衣服             | カッターシャツ   |         4000
キッチン用品     | 包丁            |         3000
キッチン用品     | 圧力鍋          |         6800
```

　これによって、事務用品、衣服、キッチン用品の3つの分類について、各グループの平均販売単価より高く売られている商品が選択できました。

　ポイントは、サブクエリ内に追加したWHERE句の条件です。この意味を日本語で表現するならば、「各商品の販売単価と平均単価の比較を、同じ商品分類の中で行なう」となります。

　`S1`、`S2`というテーブルの別名は、今回、比較対象となるテーブルが同じ`Shohin`テーブルだったので、区別するために必要なものです。相関サブクエリの場合、こういったテーブルの別名を列名の前に「＜テーブル名＞．＜列名＞」の形式で記述する必要があります。

　このように、相関サブクエリは、テーブル全体ではなく、テーブルの一部のレコード集合に限定した比較をしたい場合に使います。したがって、相関サブクエリを使うとき、俗に「縛る（バインドする）」とか「制限する」という言い方をします。今回の例でいえば、「商品分類で縛って」平均単価との比較を行なっているのです。

 鉄則5-8
相関サブクエリは、小分けにしたグループ内での比較をするときに使う。

相関サブクエリも、結局は集合のカットをしている

　もう少し見方を変えると、相関サブクエリもまた、GROUP BY句と同じく、集合の「カット」という機能を持っていることがわかります。

　GROUP BY句の動作を理解するために使ったイメージ図（図❺-6）を覚えているでしょうか。

これは、テーブルというレコードの集合を商品分類を基準に切り分けたイメージを示していました。相関サブクエリによるカットの図も、基本的にこれと同じです（図❺-7）。

それぞれの商品分類の中で平均販売単価が計算され、それが商品テーブルの各レコードと比較されるため、相関サブクエリは、レコードに対して実質的に1行しか返していない、とみなされます。これが相関サブクエリがエラーにならないカラクリです。相関サブクエリが実行されるときのDBMS内部の動作イメージは図❺-8のようになります。

図❺-6　商品分類別にテーブルをカットしたイメージ図

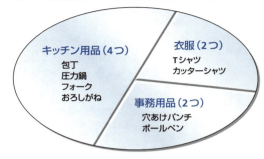

図❺-7　相関サブクエリによるカットのイメージ図

図❺-8　相関サブクエリが実行されるときのDBMS内部の動作イメージ

```
SELECT  衣服,      Tシャツ,       1000  FROM  Shohin  WHERE  1000  >2500;
SELECT  衣服,      カッターシャツ,  4000  FROM  Shohin  WHERE  4000  >2500;
-----------------------------------------------------------------
SELECT  キッチン用品, 包丁,         3000  FROM  Shohin  WHERE  3000  >2795;
SELECT  キッチン用品, 圧力鍋,       6800  FROM  Shohin  WHERE  6800  >2795;
SELECT  キッチン用品, フォーク,      500  FROM  Shohin  WHERE   500  >2795;
SELECT  キッチン用品, おろしがね,    880  FROM  Shohin  WHERE   880  >2795;
-----------------------------------------------------------------
SELECT  事務用品,   ボールペン,     100  FROM  Shohin  WHERE   100  > 300;
SELECT  事務用品,   穴あけパンチ,   500  FROM  Shohin  WHERE   500  > 300;
```
ヒット！

商品分類が変わると、比較する平均単価も変わります。このようにして各商品の販売単価と平均単価が比較されるわけです。相関サブクエリは内部動作が見えにくいため、初心者にとっては理解しにくい機能として有名ですが、このように内部動作を「見える化」して追ってみると、意外に簡単であることがおわかりいただけるでしょう。

● *174* ——— 第5章 複雑な問い合わせ

結合条件は必ずサブクエリの中に書く

　ここで、SQLの初心者が相関サブクエリを使うときに、よくやってしまう間違いを1つ紹介しておきましょう。それは、「縛る」ための結合条件をサブクエリの内側ではなく、外側に書いてしまうというものです。具体的には、次の**SELECT**文を見てください。

```
-- 間違った相関サブクエリの書き方
SELECT shohin_bunrui, shohin_mei, hanbai_tanka
  FROM Shohin AS S1
 WHERE S1.shohin_bunrui = S2.shohin_bunrui ←──  「縛る」条件をサブクエリ
   AND hanbai_tanka > (SELECT AVG(hanbai_tanka)      の外側に移した
                         FROM Shohin AS S2
                        GROUP BY shohin_bunrui);
```

　これは、サブクエリの中にあった条件を、外側に移動させただけで、そのほかは何の変更も加えていません。ところが、この**SELECT**文はエラーになって正しく実行できないのです。こういう書き方が許されてもおかしくなさそうなのに、SQLのルールで禁止されているのです。

KEYWORD
●相関名
●スコープ

　ではいったいそれはどのようなルールかというと、相関名のスコープです。難しい言葉が出てきましたが、話はいたって簡単です。相関名というのは、**S1**や**S2**など、テーブルの別名としてつけた名前です。そして、スコープ（scope）とは、生存範囲（有効範囲）です。つまり、相関名には、それが通用する範囲に制限がある、ということなのです。

　具体的には、サブクエリ内部でつけられた相関名は、そのサブクエリ内でしか使用できない、ということです（図❺-9）。別の言い方をすると、「内から外は見えるが、外から内は見えない」のです。

　このように、相関名には、それが有効な範囲が存在する、ということを忘れないでください。SQLは、前節でも説明したとおり、内側のサブクエリから外側へ向かって実行されます。そうすると、サブクエリが実行され終わったときには、実行結果だけが残って、抽出元となったテーブル**S2**は、消えてなくなるのです（注❺-7）。そのため、サブクエリの外側が実行されるタイミングでは、もう**S2**は存在しなくなっていて、「そんな名前のテーブルはありません」というエラーが返されることになるのです。

(注❺-7)
もちろん、消えるといっても「S2」という名前が抹消されるだけで、**Shohin**というテーブルと中のデータは残っています。

図❺-9　サブクエリ内の相関名の生存範囲

```
SELECT shohin_bunrui, shohin_mei, hanbai_tanka
  FROM Shohin AS S1
 WHERE hanbai_tanka > (SELECT AVG(hanbai_tanka)
                         FROM Shohin AS S2
                        WHERE S1.shohin_bunrui=S2.shohin_bunrui
                        GROUP BY shohin_bunrui);
```

（生存範囲は
サブクエリのみ）

5-3 相関サブクエリ ── *175*

練習問題

5.1 次のような3つの条件を満たすビューを作ってください（ビューの名前は **ViewRenshu5_1** とします）。なお、元となるテーブルはこれまで使ってきた **Shohin**（商品）テーブル1つだけで、データは初期状態の8行すべて入っていると仮定します。

条件1：販売単価が1000円以上である。
条件2：登録日が2009年9月20日である。
条件3：含む列は、商品名、販売単価、登録日である。

このビューに対して **SELECT** 文を実行すると、次のような結果が得られます。

```
SELECT * FROM ViewRenshu5_1;
```

実行結果

```
 shohin_mei | hanbai_tanka |  torokubi
------------+--------------+------------
 Tシャツ      |         1000 | 2009-09-20
 包丁        |         3000 | 2009-09-20
```

5.2 問題5.1で作った **ViewRenshu5_1** ビューに次のようなデータを登録しようとしました。さて、結果はどうなるでしょう。

```
INSERT INTO ViewRenshu5_1 VALUES ('ナイフ', 300, '2009-11-02');
```

5.3 次のような結果を得る **SELECT** 文を考えてください。**hanbai_tanka_all** 列は、商品全体の平均販売単価を計算した列です。

実行結果

```
 shohin_id |  shohin_mei  | shohin_bunrui | hanbai_tanka |   hanbai_tanka_all
-----------+--------------+---------------+--------------+----------------------
 0001      | Tシャツ        | 衣服           |         1000 | 2097.5000000000000000
 0002      | 穴あけパンチ    | 事務用品        |          500 | 2097.5000000000000000
 0003      | カッターシャツ  | 衣服           |         4000 | 2097.5000000000000000
 0004      | 包丁          | キッチン用品     |         3000 | 2097.5000000000000000
 0005      | 圧力鍋        | キッチン用品     |         6800 | 2097.5000000000000000
 0006      | フォーク      | キッチン用品     |          500 | 2097.5000000000000000
 0007      | おろしがね    | キッチン用品     |          880 | 2097.5000000000000000
 0008      | ボールペン    | 事務用品        |          100 | 2097.5000000000000000
```

第5章 複雑な問い合わせ

5.4 次のようなデータを持つビュー（名前は**AvgTankaByBunrui**）を作るSQL
文を考えてください。条件は問題5.1と同じです。

実行結果

```
shohin_id|  shohin_mei  | shohin_bunrui | hanbai_tanka |    avg_hanbai_tanka
---------+--------------+---------------+--------------+-----------------------
 0001    | Tシャツ       | 衣服          |         1000 | 2500.0000000000000000
 0002    | 穴あけパンチ   | 事務用品      |          500 |  300.0000000000000000
 0003    | カッターシャツ | 衣服          |         4000 | 2500.0000000000000000
 0004    | 包丁         | キッチン用品   |         3000 | 2795.0000000000000000
 0005    | 圧力鍋       | キッチン用品   |         6800 | 2795.0000000000000000
 0006    | フォーク     | キッチン用品   |          500 | 2795.0000000000000000
 0007    | おろしがね   | キッチン用品   |          880 | 2795.0000000000000000
 0008    | ボールペン   | 事務用品      |          100 |  300.0000000000000000
```

【ヒント】ポイントは、**avg_hanbai_tanka**の列です。これは問題5.3とは違い、
商品分類ごとの平均販売単価です。本章の5-3節で相関サブクエリを使って求
めたものと同じです。つまり、ヒントは、この列は相関サブクエリを使って作
る、ということです。問題はそれをどこで使うかです。

第6章 | 関数、述語、CASE式

いろいろな関数
述語
CASE式

SQL

この章のテーマ

　SQLに限らず、どんなプログラミング言語においても、「関数」は非常に重要な役割を果たします。関数とは、いわばプログラミング言語の「道具箱」に相当するもので、非常に多くの関数が用意されています。関数を使うことで、私たちは計算や文字列の操作、日付の計算など多種多様な演算をすることが可能になります。

　本章では、代表的な関数とその特殊版である「述語」「CASE式」について使用方法を見ていきます。

6-1　いろいろな関数
- 関数の種類
- 算術関数
- 文字列関数
- 日付関数
- 変換関数

6-2　述語
- 述語とは
- **LIKE**述語 ── 文字列の部分一致検索
- **BETWEEN**述語 ── 範囲検索
- **IS NULL、IS NOT NULL** ── **NULL**か非**NULL**かの判定
- **IN**述語 ── **OR**の便利な省略形
- **IN**述語の引数にサブクエリを指定する
- **EXISTS**述語

6-3　CASE式
- **CASE**式とは
- **CASE**式の構文
- **CASE**式の使い方

6-1　いろいろな関数 ── *179* ●

第6章　関数、述語、CASE式

6-1 いろいろな関数

学習のポイント	・関数には用途別に大きく分けて、算術関数、文字列関数、日付関数、変換関数、集約関数があります。 ・関数は数が多いため、すべて覚える必要はありません。よく使う代表的なものだけ覚え、それ以外は必要になった時点で調べましょう。

関数の種類

KEYWORD
●関数
●引数（パラメータ）
●戻り値

　これまでの章では、主にSQLの文法や構文といった、「守るべきルール」を中心に学習してきました。本章では、少しこれまでと観点を変えて、SQLが持っている便利な道具を紹介していきます。その中心となるのが、「関数（function）」です。

　関数とは何かについては第3章の3-1節で学習しましたが、ここで少しおさらいをしましょう。関数とは、「ある値を"入力"すると、それに対応した値を"出力"する」機能です。このときの入力を「引数（パラメータ）」と呼び、出力を「戻り値」と呼びます。

　関数には大きく分けて、

KEYWORD
●算術関数
●文字列関数
●日付関数
●変換関数
●集約関数

・算術関数（数値の計算を行なうための関数）
・文字列関数（文字列を操作するための関数）
・日付関数（日付を操作するための関数）
・変換関数（データ型や値を変換するための関数）
・集約関数（データの集計を行なうための関数）

があります。

　すでに第3章で集約関数を取り上げたため、関数の基本的なイメージはつかめているでしょう。集約関数は基本的に、**COUNT**、**SUM**、**AVG**、**MAX**、**MIN**の5つでしたが、そのほかの種類の関数の総数は軽く200を超えます。「そんなにたくさん覚えきれない」と思うかもしれませんが、心配にはおよびません。数が多いといっても、頻繁に使う関数はせいぜい30〜50ぐらいですし、わからなければ関数のリファレンス（辞書）を引けば良いのです（注❻-1）。

　本節では、そうしたよく使う代表的な関数について学習します。一度にすべて覚えなくてもかまいません。まずは一読し、「こんな関数があるんだな」と知ってください。

注❻-1
リファレンスは、DBMSごとにマニュアルの一部として作られていますし、コンパクトにまとめられた書籍やWeb上のサイトからも情報を得られます。

180 —— 第6章 関数、述語、CASE式

そして、実際に使いたくなったときにリファレンスとして利用していただくのが良いでしょう。

なお、取り上げる関数は種類別にアルファベット順で記載します。

算術関数

KEYWORD
●算術関数

一番基本的な算術関数（さんじゅつかんすう）については、実はもうすでに学習済みです。こう書けばピンと来た方もいるでしょう。そう、第2章の2-2節で取り上げた加減乗除の四則演算です。

KEYWORD
●+演算子
●-演算子
●*演算子
●/演算子

・+（足し算）
・-（引き算）
・*（掛け算）
・/（割り算）

これらの算術演算子も、「入力に対して出力を返す」という機能を持っているわけですから、立派な算術関数なのです。ここでは、これ以外の代表的な関数を挙げていきましょう。

まずは算術関数の学習のため、List**❻**-1のようなサンプルのテーブル（**Sample Math**）を用意します。

データ型「**NUMERIC**」は、多くのDBMSが持っているデータ型で、「**NUMERIC (全体の桁数, 小数の桁数)**」という形式で数値の大きさを指定します。以降でよく使う算術関数として**ROUND**関数を紹介しますが、PostgreSQLの**ROUND**関数では、**NUMERIC**など制限されたデータ型しか使用できないため、サンプルではこのデータ型を使用します。

List**❻**-1　**SampleMath**テーブルを作成する

```
-- DDL：テーブル作成
CREATE TABLE SampleMath
(m  NUMERIC (10,3),
 n  INTEGER,
 p  INTEGER);



SQL Server   PostgreSQL
-- DML：データ登録
BEGIN TRANSACTION; ——①

INSERT INTO SampleMath(m, n, p) VALUES (500,  0,    NULL);
INSERT INTO SampleMath(m, n, p) VALUES (-180, 0,    NULL);
INSERT INTO SampleMath(m, n, p) VALUES (NULL, NULL, NULL);
INSERT INTO SampleMath(m, n, p) VALUES (NULL, 7,    3);
INSERT INTO SampleMath(m, n, p) VALUES (NULL, 5,    2);
```

```
INSERT INTO SampleMath(m, n, p) VALUES (NULL, 4,    NULL);
INSERT INTO SampleMath(m, n, p) VALUES (8,    NULL, 3);
INSERT INTO SampleMath(m, n, p) VALUES (2.27, 1,    NULL);
INSERT INTO SampleMath(m, n, p) VALUES (5.555,2,    NULL);
INSERT INTO SampleMath(m, n, p) VALUES (NULL, 1,    NULL);
INSERT INTO SampleMath(m, n, p) VALUES (8.76, NULL, NULL);

COMMIT;
```

> **方言**
>
> DBMSによってトランザクション構文が異なります。List❻-1のDML文をMySQLで実行するには、①を「**START TRANSACTION;**」に変更します。また、OracleとDB2で実行するには、①は必要ありません（削除してください）。
> 詳細は第4章「トランザクションを作るには」（140ページ）を参照してください。

作成したテーブルの内容を確認しておきましょう。**m**、**n**、**p**という3つの列ができているはずです。

```
SELECT * FROM SampleMath;
```

実行結果

```
     m     | n | p
-----------+---+---
   500.000 | 0 |
  -180.000 | 0 |
           |   |
           | 7 | 3
           | 5 | 2
           | 4 |
     8.000 |   | 3
     2.270 | 1 |
     5.555 | 2 |
           | 1 |
     8.760 |   |
```

■ABS —— 絶対値

構文❻-1　ABS関数

```
ABS ( 数値 )
```

KEYWORD
- ABS関数
- 絶対値

ABSは絶対値を求める関数です。絶対値（absolute value）とは、数値の符号を考えない、ゼロからの距離の大きさを表わす数値です。求める手続きを平たく言うと、ゼロと正数はそのまま、負数は符号をとります（List❻-2）。

List❻-2　数値の絶対値を求める

```
SELECT m,
       ABS(m) AS abs_col
  FROM SampleMath;
```

実行結果

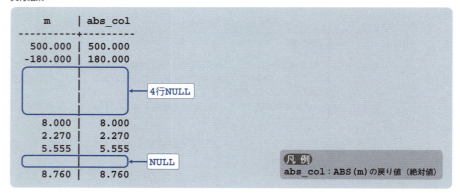

　右側の`abs_col`列は、`ABS`関数で求めた`m`列の絶対値です。`-180`の絶対値が、符号がとれて`180`になっている点に着目してください。

　この結果を見てすでにお気づきでしょうが、`ABS`関数の引数が`NULL`の場合、結果も`NULL`です。これは`ABS`だけではなく、ほぼすべての関数が`NULL`に対しては`NULL`を返す決まりになっています (注❻-2)。

注❻-2
ただし「変換関数」の項で紹介する`COALESCE`関数は例外です。

■MOD —— 剰余

構文❻-2　MOD関数

```
MOD(被序数, 除数)
```

KEYWORD
●MOD関数

　`MOD`は割り算の余り（剰余）を求める関数で、moduloの略です。たとえば、「7 / 3」の余りは1なので、「`MOD(7, 3) = 1`」になります (List❻-3)。小数の計算が入ると「余り」という概念がなくなってしまいますので、`MOD`関数が使えるのは、必然的に整数型の列だけになります。

List❻-3　割り算（n÷p）の余りを求める

実行結果

　ここで1つ注意点があります。この**MOD**関数は、主要なDBMSのうち、SQL Serverだけは使うことができません。

KEYWORD
●%演算子
　（SQL Server）

> **方言**
> 　SQL Serverで剰余を求めるには、「%」という特殊な演算子（関数）を使うことになっています。List❻-3と同じ結果を得るためのSQL Server専用構文は次のとおりです。面倒ですが、SQL Serverを使う機会のある人は注意しておきましょう。
>
> ```
> SQL Server
> SELECT n, p,
>        n % p AS mod_col
>   FROM SampleMath;
> ```

■ROUND —— 四捨五入

構文❻-3　ROUND関数

```
ROUND(対象数, 丸めの桁数)
```

KEYWORD
●ROUND関数

　四捨五入は **ROUND**（ラウンド）という関数で行ないます。四捨五入のことを「丸める」とも言いますが、英語でもround（丸い）という単語を使います。丸めの桁数に**1**を指定すると、小数点第二位で、**2**を指定すると第三位で四捨五入します（List❻-4）。

List❻-4　m列の数値をn列の丸め桁数で四捨五入する

```
SELECT m, n,
       ROUND(m, n) AS round_col
  FROM SampleMath;
```

184 ———— 第6章　関数、述語、CASE式

実行結果

```
     m      | n | round_col
-----------+---+-----------
   500.000 | 0 |       500
  -180.000 | 0 |      -180
           |   |
           | 7 |
           | 5 |
           | 4 |
     8.000 |   |
     2.270 | 1 |       2.3
     5.555 | 2 |      5.56
           | 1 |
     8.760 |   |
```

凡 例
　　　　　　m：対象数
　　　　　　n：丸め桁数
round_col：ROUND(m, n)の戻り値（四捨五入結果）

文字列関数

　これまで、関数ということで主に数値に対して使う算術関数を中心に見てきました。しかし、SQL（に限らずプログラミング言語一般がそうなのですが）が持っている関数のうち、実は算術関数はごく一部でしかありません。もちろん、算術関数は頻繁に使われる関数ではありますが、それと同じぐらいよく使うのが文字列関数です。

KEYWORD
●文字列関数

　私たちは、置換、切り出し、短縮など日ごろの生活の中で数値と同じぐらい文字列の操作もたくさん行なっています。そのため、SQLにもこうした文字列操作の機能がたくさん用意されています。

　文字列関数を学習するために、もう1つサンプルのテーブル（**SampleStr**）を作りましょう（List❻-5）。

List❻-5　**SampleStr**テーブルを作成する

```
-- DDL：テーブル作成
CREATE TABLE SampleStr
(str1   VARCHAR(40),
 str2   VARCHAR(40),
 str3   VARCHAR(40));
```

SQL Server　**PostgreSQL**
```
-- DML：データ登録
BEGIN TRANSACTION; ————————①

INSERT INTO SampleStr (str1, str2, str3) VALUES ('あいう'   , ➡
'えお'  ,NULL);
INSERT INTO SampleStr (str1, str2, str3) VALUES ('abc'    , ➡
'def'  ,NULL);
INSERT INTO SampleStr (str1, str2, str3) VALUES ('山田'    , ➡
'太郎'  ,'です');
INSERT INTO SampleStr (str1, str2, str3) VALUES ('aaa'    , ➡
```

6-1 いろいろな関数 —— **185**

```
NULL   ,NULL);
INSERT INTO SampleStr (str1, str2, str3) VALUES (NULL        ,➡
'あああ',NULL);
INSERT INTO SampleStr (str1, str2, str3) VALUES ('@!#$%'     ,➡
NULL   ,NULL);
INSERT INTO SampleStr (str1, str2, str3) VALUES ('ABC'       ,➡
NULL   ,NULL);
INSERT INTO SampleStr (str1, str2, str3) VALUES ('aBC'       ,➡
NULL   ,NULL);
INSERT INTO SampleStr (str1, str2, str3) VALUES ('abc太郎'    ,➡
'abc' ,'ABC');
INSERT INTO SampleStr (str1, str2, str3) VALUES ('abcdefabc',➡
'abc' ,'ABC');
INSERT INTO SampleStr (str1, str2, str3) VALUES ('ミックマック',➡
'ッ'  ,'っ');

COMMIT;
```

➡は紙面の都合で折り返していることを表わします。

方言

　DBMSによってトランザクション構文が異なります。List❻-5のDML文をMySQLで実行するには、①を「**START TRANSACTION;**」に変更します。また、OracleとDB2で実行するには、①は必要ありません（削除してください）。
　詳細は第4章「トランザクションを作るには」（140ページ）を参照してください。

　作成したテーブルの内容を確認しておきましょう。**str1**、**str2**、**str3**という3つの列ができているはずです。

```
SELECT * FROM SampleStr;
```

実行結果

str1	str2	str3
あいう	えお	
abc	def	
山田	太郎	です
aaa		
	あああ	
@!#$%		
ABC		
aBC		
abc太郎	abc	ABC
abcdefabc	abc	ABC
ミックマック	ッ	っ

■ || —— 連結

構文❻-4 ||関数

```
文字列1 || 文字列2
```

KEYWORD
● ||関数

実務では、「あいう ＋ えお ＝ あいうえお」のように、文字列を連結したいと思うことが頻繁にあります。SQLでこれを実現するには、「||」という、縦棒を2本並べた変わった形の関数を使います（List❻-6）。

List❻-6　2つの文字列をつなげる（str1＋str2）

```
Oracle   DB2   PostgreSQL
SELECT str1, str2,
       str1 || str2 AS str_concat
  FROM SampleStr;
```

実行結果

```
    str1    | str2 | str_concat
------------+------+--------------
 あいう     | えお | あいうえお
 abc        | def  | abcdef
 山田       | 太郎 | 山田太郎
 aaa        |      |
            | あああ|
 @!#$%      |      |
 ABC        |      |
 aBC        |      |
 abc太郎    | abc  | abc太郎abc
 abcdefabc  | abc  | abcdefabcabc
 ミックマック| ッ   | ミックマックッ
```

凡例
str_concat：str1 || str2の戻り値
（連結結果）

文字列連結の場合も、足す文字が**NULL**の場合は、結果が**NULL**になります。これは「||」も、形は変わっていても関数だからです。もちろん、3つ以上の文字列をつなげることもできます（List❻-7）。

List❻-7　3つの文字列をつなげる（str1＋str2＋str3）

```
Oracle   DB2   PostgreSQL
SELECT str1, str2, str3,
       str1 || str2 || str3 AS str_concat
  FROM SampleStr
 WHERE str1 = '山田';
```

実行結果

```
 str1 | str2 | str3 | str_concat
------+------+------+-------------
 山田 | 太郎 | です | 山田太郎です
```

凡例
str_concat：str1 || str2 || str3
の戻り値（連結結果）

ここでも1つ注意点があります。**||関数**は、SQL ServerとMySQLでは使うことができません。

KEYWORD

●+演算子
（SQL Server）
●CONCAT関数
（MySQL）

注❻-3
Javaと同じなので、こちらのほうが慣れている人もいるかもしれませんが。

> **方言**
>
> SQL Serverで文字列を連結するには、「**+**」という特殊な演算子（関数）を使います（注❻-3）。また、MySQLでは、**CONCAT**関数を使います。List❻-7と同じ結果を得るためのSQL Server/MySQL専用構文は次のとおりです。なお、SQL Server 2012以降では、CONCAT関数を使用できるようになっています。
>
> **SQL Server**
> ```
> SELECT str1, str2, str3,
>        str1 + str2 + str3 AS str_concat
>   FROM SampleStr;
> ```
>
> **MySQL** **SQL Server 2012以降**
> ```
> SELECT str1, str2, str3,
>        CONCAT(str1, str2, str3) AS str_concat
>   FROM SampleStr;
> ```

■LENGTH —— 文字列長

構文❻-5　LENGTH関数

```
LENGTH(文字列)
```

KEYWORD

●LENGTH関数

文字列が何文字なのかを調べるための関数は、その名のとおり**LENGTH**（長さ）です（List❻-8）。

List❻-8　文字列の長さを調べる

Oracle **DB2** **PostgreSQL** **MySQL**
```
SELECT str1,
       LENGTH(str1) AS len_str
  FROM SampleStr;
```

実行結果

```
    str1  | len_str
----------+---------
あいう     |    3
abc       |    3
山田       |    2
aaa       |    3
          |
@!#$%     |    5
ABC       |    3
aBC       |    3
abc太郎    |    5
abcdefabc |    9
ミックマック |    6
```

> **凡例**
> len_str：LENGTH(str1)の戻り値（str1の文字長）

第6章　関数、述語、CASE式

さて、この関数も SQL Server では使うことができないという注意点があります。

KEYWORD

●LEN関数
　（SQL Server）

> **方言**
>
> 　SQL Server では代わりに **LEN**（レン）という関数が用意されています。List❻-8と同じ結果を得るための SQL Server 専用構文は次のとおりです
>
> ```
> SQL Server
> SELECT str1,
>        LEN(str1) AS len_str
>   FROM SampleStr;
> ```

「SQLには方言が多い」という言葉の意味が、だんだん実感できてきたのではないでしょうか。

KEYWORD

●バイト
●マルチバイト文字

バイト（**byte**）とは、コンピュータでデータの大きさを表わす基本的な単位です。本文でも書いたとおり、基本的には「1文字＝1バイト」です。このバイトを1024倍した単位がキロバイト（**KB**）、さらにそれを1024倍した単位がメガバイト（**MB**）、それをさらに1024倍したものがギガバイト（**GB**）になります。よくハードディスクの容量を示すときに、「100GB」とか「250GB」という表記をしますが、100GBとは、半角英字を1024×1024×1024×100＝107,374,182,400文字まで記録できる、という意味です。

COLUMN

1文字を長さ2以上と数える LENGTH 関数もある

　LENGTH 関数にはもう1つ、特別な注意事項があります。これは、初級以上の内容に踏み込むものですが、いったいこの関数が何の単位で「1つ」と数えるか、ということです。

　ご存知の方もいるかもしれませんが、半角英字が1バイトなのに対し、漢字のような日本語全角文字は、2バイト以上を使って表現されていることが多いのです（マルチバイト文字と呼ばれます）。そのため、MySQLの **LENGTH** のようにバイト数を数える場合、「**LENGTH('山田')**」の戻り値は **4** になります。同じ **LENGTH** という関数でも、DBMSによって動作が異なるのです（注❻-4）。

　これは混乱しがちな状況ですが、心にとめておいてほしいことです。

注❻-4

MySQLは、文字列長を調べるために **CHAR_LENGTH** という独自関数を用意しています

KEYWORD

●**LENGTH**関数
　（MySQL）
●**CHAR_LENGTH**関数
　（MySQL）

KEYWORD

●LOWER関数

■LOWER ── 小文字化

構文❻-6　LOWER関数

> LOWER (文字列)

　LOWER（ロウアー）はアルファベットの場合だけに関係する関数で、引数の文字列をすべて小文字に変換します（List❻-9）。したがって、アルファベット以外に適用しても変化しません。また、最初から小文字の文字にも影響しません。

List❻-9　大文字を小文字に

```
SELECT str1,
       LOWER(str1) AS low_str
  FROM SampleStr
 WHERE str1 IN ('ABC', 'aBC', 'abc', '山田');
```

実行結果

```
str1 | low_str
------+---------
abc  | abc
山田  | 山田
ABC  | abc
aBC  | abc
```

凡 例
low_str：LOWER(str1)の戻り値

小文字があれば大文字もあります。大文字化の関数は**UPPER**です。

■REPLACE —— 文字列の置換

構文❻-7　REPLACE関数

REPLACE(対象文字列, 置換前の文字列, 置換後の文字列)

KEYWORD

●REPLACE関数

REPLACEは、文字列中のある一部分の文字列を、別の文字列に置き換えるときに使います（List❻-10）。

List❻-10　文字列の一部を置き換える

```
SELECT str1, str2, str3,
       REPLACE(str1, str2, str3) AS rep_str
  FROM SampleStr;
```

実行結果

str1	str2	str3	rep_str
あいう	えお		
abc	def		
山田	太郎	です	山田
aaa			
	あああ		
@!#$%			
ABC			
aBC			
abc太郎	abc	ABC	ABC太郎
abcdefabc	abc	ABC	ABCdefABC
ミックマック	ッ	っ	ミックマっク

凡 例
str1：対象文字列
str2：置換前の文字列
str3：置換後の文字列
rep_str：REPLACE(str1, str2, str3)の戻り値（置換結果）

■SUBSTRING —— 文字列の切り出し

構文❻-8　SUBSTRING関数（PostgreSQL/MySQL専用構文）

SUBSTRING(対象文字列 FROM 切り出し開始位置 FOR 切り出す文字数)

190 ——— 第6章　関数、述語、CASE式

KEYWORD

●SUBSTRING関数

注❻-5

ただし、**LENGTH**のときと同様、マルチバイト文字の問題が存在することに注意してください。詳細は188ページのコラム「1文字を長さ2以上と数える**LENGTH**関数もある」を参照。

　　サブストリング
SUBSTRINGは、文字列中のある一部分の文字列を切り出す場合に使います（List❻-11）。切り出し開始位置は、「左から何文字目」という数え方をします（注❻-5）。

List❻-11　文字列の左から3番目と4番目の文字を抜き出す

```
PostgreSQL   MySQL
SELECT str1,
       SUBSTRING(str1 FROM 3 FOR 2) AS sub_str
  FROM SampleStr;
```

実行結果

```
    str1    | sub_str
------------+---------
あいう      | う
abc         | c
山田        |
aaa         | a
            |
@!#$%       | #$
ABC         | C
aBC         | C
abc太郎     | c太
abcdefabc   | cd
ミックマック | クマ
```

凡 例
sub_str：SUBSTRING(str1 FROM 3 FOR 2)の戻り値

　　このSUBSTRING関数の構文は、標準SQLで認められている正式なものですが、現在のところ、利用できるのはPostgreSQLとMySQLのみです。

方言

SQL Serverでは「構文❻-8」を簡略化した、

構文❻-8a　SUBSTRING関数（SQL Server専用構文）

SUBSTRING（対象文字列，切り出し開始位置，切り出す文字数）

という構文を、OracleとDB2ではそれをさらに簡単にした、

構文❻-8b　SUBSTR関数（Oracle/DB2専用構文）

SUBSTR（対象文字列，切り出し開始位置，切り出す文字数）

という構文を使います。SQLの方言の多さには、本当に悩まされますね。List❻-11と同じ結果を得るための各DBMS専用構文は次のとおりです。

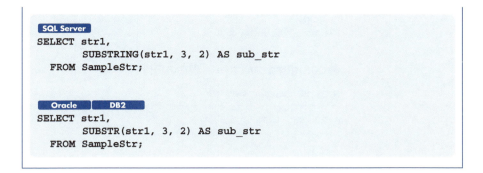

■UPPER —— 大文字化

構文❻-9　UPPER関数

```
UPPER(文字列)
```

KEYWORD
●UPPER関数

UPPERはアルファベットだけに関係する関数で、引数の文字列をすべて大文字に変換します (List❻-12)。したがって、アルファベット以外に適用しても変化しません。また、最初から大文字の文字にも影響しません。

List❻-12　小文字を大文字に

```
SELECT str1,
       UPPER(str1) AS up_str
  FROM SampleStr
 WHERE str1 IN ('ABC', 'aBC', 'abc', '山田');
```

実行結果

```
str1 | up_str
-----+-------
abc  | ABC
山田 | 山田
ABC  | ABC
aBC  | ABC
```

凡例
up_str：UPPER(str1)の戻り値

KEYWORD
●日付関数

これとは反対に、小文字化する関数は**LOWER**です。

日付関数

SQLには日付を扱う多くの日付関数が備わっていますが、実はその大半が実装依存で、DBMSによってバラバラです。そのため、あまり統一的な説明ができません (注❻-6)。

注❻-6
日付関数の詳細を知りたい場合、残念ながら現状では「お使いのDBMSのマニュアルを見てもらう」というのが一番確実な方法なのです。

● *192* —— 第6章 関数、述語、CASE式

そこで本節では、「標準SQLで定められており、ほとんどのDBMSで使える」というものに絞って取り上げます。

■CURRENT_DATE —— 現在の日付

構文❻-10 CURRENT_DATE関数

```
CURRENT_DATE
```

KEYWORD
●CURRENT_DATE関数

CURRENT_DATE は、SQLを実行した日、つまりこの関数が実行された日を戻り値として返します。引数がないため、カッコ()は不要です。

CURRENT_DATEは、実行する日時によって戻り値が変わります。2009年12月13日に実行すれば「2009-12-13」が得られますし、2010年1月1日に実行すれば「2010-01-01」が得られます (List❻-13)。

List❻-13 現在の日付を取得する

```
PostgreSQL    MySQL
SELECT CURRENT_DATE;
```

実行結果

```
    date
------------
2016-05-25
```

なお、この関数はSQL Serverでは利用できません。また、OracleとDB2では少し構文が異なります。

方言

SQL Serverで現在の日付を求めるには、次のようにCURRENT_TIMESTAMP（後述）を利用します。

```
SQL Server
-- CURRENT_TIMESTAMPをCAST（後述）で日付型に変換
SELECT CAST(CURRENT_TIMESTAMP AS DATE) AS CUR_DATE;
```

実行結果

```
  CUR_DATE
----------
2016-05-25
```

また、Oracleの場合は、ダミーテーブル（**DUAL**）を**FROM**句に指定する必要があります。これに対し、DB2の場合は、**CURRENT**と**DATE**の間は半角スペースで、かつ「**SYSIBM.SYSDUMMY1**」というダミーテーブル（Oracleの**DUAL**に相当）を指定する必要があります。まぎらわしいので注意しましょう。

```
 Oracle
SELECT CURRENT_DATE
  FROM dual;

 DB2
SELECT CURRENT DATE
  FROM SYSIBM.SYSDUMMY1;
```

■ CURRENT_TIME —— 現在の時間

構文❻-11　CURRENT_TIME関数

```
CURRENT_TIME
```

KEYWORD
●CURRENT_TIME関数

CURRENT_TIME（カレント タイム）は、SQLを実行した時間、つまりこの関数が実行された時間を取得します (List❻-14)。これも引数がないためカッコ **( )** が不要です。

List❻-14　現在の時間を取得する

```
 PostgreSQL   MySQL
SELECT CURRENT_TIME;
```

実行結果

```
     timetz
----------------
 17:26:50.995+09
```

この関数もSQL Serverでは利用できず、OracleとDB2では少し構文が異なります。

方言

SQL Serverで現在の時間を求めるには、次のように**CURRENT_TIMESTAMP**（後述）を利用します。

```
-- CURRENT_TIMESTAMPをCAST（後述）で時刻型に変換
SELECT CAST(CURRENT_TIMESTAMP AS TIME) AS CUR_TIME;
```

第6章 関数、述語、CASE式

実行結果

```
CUR_TIME
----------------
21:33:59.3400000
```

また、OracleとDB2の場合は、次のように書きます。注意点は、**CURRENT_DATE**のときとまったく同じです。Oracleの場合は、日付まで含めた形式で結果が出力されます。

```
Oracle
-- ダミーテーブル (DUAL) を指定
SELECT CURRENT_TIMESTAMP
  FROM dual;

DB2
/* CURRENTとTIMEの間は半角スペースで、
   ダミーテーブルSYSIBM.SYSDUMMY1を指定 */
SELECT CURRENT TIME
  FROM SYSIBM.SYSDUMMY1;
```

■CURRENT_TIMESTAMP —— 現在の日時

構文❻-12 CURRENT_TIMESTAMP関数

```
CURRENT_TIMESTAMP
```

KEYWORD

●CURRENT_
TIMESTAMP関数

CURRENT_TIMESTAMPは、**CURRENT_DATE** + **CURRENT_TIME**の機能を持つ関数です。この関数を使うと現在の日付も日時も一緒に取得できますし、この結果から日付や時間だけを切り出すことも可能です (List❻-15)。

List❻-15 現在の日時を取得する

```
SQL Server  PostgreSQL  MySQL
SELECT CURRENT_TIMESTAMP;
```

注❻-7
これまで見てきたように、SQL Serverで**CURRENT_DATE**と**CURRENT_TIME**は使えません。おそらくSQL Serverは、この**CURRENT_TIMESTAMP**さえあれば両者の機能をカバーできるため、あえて用意する必要はない、という考えに基づいているのでしょう。合理的といえば合理的です。

実行結果

```
            now
---------------------------
2016-04-25 18:31:03.704+09
```

この関数のポイントは、SQL Serverを含めた主要DBMSのすべてで使うことができる点です (注❻-7)。ただし、**CURRENT_DATE**や**CURRENT_TIME**のときと同じく、OracleとDB2では少し構文が異なります。

> **方言**
>
> OracleとDB2でList❻-15と同じ結果を得るためには、次のように書きます。注意点は、**CURRENT_ DATE**のときとまったく同じです。
>
> **Oracle**
> ```
> -- ダミーテーブル（DUAL）を指定
> SELECT CURRENT_TIMESTAMP
>   FROM dual;
> ```
>
> **DB2**
> ```
> /* CURRENTとTIMEの間は半角スペースで、
>    ダミーテーブルSYSIBM.SYSDUMMY1を指定 */
> SELECT CURRENT TIMESTAMP
>   FROM SYSIBM.SYSDUMMY1;
> ```

■**EXTRACT** ── 日付要素の切り出し

構文❻-13　EXTRACT関数

```
EXTRACT(日付要素 FROM 日付)
```

KEYWORD

●EXTRACT関数

EXTRACTは、日付データからその一部分、たとえば「年」や「月」、または「時間」や「秒」だけを切り出す場合に使用します（List❻-16）。戻り値は日付型ではなく数値型になります。

List❻-16　日付要素を切り出す

PostgreSQL **MySQL**
```
SELECT CURRENT_TIMESTAMP,
       EXTRACT(YEAR   FROM CURRENT_TIMESTAMP) AS year,
       EXTRACT(MONTH  FROM CURRENT_TIMESTAMP) AS month,
       EXTRACT(DAY    FROM CURRENT_TIMESTAMP) AS day,
       EXTRACT(HOUR   FROM CURRENT_TIMESTAMP) AS hour,
       EXTRACT(MINUTE FROM CURRENT_TIMESTAMP) AS minute,
       EXTRACT(SECOND FROM CURRENT_TIMESTAMP) AS second;
```

実行結果
```
            now             | year | month | day | hour | minute | second
----------------------------+------+-------+-----+------+--------+--------
 2016-04-25 19:07:33.987+09 | 2016 |     5 |  25 |   19 |      7 | 33.987
```

SQL Serverではこの関数は使えないので注意しましょう。

KEYWORD

●DATEPART関数
　（SQL Server）

方言

SQL ServerでList❻-16と同じ結果を得るためには、DATEPART（デイトパート）という独自関数を使います。

```sql
SELECT CURRENT_TIMESTAMP,
       DATEPART(YEAR   , CURRENT_TIMESTAMP) AS year,
       DATEPART(MONTH  , CURRENT_TIMESTAMP) AS month,
       DATEPART(DAY    , CURRENT_TIMESTAMP) AS day,
       DATEPART(HOUR   , CURRENT_TIMESTAMP) AS hour,
       DATEPART(MINUTE , CURRENT_TIMESTAMP) AS minute,
       DATEPART(SECOND , CURRENT_TIMESTAMP) AS second;
```

Oracle、DB2でこれと同じ結果を得るためには、次のように書きます。注意点は、**CURRENT_DATE**のときとまったく同じです。

```sql
-- FROM句にダミーテーブル (DUAL) を指定
SELECT CURRENT_TIMESTAMP,
       EXTRACT(YEAR   FROM CURRENT_TIMESTAMP) AS year,
       EXTRACT(MONTH  FROM CURRENT_TIMESTAMP) AS month,
       EXTRACT(DAY    FROM CURRENT_TIMESTAMP) AS day,
       EXTRACT(HOUR   FROM CURRENT_TIMESTAMP) AS hour,
       EXTRACT(MINUTE FROM CURRENT_TIMESTAMP) AS minute,
       EXTRACT(SECOND FROM CURRENT_TIMESTAMP) AS second
FROM DUAL;
```

```sql
/* CURRENTとTIMEの間は半角スペースで、
   ダミーテーブルSYSIBM.SYSDUMMY1を指定  */
SELECT CURRENT TIMESTAMP,
       EXTRACT(YEAR   FROM CURRENT TIMESTAMP) AS year,
       EXTRACT(MONTH  FROM CURRENT TIMESTAMP) AS month,
       EXTRACT(DAY    FROM CURRENT TIMESTAMP) AS day,
       EXTRACT(HOUR   FROM CURRENT TIMESTAMP) AS hour,
       EXTRACT(MINUTE FROM CURRENT TIMESTAMP) AS minute,
       EXTRACT(SECOND FROM CURRENT TIMESTAMP) AS second
  FROM SYSIBM.SYSDUMMY1;
```

変換関数

KEYWORD

●変換関数
●型変換
●キャスト

　最後に紹介するカテゴリは、変換関数（へんかんかんすう）というちょっと特殊な働きをする関数の一群です。特殊といっても、構文はこれまで見てきた関数と似ていますし、数も少ないのですぐに覚えられます。

　「変換」という言葉は意味の広いものですが、SQLにおいては大きく2つ意味があります。1つが、データ型の変換、略して「型変換」（かたへんかん）や、英語で「キャスト（cast）」と

6-1 いろいろな関数 ―― *197*

注⑥-8
型変換そのものは、一般
的なプログラミング言語に
おいても行なうものなの
で、SQL特有の機能とい
うわけではありません

呼ぶもの (注⑥-8)。そしてもう1つが、値の変換です。

■CAST —— 型変換

構文⑥-14　CAST関数

```
CAST ( 変換前の値　AS　変換するデータ型 )
```

KEYWORD

●CAST関数

型変換はCAST（キャスト）という関数で行ないます。

　型変換がなぜ必要かというと、データ型に合わないデータをテーブルに登録したり、あるいは演算したりするときには、型が不一致であるがゆえのエラーが生じたり、暗黙の型変換を生じさせて処理速度を低下させるといった不都合が起きるためです。そういう場合には、事前に適切な型へ変換してあげる必要があるわけです (List⑥-17、18)。

List⑥-17　文字型から数値型への変換

```
SQL Server  PostgreSQL
SELECT CAST('0001' AS INTEGER) AS int_col;

MySQL
SELECT CAST('0001' AS SIGNED INTEGER) AS int_col;

Oracle
SELECT CAST('0001' AS INTEGER) AS int_col
  FROM DUAL;

DB2
SELECT CAST('0001' AS INTEGER) AS int_col
  FROM SYSIBM.SYSDUMMY1;
```

実行結果

```
 int_col
---------
       1
```

List⑥-18　文字型から日付型への変換

```
SQL Server  PostgreSQL  MySQL
SELECT CAST('2009-12-14' AS DATE) AS date_col;

Oracle
SELECT CAST('2009-12-14' AS DATE) AS date_col
  FROM DUAL;

DB2
SELECT CAST('2009-12-14' AS DATE) AS date_col
  FROM SYSIBM.SYSDUMMY1;
```

実行結果

```
date_col
------------
2009-12-14
```

この結果を見るとわかるように、文字型から整数型へ変更すると、「000」のような前ゼロが表示上消えるので、型変換されているという実感がわきます。しかし、文字型から日付型へ変更するような場合、ユーザから見てデータの見た目に何か変化があるわけではないので、型変換されているイメージを持ちにくいでしょう。このことからもわかるように、型変換は、ユーザが使いやすいように用意された機能というより、DBMSにとって内部処理をやりやすくするために作られた機能です。

■COALESCE ── NULLを値へ変換

構文❻-15　COALESCE関数

```
COALESCE(データ1, データ2, データ3 ……)
```

KEYWORD

●COALESCE関数

注❻-9
引数の数が決まっておらず、記述する数を自由に変えられる引数のこと。

COALESCE（「コァリース」とも読みます）は、SQL独特の関数です。可変個の引数 (注❻-9) をとり、左から順に引数を見て、最初にNULLでない値を返します。可変個なので、必要ならいくつでも引数を増やせます。

しかし、変わった関数でありながら、実は非常に頻繁に使われます。どのような場合に使うかというと、SQL文の中で、NULLを何か別の値に変えて扱いたい場合です(List❻-19、20)。これまで学習してきたように、NULLが演算や関数の中にまぎれこむと、結果が全部NULLになってしまいます。これを避けるときに重宝するのが、COALESCEです。

List❻-19　NULLを値に変換する

```
 SQL Server   PostgreSQL    MySQL
SELECT COALESCE(NULL, 1)                 AS col_1,
       COALESCE(NULL, 'test', NULL)      AS col_2,
       COALESCE(NULL, NULL, '2009-11-01') AS col_3;

 Oracle
SELECT COALESCE(NULL, 1)                 AS col_1,
       COALESCE(NULL, 'test', NULL)      AS col_2,
       COALESCE(NULL, NULL, '2009-11-01') AS col_3
  FROM DUAL;

 DB2
SELECT COALESCE(NULL, 1)                 AS col_1,
       COALESCE(NULL, 'test', NULL)      AS col_2,
       COALESCE(NULL, NULL, '2009-11-01') AS col_3
  FROM SYSIBM.SYSDUMMY1;
```

実行結果

```
col_1 | col_2 |   col_3
-------+-------+------------
    1 |  test | 2009-11-01
```

List❻-20　SampleStrテーブルの列を使ったサンプル

```
SELECT COALESCE(str2, 'NULLです')
  FROM SampleStr;
```

実行結果

```
coalesce
----------
えお
def
太郎
NULLです
あああ
NULLです
NULLです
NULLです
abc
abc
ツ
```

　このように、**NULL**を含む列であっても、**COALESCE**で別の値に変換してからほか
の関数や演算の入力とすることで、結果が**NULL**でなくなるのです。
　なお、多くのDBMSがこの**COALESCE**の簡略版の独自関数を用意しています
（Oracleの**NVL**など）。しかし、これらは実装依存ですので、どんなDBMSでも使える
COALESCEを使うことを推奨します。

第6章　関数、述語、CASE式

6-2 述語

第6章　関数、述語、CASE式

学習のポイント

・述語とは戻り値が真理値になる関数のことです。
・**LIKE**の3つの使い方（前方一致、中間一致、後方一致）をマスターしましょう。
・**BETWEEN**は3つの引数を持つことに注意します。
・**NULL**のデータを選択するには、**IS NULL**を使うのが必須です。
・**IN**、**EXISTS**はサブクエリを引数にとることができます。

述語とは

KEYWORD
●述語

　本節で学習するのは、SQLで抽出条件を記述するときに不可欠な「述語（predicate）」と呼ばれる道具です。実は、これまでの章でも、名前こそ出していませんが、この述語の仲間を使っています。たとえば、**=**、**<**、**>**、**<>**などの比較演算子は、正確には比較述語という述語の一種です。

　述語とは、平たく言うと6-1節で紹介した関数の一種です。ただし、特別な条件を満たす関数となります。その条件とは、「戻り値が真理値になること」です。普通の関数は、戻り値が数値だったり文字列だったり日付だったりいろいろですが、述語の戻り値はすべて真理値（**TRUE/FALSE/UNKNOWN**）です。ここが、述語と関数の大きな違いです。

　具体的に、本節では次の述語について学びます。

・**LIKE**
・**BETWEEN**
・**IS NULL**、**IS NOT NULL**
・**IN**
・**EXISTS**

LIKE述語 —— 文字列の部分一致検索

KEYWORD
●LIKE述語
●部分一致検索

　これまで、文字列を条件に検索するケースでは、「**=**」を使ってきました。この「**=**」は、文字列が完全に一致する場合にしか真（**TRUE**）になりません。一方、**LIKE述語**

はもう少しあいまいで、文字列の部分一致検索を行なうときに使います。

部分一致には、大きく分けて、前方一致、中間一致、後方一致の3種類があります。具体例を使って学びましょう。

まずは表❻-1のような1列だけのテーブルを用意してください。

表❻-1　SampleLikeテーブル

strcol（文字列）
abcddd
dddabc
abdddc
abcdd
ddabc
abddc

このテーブルを作るSQL文と、テーブルにデータを登録するSQL文はList❻-21のとおりです。

List❻-21　SampleLikeテーブルを作成する

```
-- DDL：テーブル作成
CREATE TABLE SampleLike
( strcol VARCHAR(6) NOT NULL,
  PRIMARY KEY (strcol));

SQL Server  PostgreSQL
-- DML：データ登録
BEGIN TRANSACTION; ─── ①

INSERT INTO SampleLike (strcol) VALUES ('abcddd');
INSERT INTO SampleLike (strcol) VALUES ('dddabc');
INSERT INTO SampleLike (strcol) VALUES ('abdddc');
INSERT INTO SampleLike (strcol) VALUES ('abcdd');
INSERT INTO SampleLike (strcol) VALUES ('ddabc');
INSERT INTO SampleLike (strcol) VALUES ('abddc');

COMMIT;
```

> **方言**
>
> DBMSによってトランザクション構文が異なります。List❻-21のDML文をMySQLで実行するには、①を「**START TRANSACTION;**」に変更します。また、OracleとDB2で実行するには、①は必要ありません（削除してください）。
>
> 詳細は第4章「トランザクションを作るには」（140ページ）を参照してください。

202 ——— 第6章　関数、述語、CASE式

このテーブルから文字列「**ddd**」を含むレコードを選択するとします。このとき、前方一致、中間一致、後方一致では、それぞれ次のような結果の違いが生じます。

●前方一致：「dddabc」が選択される

KEYWORD
●前方一致
●中間一致
●後方一致

前方一致（ぜんぽういっち）とは、その名のとおり、検索条件となる文字列（今回は「**ddd**」）が、検索対象の文字列の最初に位置しているレコードだけが選択される検索の仕方です。

●中間一致：「abcddd」「dddabc」「abdddc」が選択される

中間一致（ちゅうかんいっち）は、検索条件となる文字列（今回は「**ddd**」）が検索対象の文字列の「どこか」に含まれていればレコードが選択される検索の仕方です。最初でも最後でも、真ん中でもかまいません。

●後方一致：「abcddd」が選択される

後方一致（こうほういっち）は、前方一致の反対です。つまり、検索条件となる文字列（今回は「**ddd**」）が文字列の最後尾にあるレコードだけが選択対象となる検索の仕方です。

この例からもわかるように、最も検索条件がゆるい、つまり多くのレコードを選択する可能性があるのは、中間一致です。これは、前方一致と後方一致をともに含むような条件になっているからです。

このように、文字列そのものを「**=**」で指定するのではなく、文字列の中に含まれる規則（今回であれば「**ddd**を含む」という規則）に基づいて検索することを「パターンマッチング」と呼びます。パターンとは、この「規則」のことです。

KEYWORD
●パターンマッチング
●パターン

■前方一致検索を行なう

それでは実際に、**SampleLike**テーブルを使って前方一致検索を行なってみましょう（List❻-22）。

List❻-22　LIKEによる前方一致検索

```
SELECT *
  FROM SampleLike
 WHERE strcol LIKE 'ddd%';
```

実行結果

```
 strcol
--------
 dddabc
```

KEYWORD
●%

「**%**」は、「0文字以上の任意の文字列」を意味する特殊な記号で、この場合だと「**ddd**ではじまるすべての文字列」を意味しています。

6-2 述語 —— *203*

このように、**LIKE**を使うとパターンマッチングを記述することが可能になるのです。

■中間一致検索

では次に、中間一致検索の例として、「**ddd**」を文字列中に含むレコードを選択してみましょう (List**❻**-23)。

List**❻**-23 **LIKE**による中間一致検索

```
SELECT *
  FROM SampleLike
 WHERE strcol LIKE '%ddd%';
```

実行結果

```
 strcol
 --------
 abcddd
 dddabc
 abdddc
```

文字列の最初と最後を「**%**」で囲むことで、「文字列中のどこかに**ddd**がある文字列」を表現しています。

■後方一致検索

では最後に、後方一致検索です。文字列が「〜**ddd**」で終わるレコードを検索しましょう (List**❻**-24)。

List**❻**-24 **LIKE**による後方一致検索

```
SELECT *
  FROM SampleLike
 WHERE strcol LIKE '%ddd';
```

実行結果

```
 strcol
 --------
 abcddd
```

これは形としては前方一致の逆になることがわかります。

KEYWORD
●_

なお、「**%**」の代わりに「**_**」(アンダーバー) を使うこともできますが、これは**%**と違い、「任意の1文字」を意味します。実際に使ってみましょう。

strcolが「**abc**＋任意の2文字」で構成されるレコードを選択するには、List**❻**-25のように書きます。

List❻-25 LIKEと＿（アンダーバー）による後方一致

```
SELECT *
  FROM SampleLike
 WHERE strcol LIKE 'abc__';
```

実行結果

```
 strcol
 --------
 abcdd
```

　「**abc**」ではじまる文字列としては、「**abcddd**」もそうです。しかし、こちらは「**ddd**」が3文字のため「**＿＿**」という2文字分を指定する条件に合致しません。そのため結果にも含まれない、ということになります。したがって反対に、List❻-26のように書けば、今度は「**abcddd**」だけを選択することになります。

List❻-26 「abc＋任意の3文字」を検索

```
SELECT *
  FROM SampleLike
 WHERE strcol LIKE 'abc___';
```

実行結果

```
 strcol
 --------
 abcddd
```

BETWEEN述語 —— 範囲検索

KEYWORD
●BETWEEN述語
●範囲検索

　BETWEENは、範囲検索を行ないます。この述語がちょっとほかの述語や関数と変わっているところは、引数を3つ使うことです。たとえば、**shohin**（商品）テーブルから販売単価（**hanbai_tanka**）が100円から1000円までの商品（**shohin_mei**）を選択する場合、List❻-27のように書きます。

List❻-27 販売単価が100〜1000円の商品を選択

```
SELECT shohin_mei, hanbai_tanka
  FROM Shohin
 WHERE hanbai_tanka BETWEEN 100 AND 1000;
```

実行結果

```
 shohin_mei | hanbai_tanka
------------+--------------
 Tシャツ     |         1000
 穴あけパンチ |          500
 フォーク     |          500
 おろしがね   |          880
 ボールペン   |          100
```

BETWEENの特徴は、**100**と**1000**という両端の値も含むことです。もし両端を結果に含みたくない場合は、**<**と**>**を使って書く必要があります (List**❻**-28)。

KEYWORD
●**<**
●**>**

List**❻**-28　販売単価が101〜999円の商品を選択

```
SELECT shohin_mei, hanbai_tanka
  FROM Shohin
 WHERE hanbai_tanka > 100
   AND hanbai_tanka < 1000;
```

実行結果

```
 shohin_mei | hanbai_tanka
------------+--------------
 穴あけパンチ |          500
 フォーク     |          500
 おろしがね   |          880
```

実行結果から**1000**円と**100**円のレコードが消えたことがわかります。

IS NULL、IS NOT NULL
——NULLか非NULLかの判定

KEYWORD
●**IS NULL**述語

ある列が**NULL**の行を選択するためには、「**=**」を使うことはできません。特別な**IS NULL**という述語を使う必要があります (List**❻**-29)。

List**❻**-29　仕入単価 (**shiire_tanka**) がNULLの商品を選択

```
SELECT shohin_mei, shiire_tanka
  FROM Shohin
 WHERE shiire_tanka IS NULL;
```

実行結果

```
 shohin_mei | shiire_tanka
------------+--------------
 フォーク     |
 ボールペン   |
```

KEYWORD
●IS NOT NULL述語

これとは反対に**NULL**以外の行を選択したければ**IS NOT NULL**（イズ ノット ヌル）を使います（List❻-30）。

List❻-30　仕入単価（**shiire_tanka**）が**NULL**以外の商品を選択

```
SELECT shohin_mei, shiire_tanka
  FROM Shohin
 WHERE shiire_tanka IS NOT NULL;
```

実行結果

```
 shohin_mei  | shiire_tanka
-------------+--------------
 Tシャツ      |          500
 穴あけパンチ  |          320
 カッターシャツ |         2800
 包丁         |         2800
 圧力鍋       |         5000
 おろしがね    |          790
```

IN述語 ── ORの便利な省略形

さて今度は、仕入単価（**shiire_tanka**）が320円、500円、5000円の商品を選択することを考えましょう。これまでに覚えた**OR**を使えば、List❻-31のように書けます。

List❻-31　ORで複数の仕入単価を指定して検索

```
SELECT shohin_mei, shiire_tanka
  FROM Shohin
 WHERE shiire_tanka =  320
    OR shiire_tanka =  500
    OR shiire_tanka = 5000;
```

実行結果

```
 shohin_mei  | shiire_tanka
-------------+--------------
 Tシャツ      |          500
 穴あけパンチ  |          320
 圧力鍋       |         5000
```

KEYWORD
●IN述語

これはこれで正解です。しかし、この書き方の欠点は、選択対象としたい値が増えるにつれて**SQL**も長大になり、読みにくくなることです。こんなときは、List❻-32のように**IN**述語（インじゅっご）を使って「**IN （値，……)**」という形式で書き換えるとすっきりまとめられます。

List❻-32　INで複数の仕入単価を指定して検索

```
SELECT shohin_mei, shiire_tanka
  FROM Shohin
 WHERE shiire_tanka IN (320, 500, 5000);
```

KEYWORD
●NOT IN述語

　反対に、「仕入単価が**320**円、**500**円、**5000**円以外」の商品を選択したいなら、否定形の **NOT IN**（ノット　イン）を使います（List❻-33）。

List❻-33　NOT INで検索時に除外する仕入単価を複数指定して検索

```
SELECT shohin_mei, shiire_tanka
  FROM Shohin
 WHERE shiire_tanka NOT IN (320, 500, 5000);
```

実行結果

```
 shohin_mei | shiire_tanka
------------+--------------
 カッターシャツ |         2800
 包丁       |         2800
 おろしがね    |          790
```

　ただし、**IN** と **NOT IN** どちらの場合でも、NULLを選択することはできないことに注意してください。実際、どちらの結果にも、仕入単価が**NULL**のフォークとボールペンは出てきません。**NULL**はあくまで **IS NULL**、**IS NOT NULL** で判別するのがルールです。

IN述語の引数にサブクエリを指定する

■ INとサブクエリ

　IN述語（**NOT IN**述語）には、ほかの述語にはない使い方があります。それは、引数にサブクエリを指定するという使い方です。サブクエリは、第5章の5-2節でも見たように、SQL内部で生成されたテーブルのことですから、「**IN**はテーブルを引数に指定できる」という言い方をしてもかまいません。また、これと同じ意味で「**IN**はビューを引数に指定できる」と言うこともできます。

　具体的な使い方を見るために、ここで1つ、新しいテーブルを追加しましょう。これまで、ずっと商品在庫の一覧を示す**Shohin**（商品）テーブルを使っていましたが、現実にはこれらの商品は、個別の店舗で販売されることになります。そこで、どの店舗がどの商品を取り扱っているのかを示す、表❻-2のような**TenpoShohin**（店舗商品）テーブルを作ります。

第6章　関数、述語、CASE式

表❻-2　TenpoShohin（店舗商品）テーブル

tenpo_id （店舗）	tenpo_mei （店舗名）	shohin_id （商品ID）	suryo （数量）
000A	東京	0001	30
000A	東京	0002	50
000A	東京	0003	15
000B	名古屋	0002	30
000B	名古屋	0003	120
000B	名古屋	0004	20
000B	名古屋	0006	10
000B	名古屋	0007	40
000C	大阪	0003	20
000C	大阪	0004	50
000C	大阪	0006	90
000C	大阪	0007	70
000D	福岡	0001	100

　店舗と商品の組み合わせが1つのレコードを作ることになります。そのため、このテーブルは、たとえば東京店が**0001**（Tシャツ）、**0002**（穴あけパンチ）、**0003**（カッターシャツ）の3つの製品を販売していることを示しています。

　このテーブルを作るためのSQL文は、List❻-34のようになります。

List❻-34　TenpoShohin（商品店舗）テーブルを作成するCREATE TABLE文

```
CREATE TABLE TenpoShohin
(tenpo_id  CHAR(4)       NOT NULL,
 tenpo_mei VARCHAR(200)  NOT NULL,
 shohin_id CHAR(4)       NOT NULL,
 suryo     INTEGER       NOT NULL,
 PRIMARY KEY (tenpo_id, shohin_id));
```

　この**CREATE TABLE**文で特徴的なことは、主キー（primary key）を2列指定していることです。この理由はもちろん、テーブルに含まれるある1行を、重複なく特定するためには、店舗ID（**tenpo_mei**）や商品ID（**shohin_id**）という1列だけでは不十分で、店舗と商品の組み合わせが必要になるからです。

　実際、店舗IDだけで識別しようとしたら、「**000A**」という条件指定では3行が選択されてしまいますし、また商品IDだけで識別しようとしても、「**0001**」で2行が選択されてしまうため、うまくいかないことがわかります。

　それでは、**TenpoShohin**テーブルにデータを登録する**INSERT**文を作りましょう（List❻-35）。

List **6**-35　**TenpoShohin**（商品店舗）テーブルにデータを登録する**INSERT**文

```
SQL Server  PostgreSQL
BEGIN TRANSACTION; ────────①

INSERT INTO TenpoShohin (tenpo_id, tenpo_mei, shohin_id, suryo) VALUES ('000A', '東京',   '0001',  30);
INSERT INTO TenpoShohin (tenpo_id, tenpo_mei, shohin_id, suryo) VALUES ('000A', '東京',   '0002',  50);
INSERT INTO TenpoShohin (tenpo_id, tenpo_mei, shohin_id, suryo) VALUES ('000A', '東京',   '0003',  15);
INSERT INTO TenpoShohin (tenpo_id, tenpo_mei, shohin_id, suryo) VALUES ('000B', '名古屋', '0002',  30);
INSERT INTO TenpoShohin (tenpo_id, tenpo_mei, shohin_id, suryo) VALUES ('000B', '名古屋', '0003', 120);
INSERT INTO TenpoShohin (tenpo_id, tenpo_mei, shohin_id, suryo) VALUES ('000B', '名古屋', '0004',  20);
INSERT INTO TenpoShohin (tenpo_id, tenpo_mei, shohin_id, suryo) VALUES ('000B', '名古屋', '0006',  10);
INSERT INTO TenpoShohin (tenpo_id, tenpo_mei, shohin_id, suryo) VALUES ('000B', '名古屋', '0007',  40);
INSERT INTO TenpoShohin (tenpo_id, tenpo_mei, shohin_id, suryo) VALUES ('000C', '大阪',   '0003',  20);
INSERT INTO TenpoShohin (tenpo_id, tenpo_mei, shohin_id, suryo) VALUES ('000C', '大阪',   '0004',  50);
INSERT INTO TenpoShohin (tenpo_id, tenpo_mei, shohin_id, suryo) VALUES ('000C', '大阪',   '0006',  90);
INSERT INTO TenpoShohin (tenpo_id, tenpo_mei, shohin_id, suryo) VALUES ('000C', '大阪',   '0007',  70);
INSERT INTO TenpoShohin (tenpo_id, tenpo_mei, shohin_id, suryo) VALUES ('000D', '福岡',   '0001', 100);

COMMIT;
```

方言

　DBMSによってトランザクション構文が異なります。List **6**-35をMySQLで実行するには、①を
「**START TRANSACTION;**」に変更してください。また、OracleとDB2で実行するには、①は必
要ありません（削除してください）。
　詳細は第4章「トランザクションを作るには」（140ページ）を参照してください。

　これでようやく準備が整いました。では、**IN**述語にサブクエリを使うとどんなSQL
が書けるようになるか、見ていきましょう。

　まずは、「大阪店（**000C**）に置いてある商品（**shohin_id**）の販売単価（**han
bai_tanka**）」を求めます。

　人間が目で追えば、**TenpoShohin**（店舗商品）テーブルから、大阪店においてあ
る商品は、次の4つであることがわかります。

・カッターシャツ（商品ID：**0003**）
・包丁（商品ID：**0004**）
・フォーク（商品ID：**0006**）
・おろしがね（商品ID：**0007**）

　そうすると、結果はもちろんこうなります。

```
shohin_mei  | hanbai_tanka
------------+--------------
カッターシャツ |         4000
包丁          |         3000
フォーク       |          500
おろしがね     |          880
```

● *210* ──── 第6章　関数、述語、CASE式

いま、この答えを出すとき、私たちは次の2つのステップを踏んだはずです。

1. **TenpoShohin**テーブルから、大阪店（**tenpo_id = '000C'**）が持っている商品（**shohin_id**）を選択する
2. **Shohin**テーブルから、1. で選択した商品（**shohin_id**）のみ販売単価（**hanbai_tanka**）を選択する

SQLでも話は同じです。まさにこの2つのステップをSQLで記述します。まず、1.のステップは、次のように書けます。

```
SELECT shohin_id
  FROM TenpoShohin
 WHERE tenpo_id = '000C';
```

> **注⑥-10**
> 「**tenpo_mei = '大阪'**」という条件を使っても同じ結果を得られますが、一般的にデータベースで店舗や商品を指定するとき、日本語の名称をそのまま使うことはしません。これらはIDに比べると変更される可能性が高いためです。

大阪店の店舗ID（**tenpo_id**）は「**000C**」ですから、それを**WHERE**句の条件として指定します（注⑥-10）。後は、この**SELECT**文そのものを、2.の条件として使えば良いのです。最終的な**SELECT**文はList⑥-36のようになります。

List⑥-36　INの引数にサブクエリを使う

```
-- 「大阪店に置いてある商品の販売単価」を求める
SELECT shohin_mei, hanbai_tanka
  FROM Shohin
 WHERE shohin_id IN (SELECT shohin_id
                       FROM TenpoShohin
                      WHERE tenpo_id = '000C');
```

実行結果

```
 shohin_mei  | hanbai_tanka
-------------+--------------
 フォーク     |          500
 カッターシャツ |         4000
 包丁         |         3000
 おろしがね    |          880
```

第5章の「鉄則5-6」（164ページ）で述べたように、「サブクエリは内側から最初に実行」されます。したがって、この**SELECT**文においても、まず内側のサブクエリが実行され、次のように展開されます。

```
-- サブクエリを展開するとこうなる
SELECT shohin_mei, hanbai_tanka
  FROM Shohin
 WHERE shohin_id IN ('0003', '0004', '0006', '0007');
```

この形までくれば、もう先ほど学習した**IN**の使い方ですね。

ここであるいは、

「**('0003', '0004', '0006', '0007')**という展開した形と同じ結果を得るだけなら、そもそもサブクエリを使う必要はなかったのでは？」

という疑問を持つ人もいるかもしれません。

この疑問に対する答えは、「**TenpoShohin**（店舗商品）テーブルが絶対に変更されないという条件つきならそのとおり」というものです。しかし実際には、各店舗が扱う商品はコロコロ変わるものですから、**TenpoShohin**テーブル内の大阪店の扱う商品も変化していきます。そうなると、サブクエリを使わない**SELECT**文だと、変更のたびに**SELECT**文も修正しなければなりません。これはいくらやってもキリのない作業です。

一方、サブクエリを使って**SELECT**文を作っておけば、データがどれだけ変更されてもずっと同じ**SELECT**文を使い続けることができて、ルーチンワーク（繰り返しの単純作業）が少なくなります。

このように、データの変更に強いという利点を持つプログラムを「保守性に優れる」や「メンテナンスフリー」(注❻-11)と呼びます。これはシステム開発において大変重要な考え方なので、皆さんも、プログラミングを習いはじめの頃から、保守性に優れたコードを書くことを意識しましょう。

> **注❻-11**
> ここでの「フリー」は「タックスフリー」などと同じで「不要」とか「免除」の意味です。

■NOT INとサブクエリ

INの否定形である**NOT IN**も同じようにサブクエリを引数にとることが可能です。構文も**IN**の場合と変わりません。たとえば、List❻-37のような例文を見てみましょう。

List❻-37　**NOT IN**の引数にサブクエリを使う

```
SELECT shohin_mei, hanbai_tanka
  FROM Shohin
 WHERE shohin_id NOT IN (SELECT shohin_id
                           FROM TenpoShohin
                          WHERE tenpo_id = '000A');
```

これは、意味としては「東京店（**000A**）に置いてある商品（**shohin_id**）以外の販売単価（**hanbai_tanka**）」を求めることになります。「**NOT IN**」によって「以外」という否定の条件となります。

先ほどと同様にこのSQLの実行ステップを追うと、まずサブクエリから実行されるので、次のように結果が展開されます。

● *212* ──── 第6章　関数、述語、CASE式

```
-- サブクエリを実行
SELECT shohin_mei, hanbai_tanka
  FROM Shohin
 WHERE shohin_id NOT IN ('0001', '0002', '0003');
```

　この後は簡単ですね。**0001～0003**の3商品「以外」が結果として返されることになるわけです。

実行結果

```
 shohin_mei  | hanbai_tanka
-------------+--------------
 包丁        |         3000
 圧力鍋      |         6800
 フォーク    |          500
 おろしがね  |          880
 ボールペン  |          100
```

EXISTS述語

KEYWORD
●EXISTS述語

　本節の最後に使い方を学習するのは、EXISTS（イグジスツ）という述語です。これを最後にもってきたことには、3つの理由があります。

①**EXISTS**はこれまでに学んだ述語とは使い方が異なる
②構文を直観的に理解することが難しい
③実は**EXISTS**を使わなくても**IN**（および**NOT IN**）によって、ほぼ代用できる

　①と②の理由は、ある意味でセットになっていますが、**EXISTS**は慣れないうちは使い方の難しい述語です。特に否定形の**NOT EXISTS**を使うSQL文は、熟練したDBエンジニアでも意味を即座に把握できないこともしばしばです。また、結局のところ③の理由で述べたように、**IN**で代用できてしまうケースが多いため（完全に代用できるわけではないのが悩ましいのですが）、「覚えたけれどあまり利用しない」という人も多い述語なのです。
　ただし、**EXISTS**述語は、使いこなせるようになると非常に大きな力を発揮します。それゆえ、いずれ皆さんがSQLの中級入門を果たすときにはマスターしていただきたい道具ですので、本書では基本的な使い方に絞って紹介します（注**6**-12）。
　ではさっそく、**EXISTS**について見ていきましょう。

注**6**-12
EXISTS述語の詳しい解説を知りたい方は、拙著『達人に学ぶSQL徹底指南書』（翔泳社刊）の「1-8 **EXISTS**述語の使い方」をおすすめします。

■EXISTS述語の使い方

　EXISTS述語の役割を一言で言うなら、「"ある条件に合致するレコードの存在有無"

6-2 述語 —— *213*

を調べること」です。そういうレコードが存在すれば真（**TRUE**）、存在しなければ偽
（**FALSE**）を返します。**EXISTS**（存在する）という述語の主語は、「レコード」です。

　例として、前節の「**IN**とサブクエリ」（207ページ）で求めた「大阪店（**000C**）に
置いてある商品（**shohin_id**）の販売単価（**hanbai_tanka**）」を、**EXISTS**
を使って求めてみましょう。

　List❻-38のような**SELECT**文になります。

List❻-38　**EXISTS**で「大阪店に置いてある商品の販売単価」を求める

```
SQL Server    DB2    PostgreSQL    MySQL
SELECT shohin_mei, hanbai_tanka
  FROM Shohin AS S ─────────────────①
 WHERE EXISTS (SELECT *
                 FROM TenpoShohin AS TS ─②
                WHERE TS.tenpo_id = '000C'
                  AND TS.shohin_id = S.shohin_id);
```

方言

　Oracleでは**FROM**句で**AS**は使えません（エラーになります）。そのため、Oracleで List❻-38を
実行する場合には、①の部分を「**FROM Shohin S**」に、②の部分を「**FROM TenpoShohin
TS**」に変更してください（**FROM**句の**AS**を削除）。

実行結果

```
shohin_mei | hanbai_tanka
------------+--------------
フォーク     |          500
カッターシャツ |         4000
包丁        |         3000
おろしがね   |          880
```

● **EXISTS**の引数

　これまで学んだ述語は、だいたい「列 **LIKE** 文字列」や「列 **BETWEEN** 値1 **AND**
値2」のように、2つ以上の引数を指定しました。しかし、**EXISTS**の左側には何もあ
りません。これは妙な形ですが、その理由は、**EXISTS**が引数を1つしかとらない述
語だからです。**EXISTS**は、右側に引数を1つだけ書きます。そしてその引数は、常
にサブクエリです。この場合だと、

```
(SELECT *
   FROM TenpoShohin AS TS
  WHERE TS.tenpo_id = '000C'
    AND TS.shohin_id = S.shohin_id)
```

というサブクエリが唯一の引数です。正確には、「`TS.shohin_id = S.shohin_id`」という条件で`Shohin`テーブルと`TenpoShohin`テーブルを結合しているため、相関サブクエリが引数です。`EXISTS`は、常に相関サブクエリを引数にとります（注❻-13）。

> **注❻-13**
> 厳密には、構文上は相関でないサブクエリも引数にとれるのですが、現実にはあまり利用しません。

> **鉄則6-1**
> `EXISTS`の引数は常に相関サブクエリを指定する。

● サブクエリの中の「`SELECT *`」

先ほどのサブクエリの中で「`SELECT *`」としている点に違和感を感じるかもしれませんが、先ほど学んだように、`EXISTS`はレコードの存在有無しか見ないため、どんな列が返されるかを一切気にしません。`EXISTS`は、サブクエリ内の`WHERE`句で指定されている条件「店舗ID（`tenpo_id`）が`'000C'`で、商品ID（`shohin_id`）が商品（`Shohin`）テーブルと店舗商品（`TempoShohin`）テーブルとで一致する」レコードが存在するかどうかだけを調べて、そのレコードが存在した場合にのみ、真（`TRUE`）を返す述語です。

したがって、List❻-39のような書き方をしても、結果は変わりません。

List❻-39　こう書いてもList❻-38と同じ

```
SQL Server | DB2 | PostgreSQL | MySQL
SELECT shohin_mei, hanbai_tanka
  FROM Shohin AS S ─────────────①
 WHERE EXISTS (SELECT 1 -- ここは適当な定数を書いてもかまいません
                 FROM TenpoShohin AS TS ──②
                WHERE TS.tenpo_id = '000C'
                  AND TS.shohin_id = S.shohin_id);
```

> **方言**
> OracleでList❻-39を実行する場合には、①の部分を「`FROM Shohin S`」に、②の部分を「`FROM TenpoShohin TS`」に変更してください（`FROM`句の`AS`を削除）。

`EXISTS`のサブクエリで「`SELECT *`」と書くのは、SQLの一種の慣習だと思ってください。

> **鉄則6-2**
> `EXISTS`の引数のサブクエリは常に「`SELECT *`」を使う。

6-2 述語 —— *215*

KEYWORD
●NOT EXISTS述語

● NOT INをNOT EXISTSで書き換える

INをEXISTSで書き換えられたように、**NOT IN**を**NOT EXISTS**で書き換えることも可能です。「東京店（**000A**）に置いてある商品（**shohin_id**）以外の販売単価（**hanbai_tanka**)」を求める**SELECT**文を、**NOT EXISTS**を使って書いてみましょう（List❻-40)。

List❻-40 NOT EXISTSで「東京店に置いてある商品 "以外" の販売単価」を求める

```
 SQL Server    DB2    PostgreSQL    MySQL
SELECT shohin_mei, hanbai_tanka
  FROM Shohin AS S ─────────────────────────①
 WHERE NOT EXISTS (SELECT *
                     FROM TenpoShohin AS TS ──────②
                    WHERE TS.tenpo_id = '000A'
                      AND TS.shohin_id = S.shohin_id);
```

> **方言**
>
> OracleでList❻-40を実行する場合には、①の部分を「**FROM Shohin S**」に、②の部分を「**FROM TenpoShohin TS**」に変更してください（**FROM**句の**AS**を削除）。

実行結果

```
 shohin_mei | hanbai_tanka
------------+--------------
 包丁        |         3000
 圧力鍋      |         6800
 フォーク    |          500
 おろしがね  |          880
 ボールペン  |          100
```

NOT EXISTSは、**EXISTS**とは逆に、サブクエリ内部で指定した条件のレコードが「存在しない」場合に真（**TRUE**）を返します。

さて、**IN**（List❻-36）と**EXISTS**（List❻-38）の**SELECT**文を見比べてみると、どうでしょう。**IN**のほうがわかりやすいと感じる人が多いのではないでしょうか。筆者も、最初は無理に**EXISTS**を使う必要はないと思います。**EXISTS**には、**IN**にはない便利さがありますし、厳密にこの2つは同値ではないので、最終的にはどちらの述語もマスターしてほしいのですが、そうしたことは中級編の内容になっていきます。

● 216 ──── 第6章　関数、述語、CASE式

第6章　関数、述語、CASE式

6-3 CASE式

学習のポイント

- CASE式には単純CASE式と検索CASE式の2種類があります。検索CASE式は単純CASE式の機能をすべて含みます。
- CASE式のELSE句は省略できますが、SQL文をわかりやすくするため省略しないようにします。
- CASE式のENDは省略できません。
- CASE式を使うとSELECT文の結果を柔軟に組み替えられます。
- OracleのDECODE、MySQLのIFなど、CASE式を簡略化した独自の関数を提供するDBMSもありますが、これらは汎用性がなく、機能も制限されるため使わないこと。

CASE式とは

KEYWORD
- ●CASE式
- ●分岐（条件分岐）

　本節で学習する**CASE式**は、「式」という語がついているとおり、「**1 + 1**」や「**120 / 4**」のような式と同じく一種の演算を行なう機能です。その意味で、**CASE式**は関数の一種でもあります。SQLの機能の中で一、二を争う重要な機能のため、ここでしっかり身につけましょう。

　CASE式は、CASE（場合）という名前が示すように、「場合分け」を記述するときに使います。この場合分けのことを、プログラミングでは一般的に「（条件）分岐」とも呼びます（注⑥-14）。

注⑥-14
C言語やJavaなどポピュラーな言語では、**IF**文や**CASE**文を使って記述します。**CASE**式はそのSQL版です

CASE式の構文

KEYWORD
- ●単純CASE式
- ●検索CASE式

　CASE式の構文には「単純**CASE式**」と「検索**CASE式**」の2種類があります。ただし、検索**CASE式**は単純**CASE式**の機能をすべて含むので、本節では検索**CASE式**だけを取り上げます。単純**CASE式**の構文を知りたい方は、節末のコラム「単純**CASE式**」を参照してください。

　ではさっそく、検索**CASE式**の構文を見てみましょう。

6-3 CASE式 —— 217

構文**⑥**-16　検索CASE式

```
CASE WHEN <評価式> THEN <式>
     WHEN <評価式> THEN <式>
     WHEN <評価式> THEN <式>
        ⋮
     ELSE <式>
END
```

KEYWORD
●WHEN句
●評価
●THEN句
●ELSE

　WHEN句の<評価式>とは、「列 = 値」のように、戻り値が真理値（**TRUE/FALSE/UNKNOWN**）になるような式のことです。**=**、**!=**や**LIKE**、**BETWEEN**といった述語を使って作る式だと考えてもらえば良いでしょう。

　CASE式の動作は、最初の**WHEN**句の<評価式>が評価されることからはじまります。「評価」とは、その式の真理値が何かを調べることです。その結果、もし真（**TRUE**）になれば、THEN句で指定された式が戻されて、**CASE**式全体が終わります。もし真にならなければ、次の**WHEN**句の評価に移ります。もしこの作業を最後の**WHEN**句まで繰り返してなお真にならなかった場合は、「ELSE」で指定された式が戻されて終了となります。

　なお、**CASE**式は、名前に「式」とついていることからもわかるとおり、これ全体が1つの式を構成しています。そして式は、最終的に1つの値に定まるものですから、**CASE**式は、SQL文の実行時には、全体が1つの値に変換されます。分岐の多い**CASE**式を使うと何十行にわたって書くことも珍しくありませんが、その巨大な**CASE**式全体が、最後には「**1**」や「**'渡辺さん'**」のような単純な値になってしまうのです。

CASE式の使い方

　では、**CASE**式を具体的に使ってみましょう。たとえば、こんなケースを考えます。いま**Shohin**（商品）テーブルには、衣服、事務用品、キッチン用品という3種類の商品分類が格納されています。これを次のような表示に変えて結果を得る方法を考えます。

> **A**：衣服
> **B**：事務用品
> **C**：キッチン用品

　テーブルにあるレコードには、「**A：**」や「**B：**」という文字列はついていないので、SQLの中でこれをくっつけてやる必要があります。そうすると、6-1節で学習した文字列結合の関数「**||**」を使うのだな、ということがすぐにわかるでしょう。

　残る問題は、「**A：**」「**B：**」「**C：**」を正しいレコードに結びつけてやることです。これを**CASE**式で実現します（List**⑥**-41）。

List 6-41　CASE式で商品分類にA〜Cの文字列を割り当てる

```
SELECT shohin_mei,
       CASE WHEN shohin_bunrui = '衣服'
            THEN 'A:' || shohin_bunrui
            WHEN shohin_bunrui = '事務用品'
            THEN 'B:' || shohin_bunrui
            WHEN shohin_bunrui = 'キッチン用品'
            THEN 'C:' || shohin_bunrui
            ELSE NULL
       END AS abc_shohin_bunrui
  FROM Shohin;
```

実行結果

```
 shohin_mei       | abc_shohin_bunrui
------------------+--------------------
 Tシャツ          | A:衣服
 穴あけパンチ     | B:事務用品
 カッターシャツ   | A:衣服
 包丁             | C:キッチン用品
 圧力鍋           | C:キッチン用品
 フォーク         | C:キッチン用品
 おろしがね       | C:キッチン用品
 ボールペン       | B:事務用品
```

KEYWORD
● ELSE NULL

　ちょっと驚くかもしれませんが、**CASE**式の6行が、これで1つの列（**abc_sho hin_bunrui**）に相当します。商品分類（**shohin_bunrui**）の名前に応じて、3つの分岐を**WHEN**句によって作っています。最後に「**ELSE NULL**（エルス ヌル）」としていますが、これは「それ以外の場合は**NULL**を返す」という意味です。**ELSE**句では、**WHEN**句で指定した条件以外のレコードをどのように扱うかを記述します。**NULL**以外にも通常の値や式を書くことが可能です。ただし現在は、テーブルに含まれる商品分類が3種類だけなので、実質的に**ELSE**句はなくても同じです。

　ELSE句は、省略して書かないことも可能ですが、その場合は自動的に「**ELSE NULL**」とみなされることになっています。しかし、後から読む人が読み落とすことのないよう、明示的に**ELSE**句を書くようにしましょう。

 鉄則6-3
CASE式のELSE句は省略可能だが、省略しないこと。

　なお、**CASE**式の最後の「**END**」は省略不可能なので、絶対に書き落とさないよう注意してください。**END**を書き忘れて構文エラーでDBMSに怒られるというのは、初心者のときにやってしまうケアレスミスの黄金パターンです。

鉄則6-4
CASE式のENDは省略不可。

6-3 CASE式 —— *219*

■CASE式が書ける場所

このCASE式の便利なところは、まさに「式である」という点です。これが何を意味するかというと、式を書ける場所ならどこにでも書ける、ということなのです。それはつまり、「**1 + 1**」が書ける場所ならどこでも、という意味です。たとえば、CASE式の便利な使い方として、次のようにSELECT文の結果を行列変換する方法が知られています。

実行結果

```
 sum_tanka_ihuku | sum_tanka_kitchen | sum_tanka_jimu
-----------------+-------------------+----------------
            5000 |             11180 |            600
```

これは商品分類（**shohin_bunrui**）ごとに販売単価（**hanbai_tanka**）を合計した結果ですが、普通に商品分類の列をGROUP BY句で集約キーとして使っても、結果は「行」として出力されてしまい、列として並べることはできません (List❻-42)。

List❻-42　普通にGROUP BYを使っても行列変換はできない

```
SELECT shohin_bunrui,
       SUM(hanbai_tanka) AS sum_tanka
  FROM Shohin
 GROUP BY shohin_bunrui;
```

実行結果

```
 shohin_bunrui | sum_tanka
---------------+-----------
 衣服          |      5000
 事務用品      |       600
 キッチン用品  |     11180
```

「列」として結果を得るには、List❻-43のようにSUM関数の中でCASE式を使うことで、列を3つ本当に作ってしまえば良いのです。

List❻-43　CASE式を使った行列変換

```
-- 商品分類ごとに販売単価を合計した結果を行列変換する
SELECT SUM(CASE WHEN shohin_bunrui = '衣服'
                THEN hanbai_tanka ELSE 0 END) AS sum_tanka_ihuku,
       SUM(CASE WHEN shohin_bunrui = 'キッチン用品'
                THEN hanbai_tanka ELSE 0 END) AS sum_tanka_kitchen,
       SUM(CASE WHEN shohin_bunrui = '事務用品'
                THEN hanbai_tanka ELSE 0 END) AS sum_tanka_jimu
  FROM Shohin;
```

このCASE式のやっていることは、商品分類（**shohin_bunrui**）が「衣服」なり「事務用品」なりの特定の値と合致した場合には、その商品の販売単価（**hanbai_**

220 ──── 第6章　関数、述語、CASE式

tanka）を出力し、そうでない場合はゼロを出力する、ということです。その結果を合計することで、ある特定の商品分類の販売単価の合計値を算出できるようになるわけです。

　このように、**CASE**式は特に**SELECT**文の結果を柔軟に組み替えるときに、大きな威力を発揮します。

COLUMN

単純CASE式

　CASE式には2種類あります。1つ目が本文で学んだ「検索**CASE**式」、そして2つ目がそれを簡略化した「単純**CASE**式」です。

　単純**CASE**式は、検索**CASE**式に比べると記述が簡潔なのが利点ですが、記述できる条件が限定的であるという欠点を持っています。そのため、基本的には検索**CASE**式を使ってもらえば良いのですが、ここで構文について簡単に学習しておきます。

　単純**CASE**式の構文は次のとおりです。

構文❻-A　単純CASE式

```
CASE <式>
    WHEN <式> THEN <式>
    WHEN <式> THEN <式>
    WHEN <式> THEN <式>
           ⋮
    ELSE <式>
END
```

　最初の**WHEN**句から評価をはじめて、真になる**WHEN**句が見つかるまで次々に**WHEN**句を見ていく動作は、検索**CASE**式と同じです。また、最後まで真になる**WHEN**句がなかった場合に、**ELSE**句で指定された式を返す点も変わりません。違いは、最初の「**CASE** <式>」で、評価対象になる式を決めてしまう点です。

　具体的に、検索**CASE**式と単純**CASE**式で同じ意味のSQL文を書いてみましょう。ここでは、List❻-41に示した検索**CASE**式のSQLを単純**CASE**式で書き直してみます（List❻-A）。

List❻-A　CASE式で商品分類にA～Cの文字列を割り当てる

```
-- 検索CASE式で書いた場合（List❻-41再掲）
SELECT shohin_mei,
       CASE WHEN shohin_bunrui = '衣服'
            THEN 'A:' ||shohin_bunrui
            WHEN shohin_bunrui = '事務用品'
            THEN 'B:' ||shohin_bunrui
            WHEN shohin_bunrui = 'キッチン用品'
            THEN 'C:' ||shohin_bunrui
            ELSE NULL
       END AS abc_shohin_bunrui
  FROM Shohin;
```

```
-- 単純CASE式で書いた場合
SELECT shohin_mei,
       CASE shohin_bunrui
             WHEN '衣服'       THEN 'A:' || shohin_bunrui
             WHEN '事務用品'    THEN 'B:' || shohin_bunrui
             WHEN 'キッチン用品' THEN 'C:' || shohin_bunrui
             ELSE NULL
         END AS abc_shohin_bunrui
  FROM Shohin;
```

　単純**CASE**式では、「**CASE shohin_bunrui**」のように、評価したい式（ここでは列そのものですが）を記述した後は、**WHEN**句でもう一度「**shohin_bunrui**」を記述する必要がありません。まあ、その手軽さが利点と言えば利点なのですが、逆に、**WHEN**句ごとに違う列に対して条件を指定したい場合などは、単純**CASE**式で記述することはできません。

COLUMN

CASE式の方言

KEYWORD
●DECODE関数
　（Oracle）
●IF関数（MySQL）

　CASE式は、標準SQLで認められている機能ですから、どんなDBMSでも使用することができます。しかし、DBMSの中には、CASE式を簡略化した独自の関数を用意しているものがあります。たとえば、Oracleならば**DECODE**、MySQLならば**IF**などがそうです。

　Oracleの**DECODE**とMySQLの**IF**を使って商品分類（**shohin_bunrui**）に**A**〜**C**の文字列を割り当てるSQL文を書き換えると、List❻-Bのようになります。

List❻-B　CASE式の方言を使って商品分類にA〜Cの文字列を割り当てる

```
Oracle
-- OracleのDECODEでCASE式を代用
SELECT  shohin_mei,
        DECODE(shohin_bunrui,
                    '衣服',        'A:' || shohin_bunrui,
                    '事務用品',     'B:' || shohin_bunrui,
                    'キッチン用品', 'C:' || shohin_bunrui,
               NULL) AS abc_shohin_bunrui
  FROM Shohin;

MySQL
-- MySQLのIFでCASE式を代用
SELECT  shohin_mei,
        IF( IF( IF(shohin_bunrui = '衣服',
                    CONCAT('A:', shohin_bunrui), NULL)
                 IS NULL AND shohin_bunrui = '事務用品',
                    CONCAT('B:', shohin_bunrui),
              IF(shohin_bunrui = '衣服',
                  CONCAT('A:', shohin_bunrui), NULL))
                    IS NULL AND shohin_bunrui = 'キッチン用品',
                        CONCAT('C:', shohin_bunrui),
```

● 222 —— 第6章 関数、述語、CASE式

```
            IF( IF(shohin_bunrui = '衣服',
                      CONCAT('A：', shohin_bunrui), NULL)
         IS NULL AND shohin_bunrui = '事務用品',
               CONCAT('B：', shohin_bunrui),
          IF(shohin_bunrui = '衣服',
             CONCAT('A：', shohin_bunrui),
          NULL))) AS abc_shohin_bunrui
  FROM Shohin;
```

しかしこれらの関数は、特定のDBMSでしか使えないうえ、記述できる条件も**CASE**式より狭いため、使うメリットがありません。そのため、こうした方言は使わないようにしましょう。

練習問題

6.1 本文で利用した**Shohin**（商品）テーブルに対して、次の2つの**SELECT**文を実行します。結果はそれぞれどうなるでしょう。

①

```
SELECT shohin_mei, shiire_tanka
  FROM Shohin
 WHERE shiire_tanka NOT IN (500, 2800, 5000);
```

②

```
SELECT shohin_mei, shiire_tanka
  FROM Shohin
 WHERE shiire_tanka NOT IN (500, 2800, 5000, NULL);
```

6.2 問題6.1と同じ**Shohin**（商品）テーブルにある商品を、販売単価（**hanbai_tanka**）の金額によって次のように分類します。

- 低額商品：販売単価が1000円以下（Tシャツ、事務用品、フォーク、おろしがね、ボールペン）
- 中額商品：販売単価が1001円以上3000円以下（包丁）
- 高額商品：販売単価が3001円以上（カッターシャツ、圧力鍋）

これらの商品分類に含まれる商品の数を求める**SELECT**文を考えてください。結果のイメージは次のとおりです。

実行結果

```
low_price | mid_price | high_price
----------+-----------+-------------
        5 |         1 |          2
```

第7章 集合演算

テーブルの足し算と引き算
結合（テーブルを列方向に連結する）

SQL

この章のテーマ

　これまでの章では、主に1つだけのテーブルを使うSQL文を書いてきました。本章では、2つ以上のテーブルを使いたい場合のSQL文について学びます。テーブルに対し行方向（縦）に作用する集合演算子と、列方向（横）に作用する結合を覚えることで、複数のテーブルに分散しているデータを組み合わせて望む結果を選択することができるようになります。

7-1　テーブルの足し算と引き算
- 集合演算とは
- テーブルの足し算 —— **UNION**
- 集合演算の注意事項
- 重複行を残す集合演算 —— **ALL**オプション
- テーブルの共通部分の選択 —— **INTERSECT**
- レコードの引き算 —— **EXCEPT**

7-2　結合（テーブルを列方向に連結する）
- 結合とは
- 内部結合 —— **INNER JOIN**
- 外部結合 —— **OUTER JOIN**
- 3つ以上のテーブルを使った結合
- クロス結合 —— **CROSS JOIN**
- 結合の方言と古い構文

7-1　テーブルの足し算と引き算 —— 225 ●

第7章　集合演算

7-1 テーブルの足し算と引き算

学習のポイント

- ・集合演算とは、レコード同士を足したり引いたりする、いわばレコードの四則演算です。
- ・集合演算を行なうには**UNION**（和）、**INTERSECT**（交差）、**EXCEPT**（差）などの集合演算子を使います。
- ・集合演算子は重複行を排除します。
- ・集合演算子で重複行を残すには、**ALL**オプションをつけます。

集合演算とは

KEYWORD
●集合演算
●集合
●レコードの集合
●集合演算子

　本章で学習するのは、「集合演算」という名前で呼ばれている操作です。「集合」というと数学の世界では「（さまざまな）物の集まり」を表わしますが、データベースの世界では「レコードの集合」を表わします。「レコードの集合」とは具体的に言えば、もちろんテーブルはそうですし、ビューやクエリの実行結果もそうです。

　これまでも、テーブルからレコードを選択したり、データを登録したりする方法を学習してきましたが、集合演算とは、レコード同士を足したり引いたりする、いわばレコードの「四則演算」です。集合演算を行なうことで、2つのテーブルにあるレコードを集めた結果や、共通するレコードを集めた結果、片ほうのテーブルだけにあるレコードを集めた結果などを得ることができます。そして、このような集合演算を行なうための演算子を「集合演算子」と呼びます。

　まず本節で「テーブルの足し算と引き算」を、そして次節で「テーブルの結合」を行なうための集合演算子とその使い方を学びます。

テーブルの足し算 —— UNION

KEYWORD
●UNION（和）

　最初に紹介する集合演算子は、レコードの足し算を行なう**UNION**（和）です。

　実際に使い方を見る前に、サンプルのテーブルを1つ追加しましょう。次のような、これまで使ってきた**Shohin**（商品）テーブルと同じレイアウトで、テーブル名だけが異なる「**Shohin2**（商品2）」というテーブルを作ります (List❼-1)。

● 226 ──── 第7章　集合演算

List❼-1　Shohin2（商品2）テーブルを作成する

```
CREATE TABLE Shohin2
(shohin_id      CHAR(4)      NOT NULL,
 shohin_mei     VARCHAR(100) NOT NULL,
 shohin_bunrui  VARCHAR(32)  NOT NULL,
 hanbai_tanka   INTEGER      ,
 shiire_tanka   INTEGER      ,
 torokubi       DATE         ,
 PRIMARY KEY (shohin_id));
```

　Shohin2テーブルには、List❼-2の5レコードを登録します。商品ID（**sho
hin_id**）の「**0001**」〜「**0003**」までは、これまでの**Shohin**テーブルと同じ商
品のデータを持っていますが、ID「**0009**」の手袋と「**0010**」のやかんは、**Shohin**
テーブルに存在しない商品です。

List❼-2　Shohin2（商品2）テーブルにデータを登録する

```
SQL Server  PostgreSQL
BEGIN TRANSACTION; ──────────①
INSERT INTO Shohin2 VALUES ('0001', 'Tシャツ' ,'衣服', 1000, 500, ➡
'2008-09-20');
INSERT INTO Shohin2 VALUES ('0002', '穴あけパンチ', '事務用品', 500, ➡
320, '2009-09-11');
INSERT INTO Shohin2 VALUES ('0003', 'カッターシャツ', '衣服', 4000, ➡
2800, NULL);
INSERT INTO Shohin2 VALUES ('0009', '手袋', '衣服', 800, 500, NULL);
INSERT INTO Shohin2 VALUES ('0010', 'やかん', 'キッチン用品', 2000, ➡
1700, '2009-09-20');
COMMIT;
```

➡は紙面の都合で折り返していることを表わします。

方言

　DBMSによってトランザクション構文が異なります。List❼-2をMySQLで実行するには、①を
「**START TRANSACTION;**」に変更してください。また、OracleとDB2で実行するには、①は必
要ありません（削除してください）。
　詳細は第4章「トランザクションを作るには」（140ページ）を参照してください。

　それでは、準備ができたところで、さっそくこの2つのテーブルを「**Shohin**テーブ
ル＋**Shohin2**テーブル」というように足し算してみましょう。構文はList❼-3のよ
うになります。

List❼-3　UNIONによるテーブルの足し算

```
SELECT shohin_id, shohin_mei
  FROM Shohin
UNION
SELECT shohin_id, shohin_mei
  FROM Shohin2;
```

実行結果

```
shohin_id | shohin_mei
----------+------------
0001      | Tシャツ
0002      | 穴あけパンチ
0003      | カッターシャツ
0004      | 包丁
0005      | 圧力鍋
0006      | フォーク
0007      | おろしがね
0008      | ボールペン
0009      | 手袋
0010      | やかん
```

結果は、2つのテーブルに含まれていたレコードが、すべて網羅される形となります。この演算のイメージは、学校で習った記憶のある人もいると思いますが、集合論の「和集合」です。ベン図で描いてみると、はっきりします (図❼-1)。

図❼-1　UNIONによるテーブル足し算 (和集合) のイメージ

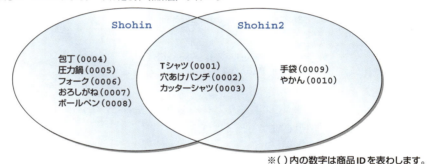

※( )内の数字は商品IDを表わします。

商品ID「**0001**」〜「**0003**」の3つのレコードはどちらのテーブルにも存在していたので、素直に考えると重複して結果に出てくるように思うかもしれませんが、**UNION**に限らず集合演算子は、通常は重複行が排除されます。

 鉄則7-1
集合演算子は重複行を排除する。

集合演算の注意事項

この重複行を結果に出すことも可能ですが、その前に、集合演算子を使うときの一般的な注意事項を学んでおきましょう。これは**UNION**に限らず、この後で学習するすべての演算子に当てはまる注意事項です。

■注意事項① —— 演算対象となるレコードの列数は同じであること

たとえば、次のように、片ほうの列数が2列なのに、片ほうが3列という足し算を行なうことはできません。これはエラーとなります。

```
-- 列数が不一致のためエラー
SELECT shohin_id, shohin_mei
  FROM Shohin
UNION
SELECT shohin_id, shohin_mei, hanbai_tanka
  FROM Shohin2;
```

■注意事項② —— 足し算の対象となるレコードの列のデータ型が一致していること

左から数えて同じ位置にある列は、同じデータ型である必要があります。たとえば、次のSQL文は、列数は同じでも、2列目のデータ型が数値型と日付型で不一致のため、エラーになります (注❼-1)。

注❼-1
実は、DBMSによっては、型が異なっている場合でも、気を利かせて暗黙のうちに型変換を行なうDBMSもあります。しかし、すべてのDBMSがそのように動くわけではないため、きちんと型を意識して演算するようにしましょう。

```
-- データ型が不一致のためエラー
SELECT shohin_id, hanbai_tanka
  FROM Shohin
UNION
SELECT shohin_id, torokubi
  FROM Shohin2;
```

どうしても違うデータ型の列を使いたい場合は、第6章の6-1節で紹介した型変換の関数**CAST**を使えばOKです。

■注意事項③ —— SELECT文はどんなものを指定しても良い。
ただしORDER BY句は最後に1つだけ

UNIONで足せる**SELECT**文は、どんなものでもかまいません。これまでに学んだ**WHERE**、**GROUP BY**、**HAVING**といった句を使うこともできます。ただし、**ORDER BY**句だけは、全体として1つ最後につけられるだけです (List❼-4)。

List❼-4　ORDER BY句は最後に1つだけ

```
SELECT shohin_id, shohin_mei
  FROM Shohin
 WHERE shohin_bunrui = 'キッチン用品'
UNION
SELECT shohin_id, shohin_mei
  FROM Shohin2
 WHERE shohin_bunrui = 'キッチン用品'
ORDER BY shohin_id;
```

実行結果

```
shohin_id | shohin_mei
----------+------------
0004      | 包丁
0005      | 圧力鍋
0006      | フォーク
0007      | おろしがね
0010      | やかん
```

重複行を残す集合演算 —— ALLオプション

KEYWORD
●ALLオプション

さて、それでは**UNION**の結果から重複行を排除しない構文を紹介します。これはとても簡単で、**UNION**の後ろに「**ALL**(オール)」というキーワードを追加するだけです。この**ALL**オプションは、**UNION**以外の集合演算子でも同様に使えます (List❼-5)。

List❼-5　重複行を排除しない

```
SELECT shohin_id, shohin_mei
  FROM Shohin
UNION ALL
SELECT shohin_id, shohin_mei
  FROM Shohin2;
```

実行結果

```
shohin_id | shohin_mei
----------+------------
0001      | Tシャツ
0002      | 穴あけパンチ
0003      | カッターシャツ
0004      | 包丁
0005      | 圧力鍋
0006      | フォーク         3行のレコードが重複
0007      | おろしがね
0008      | ボールペン
0001      | Tシャツ
0002      | 穴あけパンチ
0003      | カッターシャツ
0009      | 手袋
0010      | やかん
```

 鉄則7-2
集合演算子で重複行を残すには、**ALL**オプションをつける。

テーブルの共通部分の選択 —— INTERSECT

次に紹介する集合演算子は、数の四則演算にはない概念の機能です。といっても難しいものではなく、2つのレコード集合の共通部分を選択するもので、**INTERSECT**（交差）と呼びます(注❼-2)。

さっそく使ってみましょう。構文は、**UNION**とまったく同じです (List❼-6)。

KEYWORD
● INTERSECT（交差）

注❼-2
MySQLはまだINTERSECTを持っていないため使用できません。

List❼-6　INTERSECTによるテーブル共通部分の選択

```
Oracle  SQL Server  DB2  PostgreSQL
SELECT shohin_id, shohin_mei
  FROM Shohin
INTERSECT
SELECT shohin_id, shohin_mei
  FROM Shohin2
ORDER BY shohin_id;
```

実行結果

```
shohin_id | shohin_mei
----------+------------
0001      | Tシャツ
0002      | 穴あけパンチ
0003      | カッターシャツ
```

結果は、2つのテーブルに含まれていたレコードの共通部分のみが選択される形となります。この演算のイメージもベン図で描いてみると、はっきりします (図❼-2)。

図❼-2　INTERSECTによるテーブル共通部分の選択のイメージ

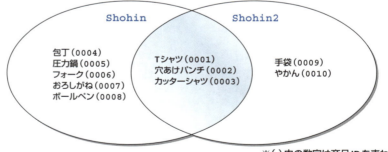

※( )内の数字は商品IDを表わします。

ANDが1つのテーブルに対して、複数の条件の共通部分を選択するのに対し、**INTERSECT**は、必ず2つのテーブルを使用し、その共通するレコードを選択します。

注意事項は**UNION**と同じで、「集合演算の注意事項」や「重複行を残す集合演算」の項で説明したとおりです。重複行を残したい場合に「**INTERSECT ALL**」とするのも同じです。

レコードの引き算 —— EXCEPT

KEYWORD
●EXCEPT（差）

注⑦-3
Oracleだけは EXCEPTで
はなく実装依存の MINUS
演算子を使用します。
Oracleユーザの方は
EXCEPTをすべて MINUS
に読み替えてください。ま
た、MySQLはまだ EXCEPT
を持っていないため使用で
きません。

本節の最後に紹介する集合演算子は、引き算を行なう $\underset{\text{エ ク セ プ ト}}{\text{EXCEPT}}$（差）です（注⑦-3）。これも構文は **UNION**と同じです（List⑦-7）。

List⑦-7　**EXCEPT**によるレコードの引き算

```
SQL Server    DB2    PostgreSQL
SELECT shohin_id, shohin_mei
  FROM Shohin
EXCEPT
SELECT shohin_id, shohin_mei
  FROM Shohin2
ORDER BY shohin_id;
```

方言

OracleでList⑦-7やList⑦-8のSQLを実行するには、**EXCEPT**を**MINUS**に変更してください。

```
-- OracleではEXCEPTではなくMINUSを使う
SELECT …
  FROM …
MINUS
SELECT …
  FROM …;
```

実行結果

```
 shohin_id | shohin_mei
-----------+------------
 0004      | 包丁
 0005      | 圧力鍋
 0006      | フォーク
 0007      | おろしがね
 0008      | ボールペン
```

結果では、**Shohin**テーブルのレコードから**Shohin2**テーブルのレコードを引いた残りが選択されています。演算イメージのベン図は**図⑦-3**のとおりです。

EXCEPTには**UNION**と**INTERSECT**にはない、特有の注意点があります。それは、引き算という性質から見れば当たり前のことですが、どちらからどちらを引くかによって、結果が異なるということです。これは数の引き算でも同じですね。「**4 + 2**」と「**2 + 4**」の結果は同じですが、「**4 - 2**」と「**2 - 4**」は違う結果になります。したがって、先ほどのSQLの**Shohin**と**Shohin2**を入れ替えると、List⑦-8のようになります。

図❼-3　EXCEPTによるレコードの引き算のイメージ（ShohinからShohin2のレコードを引く）

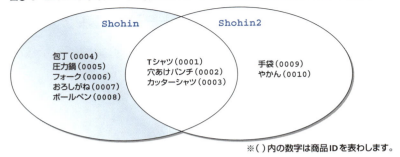

※( )内の数字は商品IDを表わします。

List❼-8　どちらからどちらを引くかで結果が異なる

```
SQL Server    DB2    PostgreSQL
-- Shohin2のレコードからShohinのレコードを引く
SELECT shohin_id, shohin_mei
  FROM Shohin2
EXCEPT
SELECT shohin_id, shohin_mei
  FROM Shohin
ORDER BY shohin_id;
```

実行結果

```
shohin_id | shohin_mei
----------+-----------
0009      | 手袋
0010      | やかん
```

演算イメージのベン図は図❼-4のようになります。

図❼-4　EXCEPTによるレコードの引き算のイメージ（Shohin2からShohinのレコードを引く）

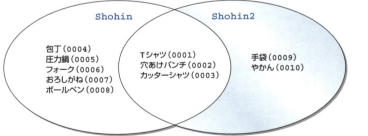

※( )内の数字は商品IDを表わします。

　さて、これでSQLが持つ集合演算子についての学習は終わりです。と聞くと「あれ、掛け算と割り算はないの？」と思う鋭い方もいるでしょう。掛け算については、次節の後半で詳しく学習します。また、SQLには割り算もありますが、これは少し難しい演算で、中級の内容となるため、本章の最後にコラムで簡単に触れることにします。興味のある方はコラム「関係除算」（249ページ）を参照してください。

7-2 結合（テーブルを列方向に連結する）

第7章　集合演算

学習のポイント

- 結合（JOIN）とは、別のテーブルから列を持ってきて「列を増やす」集合演算です。UNIONがテーブル同士を行方向（縦方向）に連結するのに対し、結合は列方向（横方向）に連結します。
- 結合の基本は内部結合と外部結合の2つ。まずこの2つをしっかりマスターする必要があります。
- 結合演算の古い書き方や方言は使わず、必ず標準のSQL構文で書くこと。ただし、古い書き方や方言を読めるようにしておきましょう。

結合とは

前節で、UNIONやINTERSECTといった集合演算を学びました。この種の集合演算の特徴は行方向に作用することです。平たく言うと、それらを使うと行数が増えたり減ったりする、ということです。UNIONを使えば行数が増えますし、INTERSECTやEXCEPTを使えば行数が減ります（注❼-4）。

一方、これらの演算には、列数を変化させる力はありませんでした。集合演算の対象テーブルは、列数が一致していることが前提でしたが、その演算の結果として、列が増えたり減ったりすることはありません。

本節で学ぶ結合（JOIN）という演算は、簡単に言うと、別のテーブルから列を持ってきて「列を増やす」操作です（図❼-5）。この操作が役に立つのは、ほしいデータ（列）が1つのテーブルだけからでは選択できない場合です。本書ではここまで、基本的に1つのテーブルからデータを取り出しましたが、実際には、ほしいデータが複数のテーブルに分散されていることが頻繁にあります。そういうケースでは、複数のテーブル（3つ以上でもかまいません）からデータを選択するということが可能です。

> 注❼-4
> テーブルのデータによっては行数が変化しないこともあります。
>
> **KEYWORD**
> ●結合（JOIN）

図❼-5　結合のイメージ

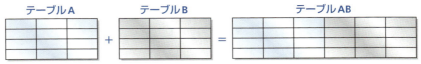

SQLの結合には、その用途に応じて非常に多様な種類があります。しかし、まず押さえていただきたい結合は2つだけです。それは、内部結合と、内部結合を少し改変した外部結合です。以降では、この2つの結合を中心に学習します。

内部結合 —— INNER JOIN

KEYWORD
●内部結合
（INNER JOIN）

最初に学習するのは、内部結合（INNER JOIN）という結合演算で、最もよく使うものです。「内部」という言葉は、いまはあまり気にしないでください。これがどういう意味かはのちほど説明します。

サンプルに使うテーブルは、これまで使ってきた**Shohin**と第6章（208ページ）で作った**TenpoShohin**です。ここで、この2つのテーブルの内容について再掲しておきます（表❼-1、2）。

表❼-1　Shohin（商品）テーブル

shohin_id （商品ID）	shohin_mei （商品名）	shohin_bunrui （商品分類）	hanbai_tanka （販売単価）	shiire_tanka （仕入単価）	torokubi （登録日）
0001	Tシャツ	衣服	1000	500	2009-09-20
0002	穴あけパンチ	事務用品	500	320	2009-09-11
0003	カッターシャツ	衣服	4000	2800	
0004	包丁	キッチン用品	3000	2800	2009-09-20
0005	圧力鍋	キッチン用品	6800	5000	2009-01-15
0006	フォーク	キッチン用品	500		2009-09-20
0007	おろしがね	キッチン用品	880	790	2008-04-28
0008	ボールペン	事務用品	100		2009-11-11

表❼-2　TenpoShohin（店舗商品）テーブル

tenpo_id （店舗ID）	tenpo_mei （店舗名）	shohin_id （商品ID）	suryo （数量）
000A	東京	0001	30
000A	東京	0002	50
000A	東京	0003	15
000B	名古屋	0002	30
000B	名古屋	0003	120
000B	名古屋	0004	20
000B	名古屋	0006	10
000B	名古屋	0007	40
000C	大阪	0003	20
000C	大阪	0004	50
000C	大阪	0006	90
000C	大阪	0007	70
000D	福岡	0001	100

この2つのテーブルに存在する列をもう一度整理してみると、表❼-3のようになります。

この表を見るとわかるように、2つのテーブルの列は、2つのグループに分類されます。

Ⓐどちらのテーブルにも存在する列
　→商品ID
Ⓑ片ほうのテーブルにしか存在しない列
　→商品ID以外の列

表❼-3　2つのテーブルと列

	Shohin	TenpoShohin
商品ID	○	○
商品名	○	
商品分類	○	
販売単価	○	
仕入単価	○	
登録日	○	
店舗ID		○
店舗名		○
数量		○

結合という演算は、一言で言うと「Ⓐに属する列を橋渡しの"橋"に使って、Ⓑに属する列同士を一緒の結果に含めてしまうこと」です。具体的に見てみましょう。

TenpoShohin テーブルからは、東京店（**000A**）が商品ID「**0001**」「**0002**」「**0003**」の3つの商品を取り扱っていることがわかります。しかし、この商品の具体的な商品名（**shohin_mei**）や販売単価（**hanbai_tanka**）は、**TenpoShohin** テーブルからはわかりません。これらは **Shohin** テーブルにしか存在しない列だからです。これは、ほかの大阪店や名古屋店についても同じことが言えます。

そこで、**Shohin** テーブルから、商品名（**shohin_mei**）と販売単価（**hanbai_tanka**）の列を持ってきて、**TenpoShohin** テーブルに「くっつけて」みます。求める結果のイメージは、次のような形です。

実行結果

```
tenpo_id | tenpo_mei | shohin_id | shohin_mei | hanbai_tanka
---------+-----------+-----------+------------+-------------
000A     | 東京      | 0002      | 穴あけパンチ |          500
000A     | 東京      | 0003      | カッターシャツ |        4000
000A     | 東京      | 0001      | Tシャツ     |         1000
000B     | 名古屋    | 0007      | おろしがね  |          880
000B     | 名古屋    | 0002      | 穴あけパンチ |          500
000B     | 名古屋    | 0003      | カッターシャツ |        4000
000B     | 名古屋    | 0004      | 包丁       |          3000
000B     | 名古屋    | 0006      | フォーク    |          500
000C     | 大阪      | 0007      | おろしがね  |          880
000C     | 大阪      | 0006      | フォーク    |          500
000C     | 大阪      | 0003      | カッターシャツ |        4000
000C     | 大阪      | 0004      | 包丁       |          3000
000D     | 福岡      | 0001      | Tシャツ     |         1000
```

この結果を得るための **SELECT** 文は、List❼-9のようになります。

● *236* —— 第7章　集合演算

List❼-9　2つのテーブルを内部結合する

```
 SQL Server   DB2   PostgreSQL   MySQL
SELECT TS.tenpo_id, TS.tenpo_mei, TS.shohin_id, S.shohin_mei, ➡
S.hanbai_tanka
  FROM TenpoShohin AS TS INNER JOIN Shohin AS S ————————①
    ON TS.shohin_id = S.shohin_id;
```

➡は紙面の都合で折り返していることを表わします。

> **方言**
>
> Oracleでは**FROM**句で**AS**は使えません（エラーになります）。そのため、OracleでList❼-9を実行する場合には、①の部分を「**FROM TenpoShohin TS INNER JOIN Shohin S**」に変更してください（**FROM**句の**AS**を削除）。

　内部結合において、重要なポイントは3つあります。

●内部結合のポイント① —— FROM句

　まず1つ目のポイントは、これまで1つのテーブルしか書いてこなかった**FROM**句に、**TenpoShohin**と**Shohin**という2つのテーブルを書いていることです。

```
FROM TenpoShohin AS TS INNER JOIN Shohin AS S
```

　これを可能にするキーワードが「**INNER JOIN**」です。**TS**と**S**というのは、テーブルの別名です。これは別につけなければならないものではありません。**SELECT**句で**TenpoShohin.shohin_id**のように、オリジナルのテーブル名をそのまま使ってもかまいません。ただ、テーブル名が長いとSQL文が読みにくいので、別名をつけることが一般的な慣習になっています (注❼-5)。

> **鉄則7-3**
>
> 結合を行なうときは、**FROM**句に複数のテーブルを記述する。

●内部結合のポイント② —— ON句

　2番目のポイントは、「**ON**」の後に記述されている結合条件です。

```
ON TS.shohin_id = S.shohin_id
```

　ここで2つのテーブルを結びつける列（結合キー）を指定します。この場合は商品ID（**shohin_id**）がそうです。いわば**ON**は、結合条件専用の**WHERE**のような役割だといえます。**WHERE**句と同じように、複数の結合キーを指定するために、**AND**、

注❼-5
FROM句でテーブルの別名をつけるときは、「**Shohin AS S**」のように**AS**をつけることが標準SQLの正式な構文です。ただし、Oracleでは、この**AS**を記述するとエラーになるという不思議な独自仕様があります。そのため、Oracleを使用する場合は、**FROM**句で**AS**は使わないようにする必要があります。

KEYWORD
●ON句

KEYWORD
●結合キー

ORを使うこともできます。このON句は、内部結合を行なう場合は記述が必須です（ONがないとエラーになります）。かつ、書く場所はFROMとWHEREの間でなくてはなりません。

> **鉄則7-4**
> 内部結合ではON句は必須。記述場所はFROMとWHEREの間。

視覚的にたとえるならば、ONは川に隔てられた2つの町を結びつけるための「橋」の役割を果たしているのです（図❼-6）。

図❼-6　ONによるテーブル足し算（和集合）のイメージ

なお、結合条件は「=」で記述すると考えてかまいません。構文的には、ここで<=やBETWEENのような述語を使うことも可能なのですが、実務では9割方「=」の結合で用が足りるため、最初は「=」を使うと覚えましょう。「=」によってキーを結びつけることで、2つのテーブルの同じキーを持つレコード同士が、文字通り「結合」されるわけです。

● 内部結合のポイント③ —— SELECT句

3番目のポイントは、SELECT句で指定する列です。

```
SELECT TS.tenpo_id, TS.tenpo_mei, TS.shohin_id, S.shohin_mei, ➡
S.hanbai_tanka
```

➡は紙面の都合で折り返していることを表わします。

SELECT句では、**TS.tenpo_id**や**S.hanbai_tanka**のように、＜テーブルの別名＞.＜列名＞という記述の仕方をしています。これは、テーブルが1つだけの場合と違って、結合の場合、どの列をどのテーブルから持ってきているか混乱しがちなので、それを防ぐための措置です。構文的には、この書き方をしなければならないのは、2つのテーブルに存在している列（ここでは**shohin_id**）のみで、ほかの列は「**tenpo_id**」のように列名だけ書いてもエラーにはなりません。しかし、前述のように混乱を避けるという理由から、結合の場合はSELECT句のすべての列を＜テーブルの別名＞.＜列名＞の書式で書くようにすることが望ましいでしょう。

鉄則7-5
結合を使った場合のSELECT句の列は、すべて<テーブルの別名>.<列名>の書式で書く。

■内部結合とWHERE句を組み合わせる

全店舗ではなく、たとえば東京店（**000A**）だけを結果に得たいなら、これまでと同じようにWHERE句の条件を追加します。これにより、List❼-9で求めた全店舗の結果から、東京店だけのレコードに制限することができます（List❼-10）。

List❼-10 内部結合とWHERE句を組み合わせて使う

```
SQL Server  DB2  PostgreSQL  MySQL
SELECT TS.tenpo_id, TS.tenpo_mei, TS.shohin_id, S.shohin_mei, ➡
S.hanbai_tanka
  FROM TenpoShohin AS TS INNER JOIN Shohin AS S ────①
    ON TS.shohin_id = S.shohin_id
 WHERE TS.tenpo_id = '000A';
```

➡は紙面の都合で折り返していることを表わします。

方言
OracleでList❼-10を実行する場合には、①の部分を「**FROM TenpoShohin TS INNER JOIN Shohin S**」に変更してください（**FROM**句の**AS**を削除）。

実行結果

```
 tenpo_id | tenpo_mei | shohin_id | shohin_mei   | hanbai_tanka
----------+-----------+-----------+--------------+--------------
 000A     | 東京      | 0001      | Tシャツ      |         1000
 000A     | 東京      | 0002      | 穴あけパンチ |          500
 000A     | 東京      | 0003      | カッターシャツ|        4000
```

このように、結合演算は、一度テーブル同士を結合してしまえば、その後は、**WHERE**、**GROUP BY**、**HAVING**、**ORDER BY**といった道具をこれまで同様使うことができます。イメージとしては、結合によって新たにもう1つテーブル（名づけるならさしずめ「**ShohinJoinTenpoShohin**」）が作られて（表❼-4）、それに対して**WHERE**句などを使っていると考えると理解しやすいでしょう。

もちろん、この「テーブル」は、**SELECT**文が実行されている間しか存続しないので、**SELECT**文の実行後にはすぐ消えてしまいます。この「テーブル」をずっと残したいなら、ビューとして作れば良いでしょう。

7-2 結合（テーブルを列方向に連結する） ── *239* ●

表❼-4　結合によって作られるテーブル（ShohinJoinTenpoShohin）のイメージ

tenpo_id （ID）	tenpo_mei （店舗名）	shohin_id （商品ID）	shohin_mei （商品名）	hanbai_tanka （販売単価）
000A	東京	0001	Tシャツ	1000
000A	東京	0002	穴あけパンチ	500
000A	東京	0003	カッターシャツ	4000
000B	名古屋	0002	穴あけパンチ	500
000B	名古屋	0003	カッターシャツ	4000
000B	名古屋	0004	包丁	3000
000B	名古屋	0006	フォーク	500
000B	名古屋	0007	おろしがね	880
000C	大阪	0003	カッターシャツ	4000
000C	大阪	0004	包丁	3000
000C	大阪	0006	フォーク	500
000C	大阪	0007	おろしがね	880
000D	福岡	0001	Tシャツ	1000

外部結合 ── OUTER JOIN

KEYWORD

●外部結合
　（OUTER JOIN）

　内部結合の次に重要なのが、外部結合（OUTER JOIN）です。先ほどの内部結合の例に即して考えてみます。先ほどは、**Shohin**テーブルと**TenpoShohin**テーブルを内部結合して、各店舗が扱っている商品の情報を、両方のテーブルから選択しました。この「両方の」という点を実現するのが、結合の機能でした。

　外部結合も、2つのテーブルを**ON**句の結合キーでつなぎ、2つのテーブルから同時に列を選択するという、基本的な使い方は変わりません。違うのは、結果の形です。論より証拠、先ほど書いた内部結合の**SELECT**文（List❼-9）を、外部結合で書き換えてみましょう。書き換えた結果はList❼-11のようになります。

List❼-11　2つのテーブルを外部結合する

```
SQL Server    DB2    PostgreSQL    MySQL
SELECT TS.tenpo_id, TS.tenpo_mei, S.shohin_id, S.shohin_mei, ➡
S.hanbai_tanka
  FROM TenpoShohin AS TS RIGHT OUTER JOIN Shohin AS S ──①
    ON TS.shohin_id = S.shohin_id;
```

➡は紙面の都合で折り返していることを表わします。

> **方言**
>
> OracleでList❼-11を実行する場合には、①の部分を「**FROM TenpoShohin TS RIGHT OUTER JOIN Shohin S**」に変更してください（**FROM**句の**AS**を削除）。

実行結果

```
 tenpo_id | tenpo_mei | shohin_id | shohin_mei | hanbai_tanka
----------+-----------+-----------+------------+--------------
 000A     | 東京       | 0002      | 穴あけパンチ |          500
 000A     | 東京       | 0003      | カッターシャツ |        4000
 000A     | 東京       | 0001      | Tシャツ     |         1000
 000B     | 名古屋     | 0006      | フォーク     |          500
 000B     | 名古屋     | 0002      | 穴あけパンチ |          500
 000B     | 名古屋     | 0003      | カッターシャツ |        4000
 000B     | 名古屋     | 0004      | 包丁        |         3000
 000B     | 名古屋     | 0007      | おろしがね   |          880
 000C     | 大阪       | 0006      | フォーク     |          500
 000C     | 大阪       | 0007      | おろしがね   |          880
 000C     | 大阪       | 0003      | カッターシャツ |        4000
 000C     | 大阪       | 0004      | 包丁        |         3000
 000D     | 福岡       | 0001      | Tシャツ     |         1000
          |           | 0005      | 圧力鍋      |         6800
          |           | 0008      | ボールペン   |          100
```

内部結合のときはなかった！

● 外部結合のポイント① —— 片ほうのテーブルの情報がすべて出力される

内部結合の結果と見比べれば、その違いは明らかです。行数からして違います。内部結合の結果は13行、それに対し、外部結合の結果は15行です。2行増えていますが、この2行はいったい何でしょう。

これこそが、外部結合のキーポイントです。追加で選択されたのは、圧力鍋とボールペンの2行。この2つの商品は、**TenpoShohin**テーブルには存在していません。それはつまり、現在どの店でも扱っていないということです。内部結合は、2つのテーブルの両方に存在している情報だけを選択するため、**Shohin**テーブルにしか存在していない2つの商品は、結果に出てきませんでした。

一方、外部結合では、どちらか一方のテーブルに存在しているならば、そのテーブルの情報が欠けることなく出力されます。実務でこれが利用されるケースは、たとえば、行数固定の定型帳票を作りたい場合です。このようなときに内部結合を使ってしまうと、**SELECT**文を実行した時点での店舗の在庫状況によって、結果行数が変動してしまい、帳票のレイアウトにきちんとおさまりません。これに対し外部結合を使えば、常に行数固定で結果を得られるというわけです。

ただ、そうは言っても、テーブルからわからない情報はわからないわけで、圧力鍋やボールペンの店舗IDや店舗名は**NULL**で結果に現われます（具体的な値は誰にもわからないので、仕方ありません）。外部結合という名前の由来は、この**NULL**にあります。

7-2　結合（テーブルを列方向に連結する）── *241*

つまり、「元のテーブルにない（つまりテーブルの外部から）情報を結果に持ってくる」という意味で、「外部」結合と呼ばれるわけです。反対に、テーブルの内部だけから情報を持ってくる結合が、「内部」結合と呼ばれるわけです。

●外部結合のポイント② ── どちらのテーブルをマスタにするか

KEYWORD
●LEFTキーワード
●RIGHTキーワード

外部結合で重要なことは、もう1つあります。それは、どちらのテーブルを主（マスタ）とみなすか、ということです。選択結果には、マスタに指定されたテーブルの情報がすべて出てくることになります。これを指定するキーワードが「LEFT（レフト）」と「RIGHT（ライト）」です。名前そのまま、**LEFT**を使えば**FROM**句で左側に書いたテーブルをマスタとし、**RIGHT**を使えば右側のテーブルをマスタに使います。List**7**-11では**RIGHT**を使っているので、右側のテーブル、つまり**Shohin**をマスタにしています。

したがって、List**7**-12のように書き換えても、同じ意味になります。

List**7**-12　テーブルの左右を入れ替えても外部結合の結果は同じ

```
 SQL Server   DB2   PostgreSQL   MySQL
SELECT TS.tenpo_id, TS.tenpo_mei, S.shohin_id, S.shohin_mei, ➡
S.hanbai_tanka
  FROM Shohin AS S LEFT OUTER JOIN TenpoShohin AS TS ──────①
    ON TS.shohin_id = S.shohin_id;
```

➡は紙面の都合で折り返していることを表わします。

> **方言**
>
> OracleでList**7**-12を実行する場合には、①の部分を「**FROM Shohin S LEFT OUTER JOIN TenpoShohin TS**」に変更してください（**FROM**句の**AS**を削除）。

そうすると、**LEFT**と**RIGHT**とどちらを使うべきか、という点が気になると思いますが、機能的な差はないので、どちらを使ってもかまいません。一般的には**LEFT**を使う場合が多いようですが、これも確固たる理由があるわけではなく、**RIGHT**を使ってはいけないわけではありません。

> **鉄則7-6**
>
> 外部結合におけるマスタテーブルの指定は**LEFT**、**RIGHT**を使う。どちらを使っても結果は同じ。

3つ以上のテーブルを使った結合

結合の基本的な形は2つのテーブルですが、別に3つ以上のテーブルを同時に結合で

● **242** ── 第7章　集合演算

きないわけではありません。結合できるテーブルの数に原理的な制限はありません。そこで、3つのテーブルを使った結合を見てみましょう。

表❼-5のような商品の在庫を管理するテーブルを作ります。「**S001**」と「**S002**」という2つの倉庫に商品を保管しているとします。

表❼-5　**ZaikoShohin**（在庫商品）テーブル

souko_id （倉庫ID）	shohin_id （商品ID）	zaiko_suryo （在庫数量）
S001	0001	0
S001	0002	120
S001	0003	200
S001	0004	3
S001	0005	0
S001	0006	99
S001	0007	999
S001	0008	200
S002	0001	10
S002	0002	25
S002	0003	34
S002	0004	19
S002	0005	99
S002	0006	0
S002	0007	0
S002	0008	18

このテーブルを作るSQL文と、テーブルにデータを登録するSQL文はList❼-13のとおりです。

List❼-13　**ZaikoShohin**テーブルの作成とデータ登録

```
-- DDL：テーブル作成
CREATE TABLE ZaikoShohin
( souko_id    CHAR(4) NOT NULL,
  shohin_id   CHAR(4) NOT NULL,
  zaiko_suryo INTEGER NOT NULL,
  PRIMARY KEY (souko_id, shohin_id));
```

SQL Server **PostgreSQL**
```
-- DML：データ登録
BEGIN TRANSACTION; ──────────── ①
```

```
INSERT INTO ZaikoShohin (souko_id, shohin_id, zaiko_suryo) ➡
VALUES ('S001',  '0001', 0);
INSERT INTO ZaikoShohin (souko_id, shohin_id, zaiko_suryo) ➡
VALUES ('S001',  '0002', 120);
INSERT INTO ZaikoShohin (souko_id, shohin_id, zaiko_suryo) ➡
VALUES ('S001',  '0003', 200);
INSERT INTO ZaikoShohin (souko_id, shohin_id, zaiko_suryo) ➡
VALUES ('S001',  '0004', 3);
INSERT INTO ZaikoShohin (souko_id, shohin_id, zaiko_suryo) ➡
VALUES ('S001',  '0005', 0);
INSERT INTO ZaikoShohin (souko_id, shohin_id, zaiko_suryo) ➡
VALUES ('S001',  '0006', 99);
INSERT INTO ZaikoShohin (souko_id, shohin_id, zaiko_suryo) ➡
VALUES ('S001',  '0007', 999);
INSERT INTO ZaikoShohin (souko_id, shohin_id, zaiko_suryo) ➡
VALUES ('S001',  '0008', 200);
INSERT INTO ZaikoShohin (souko_id, shohin_id, zaiko_suryo) ➡
VALUES ('S002',  '0001', 10);
INSERT INTO ZaikoShohin (souko_id, shohin_id, zaiko_suryo) ➡
VALUES ('S002',  '0002', 25);
INSERT INTO ZaikoShohin (souko_id, shohin_id, zaiko_suryo) ➡
VALUES ('S002',  '0003', 34);
INSERT INTO ZaikoShohin (souko_id, shohin_id, zaiko_suryo) ➡
VALUES ('S002',  '0004', 19);
INSERT INTO ZaikoShohin (souko_id, shohin_id, zaiko_suryo) ➡
VALUES ('S002',  '0005', 99);
INSERT INTO ZaikoShohin (souko_id, shohin_id, zaiko_suryo) ➡
VALUES ('S002',  '0006', 0);
INSERT INTO ZaikoShohin (souko_id, shohin_id, zaiko_suryo) ➡
VALUES ('S002',  '0007', 0);
INSERT INTO ZaikoShohin (souko_id, shohin_id, zaiko_suryo) ➡
VALUES ('S002',  '0008', 18);

COMMIT;
```

➡は紙面の都合で折り返していることを表わします。

方言

　DBMSによってトランザクション構文が異なります。List**❼**-13のDML文をMySQLで実行する
には、①を「**START TRANSACTION;**」に変更してください。また、OracleとDB2で実行するに
は、①は必要ありません（削除してください）。
　詳細は第4章「トランザクションを作るには」（140ページ）を参照してください。

　前項のList**❼**-11で得た結果に、このテーブルから、倉庫「S001」に保管されてい
る在庫数の列も追加することにします。結合の方法は、内部結合としましょう（外部結
合でもやり方は同じです）。結合キーは、やはり商品ID（**shohin_id**）になります
（List**❼**-14）。

● 244 ——— 第7章　集合演算

List ❼-14　3つのテーブルを内部結合する

```
SQL Server    DB2    PostgreSQL    MySQL
SELECT TS.tenpo_id, TS.tenpo_mei, TS.shohin_id, S.shohin_mei, ➡
S.hanbai_tanka, ZS.zaiko_suryo
  FROM TenpoShohin AS TS INNER JOIN Shohin AS S ——————— ①
    ON TS.shohin_id = S.shohin_id
           INNER JOIN ZaikoShohin AS ZS ——————————— ②
               ON TS.shohin_id = ZS.shohin_id
 WHERE ZS.souko_id = 'S001';
```

➡は紙面の都合で折り返していることを表わします。

> **方言**
>
> 　OracleでList ❼-14を実行する場合には、①の部分を「**FROM TenpoShohin TS INNER JOIN Shohin S**」に、②の部分を「**INNER JOIN ZaikoShohin ZS**」に変更してください（**FROM**句の**AS**を削除）。

実行結果

tenpo_id	tenpo_mei	shohin_id	shohin_mei	hanbai_tanka	zaiko_suryo
000A	東京	0002	穴あけパンチ	500	120
000A	東京	0003	カッターシャツ	4000	200
000A	東京	0001	Tシャツ	1000	0
000B	名古屋	0007	おろしがね	880	999
000B	名古屋	0002	穴あけパンチ	500	120
000B	名古屋	0003	カッターシャツ	4000	200
000B	名古屋	0004	包丁	3000	3
000B	名古屋	0006	フォーク	500	99
000C	大阪	0007	おろしがね	880	999
000C	大阪	0006	フォーク	500	99
000C	大阪	0003	カッターシャツ	4000	200
000C	大阪	0004	包丁	3000	3
000D	福岡	0001	Tシャツ	1000	0

　List ❼-11で内部結合を行なった**FROM**句に、再度**INNER JOIN**によって**Zaiko Shohin**テーブルを追加しています。

```
FROM TenpoShohin AS TS INNER JOIN Shohin AS S
  ON TS.shohin_id = S.shohin_id
        INNER JOIN ZaikoShohin AS ZS
           ON TS.shohin_id = ZS.shohin_id
```

　ON句で結合条件を指定するところも変わりません。結合条件として、**Shohin**テーブルと**TenpoShohin**テーブルの商品ID（**shohin_id**）を等号で結んでいます。**Shohin**テーブルはすでに**TenpoShohin**テーブルと結合されているため、**Shohin**テーブルと**ZaikoShohin**テーブルを結合する必要はありません（結合しても良いのですが、結果は変わりません）。

7-2 結合（テーブルを列方向に連結する） ── 245

結合するテーブルが4つ、5つ……と増えていっても、**INNER JOIN**でテーブルを追加していくやり方は、同じです。

クロス結合 ── CROSS JOIN

KEYWORD
●クロス結合
（CROSS JOIN）

続いて、3つ目の結合の種類である<u>クロス結合</u>（けつごう クロス ジョイン **CROSS JOIN**）について学びます。実は、この結合を実務で使うことはまずありません（私も数えるほどしか使ったことがありません）。それなのになぜここで紹介するかといえば、クロス結合が、すべての結合演算の基礎だからです。

クロス結合自体は、ものすごく単純です。ただし、その結果はちょっと凄いことになります。ためしに、**Shohin**テーブルと**TenpoShohin**テーブルをクロス結合してみましょう（List❼-15）。

List❼-15 2つのテーブルをクロス結合する

| SQL Server | DB2 | PostgreSQL | MySQL |

```
SELECT TS.tenpo_id, TS.tenpo_mei, TS.shohin_id, S.shohin_mei
  FROM TenpoShohin AS TS CROSS JOIN Shohin AS S; ──①
```

方言

OracleでList❼-15を実行する場合には、①の部分を「**FROM TenpoShohin TS CROSS JOIN Shohin S;**」に変更してください（**FROM**句の**AS**を削除）。

実行結果

```
 tenpo_id | tenpo_mei | shohin_id | shohin_mei
----------+-----------+-----------+------------
 000A     | 東京      | 0001      | Tシャツ
 000A     | 東京      | 0002      | Tシャツ
 000A     | 東京      | 0003      | Tシャツ
 000B     | 名古屋    | 0002      | Tシャツ
 000B     | 名古屋    | 0003      | Tシャツ
 000B     | 名古屋    | 0004      | Tシャツ
 000B     | 名古屋    | 0006      | Tシャツ
 000B     | 名古屋    | 0007      | Tシャツ
 000C     | 大阪      | 0003      | Tシャツ
 000C     | 大阪      | 0004      | Tシャツ
 000C     | 大阪      | 0006      | Tシャツ
 000C     | 大阪      | 0007      | Tシャツ
 000D     | 福岡      | 0001      | Tシャツ
 000A     | 東京      | 0001      | 穴あけパンチ
 000A     | 東京      | 0002      | 穴あけパンチ
 000A     | 東京      | 0003      | 穴あけパンチ
 000B     | 名古屋    | 0002      | 穴あけパンチ
 000B     | 名古屋    | 0003      | 穴あけパンチ
```

000B	名古屋	0004	穴あけパンチ
000B	名古屋	0006	穴あけパンチ
000B	名古屋	0007	穴あけパンチ
000C	大阪	0003	穴あけパンチ
000C	大阪	0004	穴あけパンチ
000C	大阪	0006	穴あけパンチ
000C	大阪	0007	穴あけパンチ
000D	福岡	0001	穴あけパンチ
000A	東京	0001	カッターシャツ
000A	東京	0002	カッターシャツ
000A	東京	0003	カッターシャツ
000B	名古屋	0002	カッターシャツ
000B	名古屋	0003	カッターシャツ
000B	名古屋	0004	カッターシャツ
000B	名古屋	0006	カッターシャツ
000B	名古屋	0007	カッターシャツ
000C	大阪	0003	カッターシャツ
000C	大阪	0004	カッターシャツ
000C	大阪	0006	カッターシャツ
000C	大阪	0007	カッターシャツ
000D	福岡	0001	カッターシャツ
000A	東京	0001	包丁
000A	東京	0002	包丁
000A	東京	0003	包丁
000B	名古屋	0002	包丁
000B	名古屋	0003	包丁
000B	名古屋	0004	包丁
000B	名古屋	0006	包丁
000B	名古屋	0007	包丁
000C	大阪	0003	包丁
000C	大阪	0004	包丁
000C	大阪	0006	包丁
000C	大阪	0007	包丁
000D	福岡	0001	包丁
000A	東京	0001	圧力鍋
000A	東京	0002	圧力鍋
000A	東京	0003	圧力鍋
000B	名古屋	0002	圧力鍋
000B	名古屋	0003	圧力鍋
000B	名古屋	0004	圧力鍋
000B	名古屋	0006	圧力鍋
000B	名古屋	0007	圧力鍋
000C	大阪	0003	圧力鍋
000C	大阪	0004	圧力鍋
000C	大阪	0006	圧力鍋
000C	大阪	0007	圧力鍋
000D	福岡	0001	圧力鍋
000A	東京	0001	フォーク
000A	東京	0002	フォーク
000A	東京	0003	フォーク
000B	名古屋	0002	フォーク
000B	名古屋	0003	フォーク
000B	名古屋	0004	フォーク
000B	名古屋	0006	フォーク
000B	名古屋	0007	フォーク
000C	大阪	0003	フォーク

000C	大阪	0004	フォーク
000C	大阪	0006	フォーク
000C	大阪	0007	フォーク
000D	福岡	0001	フォーク
000A	東京	0001	おろしがね
000A	東京	0002	おろしがね
000A	東京	0003	おろしがね
000B	名古屋	0002	おろしがね
000B	名古屋	0003	おろしがね
000B	名古屋	0004	おろしがね
000B	名古屋	0006	おろしがね
000B	名古屋	0007	おろしがね
000C	大阪	0003	おろしがね
000C	大阪	0004	おろしがね
000C	大阪	0006	おろしがね
000C	大阪	0007	おろしがね
000D	福岡	0001	おろしがね
000A	東京	0001	ボールペン
000A	東京	0002	ボールペン
000A	東京	0003	ボールペン
000B	名古屋	0002	ボールペン
000B	名古屋	0003	ボールペン
000B	名古屋	0004	ボールペン
000B	名古屋	0006	ボールペン
000B	名古屋	0007	ボールペン
000C	大阪	0003	ボールペン
000C	大阪	0004	ボールペン
000C	大阪	0006	ボールペン
000C	大阪	0007	ボールペン
000D	福岡	0001	ボールペン

KEYWORD

●CROSS JOIN（直積）

　結果行数の多さに面食らってしまったかもしれませんが、まず構文の解説からしましょう。クロス結合において、テーブル同士を結びつける集合演算子が「**CROSS JOIN**（直積）」です。クロス結合の場合、内部結合や外部結合で使った**ON**句は指定することができません。というのも、クロス結合は、2つのテーブルのレコードについて、すべての組み合わせを作る結合方法だからです。ですから、結果の行数は常に、2つのテーブル行数の掛け算になります。今回の場合だと、**TenpoShohin**テーブルが13行、**Shohin**テーブルが8行のため、13×8＝104行の結果が作られるわけです。

　ここでピンと来た人もいるでしょうが、前節の最後に集合演算の掛け算は本節で詳しく学習すると言ったのは、このクロス結合のことだったのです。

　内部結合は、必ずこのクロス結合の一部分になります。「内部」というのは「クロス結合の結果に含まれる部分を持つ」という意味と理解してもらってもかまいません。反対に外部結合も、「クロス結合の結果に含まれない部分を持つ」という意味でやはり「外部」結合です。

　このクロス結合が実務で使われない理由は、2つあります。1つが、その結果にほとんど使い道がないこと。もう1つが、結果行数が非常に多くなるため、演算に多くの時間とマシンパワーを使ってしまうことです。

結合の方言と古い構文

　ここまで学んだ内部結合および外部結合の構文は、きちんと標準SQLで定められている正式なものであり、すべてのDBMSで利用できます。ですから、皆さんはそれを使えば何の問題もありません。ただ、これからシステム開発の仕事をするうえでは、他人の書いたコードを読んだりメンテナンスする機会が必ず出てくるでしょう。そのときに問題になるのが、方言や古い構文で書かれたコードです。

　SQLが方言や古い構文の多い言語だということは、本書でも何度か述べましたが、結合はその中でも一番方言が咲き乱れている分野で、年配のプログラマやシステムエンジニアの中には現在でもそうした方言を使う人が少なくありません。

　たとえば、本節の冒頭に示した内部結合の **SELECT** 文 (List❼-9) を古い構文で書き換えるとこうなります (List❼-16)。

List❼-16 古い構文を使った内部結合（結果はList❼-9と同じ）

```
SELECT TS.tenpo_id, TS.tenpo_mei, TS.shohin_id, S.shohin_mei, ➡
S.hanbai_tanka
  FROM TenpoShohin TS, Shohin S
 WHERE TS.shohin_id = S.shohin_id
   AND TS.tenpo_id = '000A';
```

　　　　　　　　　　　　　　　　　　　➡は紙面の都合で折り返していることを表わします。

　この書き方でも、結果は標準的な構文とまったく同じになります。しかも、この構文は一応すべてのDBMSで利用できるので、その意味で方言というわけではありません。ただ「古い」だけです。

　しかし、この書き方は古いだけでなく多くの問題を抱えているため、利用してはいけません。これには3つの大きな理由があります。

　第一に、この構文では結合の種類が内部結合なのか外部結合なのか（またはそれ以外の結合なのか）一目でわかりません。

　第二に、結合条件が **WHERE** 句で書かれているので、どこまでが結合条件で、どこからがレコードの制限条件なのかすぐにわかりません。

　そして第三に、この構文がいつまで利用可能か心許ないのです。どのDBMSの開発元も、この古い構文には見切りをつけて、新しい構文だけに対応したいと考えています。いますぐに利用できなくなることはないにせよ、いずれこの構文を使えなくなる日が来るでしょう。

　ただ、そうは言っても、こういう古い構文で書かれたプログラムは世間にたくさん残っていて、いまでも現役で動いています。皆さんもそういうコードを読む機会はあると思いますので、知識としては持っておいてください。

鉄則7-7
結合の古い書き方や方言は、自分で使ってはならない。でも読めるようにしておこう。

COLUMN

関係除算

本章では、次の4つの集合演算子について学習しました。

- UNION（和）
- EXCEPT（差）
- INTERSECT（交差）
- CROSS JOIN（直積）

　交差という集合演算独自の演算もありますが、これは実際には「共通部分しかとらない特殊なUNION」という位置づけです。そして、残りの3つは四則演算にもあるおなじみの演算でした。しかし、残る1つの除算、つまり割り算がまだ登場していません。

　では集合演算において除算はないのかといえば、もちろん存在しています。集合演算における除算は、一般には「関係除算」と呼ばれます。関係とはテーブルやビューの数学的な呼び方です。ただし、UNIONやEXCEPTのような専用の演算子は定義されていません。もし作るなら、「DIVIDE（割る）」という名前になるかもしれませんが、いまのところこのような演算子が使えるDBMSは世界のどこにもありません。

　なぜ除算だけ演算子がなくて（除算だけに）除け者にされているのでしょうか。実は、この理由はちょっと込み入った話になるのですが、「テーブルの割り算」が具体的にどのような演算になるのか、ここで紹介しましょう。

　サンプルとして、表❼-Aと表❼-Bのような2つのテーブルを使います。

KEYWORD

●関係除算

表❼-A
Skills（スキル）テーブル：関係除算の除数

skill
Oracle
UNIX
Java

表❼-B
EmpSkills（社員スキル）テーブル：関係除算の被除数

emp	skill
相田	Oracle
相田	UNIX
相田	Java
相田	C#
神崎	Oracle
神崎	UNIX
神崎	Java
平井	UNIX
平井	Oracle
平井	PHP
平井	Perl
平井	C++
若田部	Perl
渡来	Oracle

この2つのテーブルを作り、それらにデータを登録するSQL文はList❼-Aのとおりです。

List❼-A　Skills/EmpSkillsテーブルの作成とデータ登録

```
-- DDL：テーブル作成
CREATE TABLE Skills
(skill VARCHAR(32),
 PRIMARY KEY(skill));

CREATE TABLE EmpSkills
(emp   VARCHAR(32),
 skill VARCHAR(32),
 PRIMARY KEY(emp, skill));

SQL Server  PostgreSQL
-- DML：データ登録
BEGIN TRANSACTION; ————①

INSERT INTO Skills VALUES('Oracle');
INSERT INTO Skills VALUES('UNIX');
INSERT INTO Skills VALUES('Java');

INSERT INTO EmpSkills VALUES('相田', 'Oracle');
INSERT INTO EmpSkills VALUES('相田', 'UNIX');
INSERT INTO EmpSkills VALUES('相田', 'Java');
INSERT INTO EmpSkills VALUES('相田', 'C#');
INSERT INTO EmpSkills VALUES('神崎', 'Oracle');
INSERT INTO EmpSkills VALUES('神崎', 'UNIX');
INSERT INTO EmpSkills VALUES('神崎', 'Java');
INSERT INTO EmpSkills VALUES('平井', 'UNIX');
INSERT INTO EmpSkills VALUES('平井', 'Oracle');
INSERT INTO EmpSkills VALUES('平井', 'PHP');
INSERT INTO EmpSkills VALUES('平井', 'Perl');
INSERT INTO EmpSkills VALUES('平井', 'C++');
INSERT INTO EmpSkills VALUES('若田部', 'Perl');
INSERT INTO EmpSkills VALUES('渡来', 'Oracle');

COMMIT;
```

方言

　DBMSによってトランザクション構文が異なります。List❼-AのDML文をMySQLで実行するには、①を「**START TRANSACTION;**」に変更してください。また、OracleとDB2で実行するには、①は必要ありません（削除してください）。
　詳細は第4章「トランザクションを作るには」（140ページ）を参照してください。

　EmpSkillsテーブルは、あるシステム会社の社員の持っているスキルの一覧です。たとえば、相田さんは、Oracle、UNIX、Java、C#という4種類のスキルを持っていることがわかります。
　ここで、このテーブルから、**Skills**テーブルに含まれている3つの分野のスキルを「すべて」持っている社員を選択することを考えます（List❼-B）。

List❼-B　3つの分野のスキルをすべて持つ社員を選択

```
SELECT DISTINCT emp
  FROM EmpSkills ES1
 WHERE NOT EXISTS
        (SELECT skill
           FROM Skills
         EXCEPT
         SELECT skill
           FROM EmpSkills ES2
          WHERE ES1.emp = ES2.emp);
```

　すると、得られる結果は次のように相田さんと神崎さんの2人になります。平井さんもOracleとUNIXが使えるので惜しいのですが、Javaを使えないため選外です。

実行結果（関係除算の商）

```
 emp
------
 神崎
 相田
```

　除算の基本的な動作はこのようになりますが、ここで当然「いったいこの演算のどこが除算（割り算）なの？」という疑問が浮かぶと思います。実際、これは数の割り算とは似ても似つかないように見えます。その答えは、除算（割り算）の反対の演算である「積（掛け算）」を考えるとわかります。
　割り算と掛け算は相補的な関係があるので、割り算の答え（商）と除数（割る数）を掛けると、割られる前の被除数に戻ります。たとえば、「20÷4＝5」の場合、「5（商）×4（除数）＝20（被除数）」ということです（図❼-A）。
　関係除算にも、この法則が成立するのです。商（割り算の答え）と除数（割る数）を掛け合わせる、つまりクロス結合することで、被除数（割られる前の数）の部分集合が復元されます（注❼-6）。

> 注❼-6
> 完全な被除数には戻らないのですが、そこは目をつむります。

図❼-A　割り算と掛け算の相補的な関係

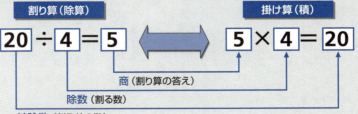

　このように、除算というのは集合演算の中で最も高度で難しい演算です。しかし、実は意外に業務の中で利用することも多く、皆さんが中級に上がるときにはぜひマスターしてほしい技術です。
　なお、SQLで除算を実現する詳しい方法を知りたい方は、拙著『達人に学ぶSQL徹底指南書』（翔泳社刊）の「1-4 **HAVING**句の力」「1-7 SQLで集合演算」を参考にしてください。

● 252 —— 第7章 集合演算

練習問題

7.1 次の**SELECT**文の結果はどうなるでしょう。

```
-- 本文で使ったShohinテーブルを利用
SELECT *
  FROM Shohin
UNION
SELECT *
  FROM Shohin
INTERSECT
SELECT *
  FROM Shohin
ORDER BY shohin_id;
```

7.2 本章7-2節でList❼-11（239ページ）に挙げた外部結合の結果では、圧力鍋とボールペンのレコードにおいて店舗ID（**tenpo_id**）と店舗名（**tenpo_mei**）が**NULL**で出力されていました。この**NULL**を「不明」という文字列に置き換えた結果を求めてください。結果のイメージは次のとおりです。

実行結果

tenpo_id	tenpo_mei	shohin_id	shohin_mei	hanbai_tanka
000A	東京	0002	穴あけパンチ	500
000A	東京	0003	カッターシャツ	4000
000A	東京	0001	Tシャツ	1000
000B	名古屋	0006	フォーク	500
000B	名古屋	0002	穴あけパンチ	500
000B	名古屋	0003	カッターシャツ	4000
000B	名古屋	0004	包丁	3000
000B	名古屋	0007	おろしがね	880
000C	大阪	0006	フォーク	500
000C	大阪	0007	おろしがね	880
000C	大阪	0003	カッターシャツ	4000
000C	大阪	0004	包丁	3000
000D	福岡	0001	Tシャツ	1000
不明	不明	0005	圧力鍋	6800
不明	不明	0008	ボールペン	100

店舗IDと店舗名を「不明」で出力

第8章 | SQLで高度な処理を行なう

ウィンドウ関数
GROUPING 演算子

この章のテーマ

　本章で学習するのは、SQLで高度な集計処理を行なうための機能です。「高度」といっても、それはあくまで「SQLで行なうには」という意味であって、私たちユーザの視点から見れば、たとえば数値に順位をつけたり、売り上げの小計を求めたりといった、なじみのある処理がほとんどです。

　SQLという言語も、日本語や英語と同じように、時間とともに変化しています。およそ数年に1回の頻度で標準SQLの機能追加や構文の見直しが行なわれています。本章で取り上げる機能は、比較的最近に機能追加された部類に属します。こうした便利な新機能を身につけていくことで、SQLでやれることの幅がぐっと広がっていきます。

8-1　ウィンドウ関数
■ウィンドウ関数とは
■ウィンドウ関数の構文
■構文の基本的な使い方 —— **RANK**関数の利用
■**PARTITION BY**は指定しなくても良い
■ウィンドウ専用関数の種類
■ウィンドウ関数はどこで使うか
■集約関数をウィンドウ関数として使う
■移動平均を算出する
■2つの**ORDER BY**

8-2　GROUPING演算子
■合計行も一緒に求めたい
■**ROLLUP** —— 合計と小計を一度に求める
■**GROUPING**関数 —— 偽物の**NULL**を見分けろ
■**CUBE** —— データで積み木を作る
■**GROUPING SETS** —— ほしい積み木だけ取得する

8-1 ウィンドウ関数 ―――― *255*

8-1	第8章　SQLで高度な処理を行なう # ウィンドウ関数

> **学習のポイント**
> ・ウィンドウ関数は、ランキング、連番生成など通常の集約関数ではできない高度な操作を行ないます。
> ・**PARTITION BY**と**ORDER BY**という2つのキーワードの意味を理解することが重要です。

ウィンドウ関数とは

KEYWORD
●ウィンドウ関数
●OLAP関数

注⑧-1
OracleとSQL Serverは「分析関数」という訳語を使用しています。

KEYWORD
●OLAP

注⑧-2
いまのところウィンドウ関数はMySQLではサポートされていません。詳細はコラム「ウィンドウ関数のサポート状況」を参照してください。

　ウィンドウ関数は、別名OLAP関数（注⑧-1）とも呼ばれます。最初にイメージをつかむためには、こちらの呼び名のほうがわかりやすいでしょう（「ウィンドウ」という言葉の意味は、後で説明します）。

　OLAPとは、OnLine Analytical Processingの略で、データベースを使ってリアルタイムに（＝オンラインで）データ分析を行なう処理のことです。たとえば、市場分析、財務諸表作成、計画作成など、ビジネスの現場ではなくてはならない仕事が含まれます。

　ウィンドウ関数は、このOLAP用途のために標準SQLに追加された機能なのです（注⑧-2）。

COLUMN

ウィンドウ関数のサポート状況

　「せっかくデータベースに業務データが入っているのだから、SQLを使ってリアルタイムにデータ分析をできれば便利だろう」という思いは、データベース関係者の間では昔から共通していました。ですが、リレーショナルデータベースがそういうOLAP用途の機能を持ちはじめたのはここ10年ぐらいのことです。

　その理由はいくつかあるのですが、ここでは詳しく触れません。重要なのは、そうした機能は新しいがゆえに、まだ一部のDBMSが対応していないという点です。

　本節で扱うウィンドウ関数もその1つで、2016年5月時点では、Oracle、SQL Server、DB2、PostgreSQLの最新版では問題なくサポート済みですが、MySQLは最新5.7でもサポートしていません。

　これまでにも、各DBMSが持つ特殊な方言のために使える構文と使えない構文がありましたが、このように、たとえ標準SQLであっても新機能の場合には同じような問題が発生してしまうことに注意してください（注⑧-3）。

注⑧-3
標準SQLの場合は、時間がたてばいずれどのDBMSでも使えるようになっていくのですが。

ウィンドウ関数の構文

　それでは、ウィンドウ関数について、サンプルを使いながら学習していきましょう。ウィンドウ関数の構文は、少し複雑です。

構文❽-1　ウィンドウ関数

```
<ウィンドウ関数> OVER （[PARTITION BY <列リスト>]
                      ORDER BY <ソート用列リスト>)
```

※ [ ] は省略可能であることを表わします。

　重要なキーワードは、**PARTITION BY**と**ORDER BY**です。まず、この2つがどのような役割を果たしているかを理解することが、ウィンドウ関数を理解する鍵です。

■ウィンドウ関数として使える関数

　PARTITION BY、**ORDER BY**について学習する前に、ウィンドウ関数として使える代表的な関数を列挙しておきましょう。ウィンドウ関数は、大きく次の2種類に分類されます。

KEYWORD
●ウィンドウ専用関数

①集約関数（**SUM**、**AVG**、**COUNT**、**MAX**、**MIN**）をウィンドウ関数として使う
②**RANK**、**DENSE_RANK**、**ROW_NUMBER**などのウィンドウ専用関数

　②は標準SQLで定義されているOLAP専用の関数です。本書ではこれらを総称して「ウィンドウ専用関数」と呼びます。②の場合は、関数名を見ればOLAP用途だと一目でわかります。
　もう一方の①は第3章で学んだ集約関数です。集約関数を「構文❽-1」の<ウィンドウ関数>の部分に書くことで、ウィンドウ関数として使用できます。要は集約関数は、使用する構文によって集約関数になったりウィンドウ関数になったりするということです。

構文の基本的な使い方 ── RANK関数の利用

KEYWORD
●RANK関数

　まず最初に、ウィンドウ専用関数の<ruby>RANK<rt>ランク</rt></ruby>を使って、ウィンドウ関数の構文を理解することにしましょう。**RANK**はその名のとおり、レコードのランキング（順位）を算出する関数です。
　たとえば、ここまで使ってきた**Shohin**テーブルに含まれている8つの商品に対して、商品分類（**shohin_bunrui**）別に、販売単価（**hanbai_tanka**）の安い順で並べたランキング表を作ってみましょう。結果のイメージは、次のようになるでしょう。

実行結果

```
shohin_mei  | shohin_bunrui | hanbai_tanka | ranking
------------+---------------+--------------+--------
フォーク     | キッチン用品  |          500 |       1
おろしがね   | キッチン用品  |          880 |       2
包丁         | キッチン用品  |         3000 |       3
圧力鍋       | キッチン用品  |         6800 |       4
Tシャツ      | 衣服          |         1000 |       1
カッターシャツ| 衣服         |         4000 |       2
ボールペン   | 事務用品      |          100 |       1
穴あけパンチ | 事務用品      |          500 |       2
```

分類「キッチン用品」を例に見ると、販売単価が一番安い「フォーク」の1番からはじまって、一番高い「圧力鍋」の4番まで、順位づけされていることがわかります。

この結果を求める`SELECT`文は、List❽-1のように書きます。

List❽-1　商品分類別に、販売単価の安い順で並べたランキング表を作る

```
Oracle   SQL Server   DB2   PostgreSQL
SELECT shohin_mei, shohin_bunrui, hanbai_tanka,
       RANK () OVER (PARTITION BY shohin_bunrui
                         ORDER BY hanbai_tanka) AS ranking
  FROM Shohin;
```

KEYWORD
●PARTITION BY句
●ORDER BY句

`PARTITION BY`(パーティション バイ)は、順位をつける対象の範囲を設定しています。サンプルでは、商品分類ごとの順位を出しているため、`shohin_bunrui`を指定しました。

`ORDER BY`(オーダー バイ)は、どの列を、どんな順序で順位をつけるかを指定します。販売単価の昇順で順位づけを行なうわけですから、`hanbai_tanka`を指定しました。また、ウィンドウ関数の`ORDER BY`は、`SELECT`文の末尾で使う`ORDER BY`と同じで、`ASC`/`DESC`キーワードで昇順・降順を指定できますが、指定省略時のデフォルトは`ASC`、つまり昇順扱いとなるため、このサンプルでは省略しています (注❽-4)。

注❽-4
これは`SELECT`文の文末に置く`ORDER BY`句と同じルールです。

`PARTITION BY`と`ORDER BY`の作用をイメージしやすいように図示すると、図❽-1のようになります。`PARTITION BY`がテーブルを横方向にカットし、`ORDER BY`が縦方向に順序づけのルールを決める役割を持っていることがわかります。

いわば、ウィンドウ関数は、これまで学んできた`GROUP BY`句のカット機能と、`ORDER BY`句の順序づけの機能の両方を兼ね備えているのです。ただし、`PARTITION BY`句には、`GROUP BY`句が持つような集約機能はありません。そのため、`RANK`関数を使用した結果も、元のテーブルの行数から減ることなく8行出力されています。

鉄則8-1

ウィンドウ関数は、カットと順序づけの両方の機能を持っている。

図8-1 PARTITION BYとORDER BYの作用

また、PARTITION BYによって区切られたレコードの集合を、「ウィンドウ」と呼びます。この場合のウィンドウは、「窓」ではなく「範囲」を表わします。「ウィンドウ関数」という名前の由来は、ここにあります（注8-5）。

KEYWORD
● ウィンドウ

（注8-5）
言葉の意味からすれば、「ウィンドウ」よりも、「グループ」と言ったほうがわかりやすいかもしれません。しかし、SQLで「グループ」と言うと、GROUP BYで区切られたレコードの集合を指すことが多いので、混同を避ける意味でも、PARTITION BYの場合はウィンドウと呼ぶのでしょう。

> **鉄則8-2**
> PARTITION BYによって区切られた部分集合を「ウィンドウ」と呼ぶ。

なお、個々のウィンドウは、定義上決して共通部分を持ちません。ケーキを切り分けるがごとく、スパッと分かれます。この点は、GROUP BY句で分けられた部分集合と同じ特徴です。

PARTITION BYは指定しなくても良い

このように、ウィンドウ関数を使うときに重要な役割を持つのが、PARTITION BYとORDER BYです。このうち、PARTITION BYは必須ではなく、指定しなくてもウィンドウ関数を使うことができます。

ではPARTITION BYを指定しないと、どのような動作になるでしょう。それは、GROUP BYなしで集約関数を使ったときと同じイメージです。つまり、テーブル全体が1つの大きなウィンドウとして扱われます。

論より証拠、List 8-1のSELECT文からPARTITION BYを削除してみましょう（List 8-2）。

List**❽-2 PARTITION BY**を指定しない場合

| Oracle | SQL Server | DB2 | PostgreSQL |

```
SELECT shohin_mei, shohin_bunrui, hanbai_tanka,
       RANK () OVER (ORDER BY hanbai_tanka) AS ranking
  FROM Shohin;
```

この**SELECT**文の結果は、次のようになります。

実行結果

```
shohin_mei | shohin_bunrui | hanbai_tanka | ranking
-----------+---------------+--------------+---------
ボールペン   | 事務用品       |          100 |       1
フォーク     | キッチン用品    |          500 |       2
穴あけパンチ | 事務用品       |          500 |       2
おろしがね   | キッチン用品    |          880 |       4
Tシャツ      | 衣服          |         1000 |       5
包丁         | キッチン用品    |         3000 |       6
カッターシャツ | 衣服         |         4000 |       7
圧力鍋       | キッチン用品    |         6800 |       8
```

　先ほどは商品分類別でのランキングでしたが、今度は商品テーブル全体でのランキングに変わりました。このように、**PARTITION BY**は、あくまでテーブルを複数の部分（ウィンドウ）に小分けしたうえで、ウィンドウ関数を使いたい場合のオプションです。

ウィンドウ専用関数の種類

　上記の結果を見ると、「穴あけパンチ」と「フォーク」がともに第2位で、その後は順位が飛んで「おろしがね」が第4位になっています。これは、一般的なランキング算出の方法なのでおなじみでしょう。しかし場合によっては、順位が飛ばないようにランキングを出したいこともあります。

　そのような場合、**RANK**関数以外の関数を使うことで実現できます。ここで、代表的なウィンドウ専用関数をまとめておきましょう。

KEYWORD

●RANK関数
●DENSE_RANK関数
●ROW_NUMBER関数

●RANK関数
ランキングを算出します。同順位が複数レコード存在した場合、後続の順位が飛びます。
　例）1位が3レコードある場合：1位、1位、1位、4位……

●DENSE_RANK関数
同じくランキングを算出しますが、同順位が複数レコード存在しても、後続の順位

が飛びません。

例）1位が3レコードある場合：1位、1位、1位、2位……

● ROW_NUMBER 関数
ロウ　ナンバー

一意な連番を付与します。

例）1位が3レコードある場合：1位、2位、3位、4位……

　このほかにも、各DBMSは独自のウィンドウ関数を用意していますが、上記の3つの関数は（ウィンドウ関数をサポートしているDBMSならば）共通してどのDBMSでも使用することができます。ためしに、これら3つの関数を使って結果を比較してみましょう（List❽-3）。

List❽-3　RANK、DENSE_RANK、ROW_NUMBERの結果を比較

```
Oracle   SQL Server   DB2   PostgreSQL
SELECT shohin_mei, shohin_bunrui, hanbai_tanka,
       RANK () OVER (ORDER BY hanbai_tanka) AS ranking,
       DENSE_RANK () OVER (ORDER BY hanbai_tanka) AS dense_ranking,
       ROW_NUMBER () OVER (ORDER BY hanbai_tanka) AS row_num
  FROM Shohin;
```

実行結果

			RANK	DENSE_RANK	ROW_NUMBER
shohin_mei	shohin_bunrui	hanbai_tanka	ranking	dense_ranking	row_num
ボールペン	事務用品	100	1	1	1
フォーク	キッチン用品	500	2	2	2
穴あけパンチ	事務用品	500	2	2	3
おろしがね	キッチン用品	880	4	3	4
Tシャツ	衣服	1000	5	4	5
包丁	キッチン用品	3000	6	5	6
カッターシャツ	衣服	4000	7	6	7
圧力鍋	キッチン用品	6800	8	7	8

　結果の**ranking**列と**dense_ranking**列を比較すると、**dense_ranking**列の場合、2位が2行続くところまでは**ranking**列と同じですが、次の「おろしがね」の順位が**4**ではなく**3**になっています。これが**DENSE_RANK**関数を使った効果です。

　また、**row_num**列を見ると、販売単価（**hanbai_tanka**）が同じかどうかといったことには見向きもせず、ただ販売単価の小さい順に連番を振っています。販売単価が同じレコードがあった場合は、DBMSが適当な順序でレコードを並べます。レコードに一意な連番を振りたいケースでは、このように**ROW_NUMBER**を使うことで実現できます。

　なお、**RANK**や**ROW_NUMBER**を使うとき、引数を何も書かず、「**RANK ()**」や「**ROW_NUMBER ()**」のように、カッコ**()**の中を空のまま使います。これは、ウィン

ドウ専用関数を使うときは、常にそうなので、覚えておいてください。この点は、のちほど取り上げる、集約関数をウィンドウ関数として使う場合との大きな違いです。

> **鉄則8-3**
> ウィンドウ専用関数は引数をとらないため、常にカッコ()の中は空っぽ。

ウィンドウ関数はどこで使うか

これまで学習してきた関数の多くは、使える場所にはあまり制限がありませんでした。せいぜい、集約関数を**WHERE**句で使う場合に注意が必要なぐらいです。しかし、ウィンドウ関数の場合、その使える場所が大きく制限されます。というより、ほとんど1つの場所でしか使えないと考えてもらってかまいません。

その場所とは、**SELECT**句です。逆に言うと、この関数を**WHERE**句や**GROUP BY**句で使うことはできないのです（注❽-6）。

> **鉄則8-4**
> ウィンドウ関数は、原則として**SELECT**句のみで使える。

これを1つのルールとして丸暗記してもかまわないのですが、なぜウィンドウ関数が**SELECT**句でしか使えないのか（つまり**WHERE**句や**GROUP BY**句で使えないのか）、という理由も簡単に説明しておきましょう。

その理由は、DBMS内部で、ウィンドウ関数が、**WHERE**句や**GROUP BY**句による処理が終わった「結果」に対して作用するように作られているからです。これは、よく考えると当然の話で、ランキングを出すにしても、ユーザに結果を返す直前でないと、結果が正しくならないからです。ランキングを出した後に**WHERE**句の条件でレコードが減ったり、**GROUP BY**句で集約されてしまっては、せっかくのランキングも使いものになりません（注❽-7）。

こうした理由から、ウィンドウ関数は、そもそも**SELECT**句以外では「使う意味がない」ため、構文上も使えないように制限されているのです。

集約関数をウィンドウ関数として使う

ここまでは、ウィンドウ専用関数をサンプルに使ってきました。それでは次に、これまでの章でも使ってきた**SUM**や**AVG**といった集約関数をウィンドウ関数として使う方法を学習しましょう。

注❽-6
構文上は、**SELECT**句以外にも、**ORDER BY**句や**UPDATE**文の**SET**句で使うことも可能です。しかし、実務で使う例はあまりないため、最初は「**SELECT**句でのみ使う」と覚えてください。

注❽-7
反対に、**ORDER BY**句でウィンドウ関数を使うことができるのは、**ORDER BY**句が**SELECT**句よりも後に処理されるため、もうレコードが減ったりしない保証があるからです。

262 ——— 第8章　SQLで高度な処理を行なう

　すべての集約関数は、ウィンドウ関数としても使うことが可能です。その場合の構文は、ウィンドウ専用関数を使うときとまったく同じです。ただ、最初は具体的にどんな結果が得られるのかイメージがわかないでしょうから、実例を元に学習を進めます。例として、**SUM**関数をウィンドウ関数として使ってみましょう（List**❽**-4）。

List**❽**-4　SUM関数をウィンドウ関数として使う

```
Oracle   SQL Server   DB2   PostgreSQL
SELECT shohin_id, shohin_mei, hanbai_tanka,
    SUM (hanbai_tanka) OVER (ORDER BY shohin_id) AS current_sum
  FROM Shohin;
```

実行結果

```
shohin_id | shohin_mei | hanbai_tanka | current_sum
----------+------------+--------------+-------------
0001      | Tシャツ      |         1000 |        1000     ←1000
0002      | 穴あけパンチ  |          500 |        1500     ←1000+500
0003      | カッターシャツ |         4000 |        5500     ←1000+500+5500
0004      | 包丁         |         3000 |        8500     ←1000+500+5500+3000
0005      | 圧力鍋       |         6800 |       15300        .
0006      | フォーク     |          500 |       15800        .
0007      | おろしがね   |          880 |       16680        .
0008      | ボールペン   |          100 |       16780        .
```

　SUM関数の場合、**RANK**や**ROW_NUMBER**のようにカッコ**()**の中が空ということはありません。これまで使ってきたように、集計対象とする列を指定します。この場合は、販売単価（**hanbai_tanka**）の合計値（**current_sum**）を求めています。

　しかし、ただの合計値ではありません。**ORDER BY**句で指定した**shohin_id**の昇順でレコードを並べて、「自分よりも小さい」商品IDを持つ商品の販売単価を合計しています。したがって、その合計値は、ピラミッドを積み上げるように、1つずつ集計の対象行が増えていく計算ロジックになるのです。これは、一般的には「累計」と呼ばれるタイプの集計方法で、よく時系列順に、その時々の売り上げ金額の総額を算出するときなどに使います。

KEYWORD
●累計

　この動作ロジックは、ほかの集約関数を使った場合でも同じです。たとえば、この**SELECT**文の**SUM**を**AVG**に変えてみましょう（List**❽**-5）。

List**❽**-5　AVG関数をウィンドウ関数として使う

```
Oracle   SQL Server   DB2   PostgreSQL
SELECT shohin_id, shohin_mei, hanbai_tanka,
    AVG (hanbai_tanka) OVER (ORDER BY shohin_id) AS current_avg
  FROM Shohin;
```

8-1 ウィンドウ関数 —— 263

実行結果

```
 shohin_id | shohin_mei | hanbai_tanka |     current_avg
-----------+------------+--------------+---------------------
 0001      | Tシャツ     |         1000 | 1000.0000000000000000    ←(1000)/1
 0002      | 穴あけパンチ |          500 |  750.0000000000000000    ←(1000+500)/2
 0003      | カッターシャツ|         4000 | 1833.3333333333333333    ←(1000+500+4000)/3
 0004      | 包丁        |         3000 | 2125.0000000000000000    ←(1000+500+4000+3000)/4
 0005      | 圧力鍋      |         6800 | 3060.0000000000000000    ←(1000+500+4000+3000+6800)/5
 0006      | フォーク     |          500 | 2633.3333333333333333    .
 0007      | おろしがね   |          880 | 2382.8571428571428571    .
 0008      | ボールペン   |          100 | 2097.5000000000000000    .
```

　結果を見ると、**current_avg**の計算方法は、たしかに平均ではありますが、その集計対象になっているのは、「自分よりも上」のレコードだけであることがわかります。このように、「自分のレコード（カレントレコード）」を基準に集計対象を判断する点が、ウィンドウ関数として集約関数を使った場合の大きな特徴です。

KEYWORD
●カレントレコード

移動平均を算出する

　ウィンドウ関数は、テーブルをウィンドウという部分集合にカットして、その中で順序づけを行なうものです。しかし、実はウィンドウの中でさらに集計範囲を細かく指定するオプション機能があります。そのオプションの集計範囲は「フレーム」と呼ばれています。

　構文としては、List❽-6のように**ORDER BY**句の後ろに範囲指定のキーワードを使用します。

KEYWORD
●フレーム

List❽-6　集計対象のレコードを「直近の3行」にする

```
  Oracle    SQL Server    DB2    PostgreSQL
SELECT shohin_id, shohin_mei, hanbai_tanka,
       AVG (hanbai_tanka) OVER (ORDER BY shohin_id
                                  ROWS 2 PRECEDING) AS moving_avg
  FROM Shohin;
```

実行結果（DB2の場合）

```
 shohin_id   shohin_mei    hanbai_tanka    moving_avg
 ----------  -----------   ------------    ------------
 0001        Tシャツ              1000          1000    ←(1000)/1
 0002        穴あけパンチ          500           750    ←(1000+500)/2
 0003        カッターシャツ        4000          1833    ←(1000+500+4000)/3
 0004        包丁                3000          2500    ←(500+4000+3000)/3
 0005        圧力鍋              6800          4600    ←(4000+3000+6800)/3
 0006        フォーク             500          3433
 0007        おろしがね           880          2726
 0008        ボールペン           100           493
```

● フレーム（集計範囲）を指定する

この結果を、先ほどの結果と比較してみると、商品ID「**0004**」の「包丁」以下のレコードで、ウィンドウ関数の計算結果が異なっていることがわかります。フレームを指定した効果で、集計対象のレコードが「直近の3行」に限定されているのです。

ここでは、**ROWS**（「行」）と**PRECEDING**（「前の」）というキーワードを使い、「〜行前まで」というフレーム指定をしています。したがって、「**ROWS 2 PRECEDING**」は「2行前まで」というフレーム指定になり、集計対象のレコードは、

KEYWORD
- ●ROWSキーワード
- ●PRECEDINGキーワード

・自分（カレントレコード）
・自分より1行前のレコード
・自分より2行前のレコード

という「直近の3行」に限定されるわけです（図❽-2）。つまりフレームは、カレントレコードに相対的に決まるため、固定的なウィンドウと違い、カレントとするレコードによって範囲が異なります。

図❽-2　カレントレコードの2行前まで（直近の3行）をフレームとする

ROWS 2 PRECEDING

shohin_id （商品ID）	shohin_mei （商品名）	hanbai_tanka （販売単価）
0001	Tシャツ	1000
0002	穴あけパンチ	500
0003	カッターシャツ	4000
0004	包丁	3000
0005	圧力鍋	6800
0006	フォーク	500
0007	おろしがね	880
0008	ボールペン	100

← フレーム
カレントレコード
（自分＝現在行）

この条件の数値を変えて「**ROWS 5 PRECEDING**」とすれば、「5行前まで」（直近の6行）という意味になります。

このような集計方法を**移動平均**（moving average）と呼びます。その時々で「ここ最近の調子」を把握したい場合に便利なので、株価のトレンドを時系列に追う場合などによく使われます。

また、**PRECEDING**の代わりに**FOLLOWING**（「後の」）というキーワードを使うと、「〜行後まで」というフレーム指定も可能です（図❽-3）。

KEYWORD
- ●移動平均
- ●FOLLOWINGキーワード

図❽-3　カレントレコードの2行後まで（直近の3行）をフレームとする

ROWS 2 FOLLOWING

shohin_id （商品ID）	shohin_mei （商品名）	hanbai_tanka （販売単価）
0001	Tシャツ	1000
0002	穴あけパンチ	500
0003	カッターシャツ	4000
0004	包丁	3000
0005	圧力鍋	6800
0006	フォーク	500
0007	おろしがね	880
0008	ボールペン	100

0004 ← カレントレコード（自分＝現在行）
0005 ← フレーム

● カレントレコードの前後の行を集計対象に含める

　さらに、もしカレントレコードの前後の行を集計対象に含めたいのであれば、List❽-7のように**PRECEDING**（「前の」）と**FOLLOWING**（「後の」）というキーワードを併用することで実現できます。

List❽-7　カレントレコードの前後の行を集計対象に含める

```
Oracle  SQL Server  DB2  PostgreSQL
SELECT shohin_id, shohin_mei, hanbai_tanka,
       AVG (hanbai_tanka) OVER (ORDER BY shohin_id
                                ROWS BETWEEN 1 PRECEDING AND ➡
                                1 FOLLOWING) AS moving_avg
  FROM Shohin;
```

➡は紙面の都合で折り返していることを表わします。

実行結果（DB2の場合）

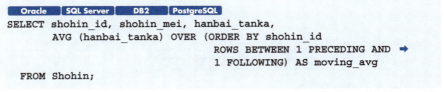

このフレーム指定は、「**1 PRECEDING**」（1行前）と「**1 FOLLOWING**」（1行後）の間を集計対象とする、という意味になります。そうすると具体的には、

・自分より1行前のレコード

・自分（カレントレコード）

・自分より1行後のレコード

という3行が集計対象になる、という仕組みです (図❽-4)。

このフレーム機能まで使いこなせるようになれば、ウィンドウ関数の達人と呼んでさしつかえないでしょう。

図❽-4　カレントレコードと前後の1行までをフレームとする

ROWS BETWEEN 1 PRECEDING AND 1 FOLLOWING

shohin_id （商品ID）	shohin_mei （商品名）	hanbai_tanka （販売単価）
0001	Tシャツ	1000
0002	穴あけパンチ	500
0003	カッターシャツ	4000
0004	包丁	3000
0005	圧力鍋	6800
0006	フォーク	500
0007	おろしがね	880
0008	ボールペン	100

← フレーム
カレントレコード
（自分＝現在行）

2つのORDER BY

最後に、ウィンドウ関数を使ったときの結果の形式に関する注意点を紹介します。それは、レコードの並び順です。というのも、ウィンドウ関数を使うときは、必ず**OVER**句の中で**ORDER BY**を使うので、一見すると、この**ORDER BY**で指定した順序で結果のレコードも並ぶのではないか、という気がします。

しかし、これはただの錯覚です。**OVER**句内の**ORDER BY**は、あくまでウィンドウ関数がどういう順序で計算するかを決めるだけの役割しか持っていないので、結果の並び順には影響しません。ですからたとえば、List❽-8のように、レコードが綺麗にランキング順に並ばない可能性もあります。DBMSによっては、ウィンドウ関数の**ORDER BY**句で指定した順番でソートして結果を表示するものもありますが、それはあくまで独自仕様です。

List❽-8　このSELECT文の結果の並び順は保証されない

| Oracle | SQL Server | DB2 | PostgreSQL |

```
SELECT shohin_mei, shohin_bunrui, hanbai_tanka,
       RANK () OVER (ORDER BY hanbai_tanka) AS ranking
  FROM Shohin;
```

こういうふうに結果が表示されるかもしれない

```
shohin_mei | shohin_bunrui | hanbai_tanka | ranking
------------+---------------+--------------+---------
包丁         | キッチン用品    |         3000 |       6
穴あけパンチ | 事務用品       |          500 |       2
カッターシャツ | 衣服        |         4000 |       7
Tシャツ      | 衣服          |         1000 |       5
圧力鍋       | キッチン用品    |         6800 |       8
フォーク     | キッチン用品    |          500 |       2
おろしがね   | キッチン用品    |          880 |       4
ボールペン   | 事務用品       |          100 |       1
```

　では、レコードをきちんと**ranking**列の昇順に並べるにはどうすれば良いでしょうか。

　答えは簡単。**SELECT**文の最後で、**ORDER　BY**句による指定を行なうことです（List❽-9）。結局のところ、**SELECT**文の結果のレコード順序を保証するには、これ以外の方法はないのです。

List❽-9　文末のORDER　BY句によって結果の並び順が保証される

| Oracle | SQL Server | DB2 | PostgreSQL |

```
SELECT shohin_mei, shohin_bunrui, hanbai_tanka,
       RANK () OVER (ORDER BY hanbai_tanka) AS ranking
  FROM Shohin
 ORDER BY ranking;
```

　ORDER　BYを1つの**SELECT**文の中で2回使っていることに違和感を感じるかもしれませんが、この2つは見た目は同じでも、その機能はまったく違うのです。

鉄則8-5

集約関数をウィンドウ関数として使う場合、カレントレコードを基準に集計対象のレコードが決まる。

268 ──── 第8章　SQLで高度な処理を行なう

第8章　SQLで高度な処理を行なう

8-2 GROUPING演算子

学習のポイント

・**GROUP BY**句と集約関数だけでは、小計・合計を同時に求めることはできませんでした。これを一気に求めてしまう機能が**GROUPING**演算子です。
・**GROUPING**演算子の**CUBE**を理解する鍵は、「積み木で作った立方体」のイメージです。
・**GROUPING**演算子は標準SQLの機能ですが、一部の**DBMS**ではまだ使用することができません。

合計行も一緒に求めたい

　第3章の3-2節で**GROUP BY**句と集約関数の使い方を学んだとき、表❽-1のような結果を**GROUP BY**句で求める方法はないか、と思った方もいるでしょう。

表❽-1　合計行の追加

合計	**16780**	←合計行が存在する
キッチン用品	11180
衣服	5000
事務用品	600

　これは、商品分類ごとに販売単価の合計額を求めた場合の結果ですが、問題は、一番上の「合計」行です。この行は、List❽-10のような**GROUP BY**句の構文では、結果に現われません。

List❽-10　**GROUP BY**句では合計行を求められない

```
SELECT shohin_bunrui, SUM(hanbai_tanka)
  FROM Shohin
 GROUP BY shohin_bunrui;
```

実行結果

```
shohin_bunrui |  sum
--------------+-------
衣服          |  5000
事務用品      |   600
キッチン用品  | 11180
```

GROUP BY句は、集約の軸となるキーを指定する場所ですから、ここで指定されたキーによる分割しか行ないません。そのため、合計行が現われないことは、当然といえば当然のことです。「合計」という行は、集約キーを何も指定しない場合の集約結果ですから、そもそも下の3行とは集約キーからして違うのです。これを一度に求めることは、普通に考えれば無理な話です。

もしそのようなことをしたいならば、合計行と商品分類ごとの集約結果を別個に求め、それを **UNION ALL** (注❽-8) を使って「ドッキング」させる、というのが昔から使われている方法です (List❽-11)。

KEYWORD

●UNION ALL

注❽-8

UNION ALLの代わりに**UNION**を使ってもかまいませんが、2つの**SELECT**文は集約キーが異なる以上、絶対に重複行は発生しないことが保証されるので、**UNION ALL**を使用できます。**UNION ALL**は、**UNION**と違ってソートを行なわないため、**UNION**よりパフォーマンスが良いという利点を持ちます。

List❽-11　合計行と集約結果を個別に求めUNION ALLでくっつける

```
SELECT '合計' AS shohin_bunrui, SUM(hanbai_tanka)
   FROM Shohin
UNION ALL
SELECT shohin_bunrui, SUM(hanbai_tanka)
   FROM Shohin
GROUP BY shohin_bunrui;
```

実行結果

```
shohin_bunrui|  sum
----------------+-------
合計             | 16780
衣服             |  5000
事務用品         |   600
キッチン用品     | 11180
```

このように一応、求める結果は得られますが、ほとんど同じ**SELECT**文を2回実行して、その結果をくっつけるわけですから、見た目も冗長ですし、DBMS内での処理コストも高くつきます。もう少しすっきりスマートにやる方法はないものでしょうか。

ROLLUP —— 合計と小計を一度に求める

こうした現場のSQLユーザからの要望に応えて標準SQLに導入されたのが、本節の主人公である**GROUPING**演算子です。これを使うことで、先ほどのような集約単位の違う集約結果を求めるSQLを簡単に書けます。

GROUPING演算子には、

KEYWORD

●GROUPING演算子

注❽-9

いまのところ**GROUPING**演算子はMySQLではサポートされていません (ただし、MySQLでは**ROLLUP**のみ利用できます)。詳細はコラム「**GROUPING**演算子のサポート状況」を参照してください。

・**ROLLUP**

・**CUBE**

・**GROUPING SETS**

という3種類があります (注❽-9)。

■ROLLUPの使い方

まずは ROLLUP から学習しましょう。これを使えば、先ほどの合計行を一緒に求めるSELECT文も簡単に書けます（List❽-12）。

List❽-12　ROLLUPで合計行と小計を一度に求める

```
[Oracle] [SQL Server] [DB2] [PostgreSQL]
SELECT shohin_bunrui, SUM(hanbai_tanka) AS sum_tanka
  FROM Shohin
 GROUP BY ROLLUP(shohin_bunrui);    ――①
```

> **方言**
>
> List❽-12をMySQLで実行するには、①のGROUP BY句を「GROUP BY shohin_bunrui WITH ROLLUP;」に変更してください。

実行結果（DB2の場合）

```
shohin_bunrui       sum_tanka
---------------     ----------
                        16780
キッチン用品            11180
事務用品                  600
衣服                     5000
```

構文としては、GROUP BY句の集約キーリストに対して、ROLLUP (<列1>, <列2>, ...) のように使用します。この演算子の役割は、一言で言うと、「集約キーの組み合わせが異なる結果を一度に計算する」ということです。たとえばこのケースでは、次のような2つの組み合わせについての集約を一度に計算しているのです。

①GROUP BY ()
②GROUP BY (shohin_bunrui)

①のGROUP BY ()というのは、集約キーなし、つまりGROUP BY句がない場合と同義です（これが全体の合計行のレコードを生みます）。この合計行のレコードを超集合行（supergroup row）と呼びます。いかつい名前ですが、要はGROUP BY句では作られない合計の行のことだ、と理解してください。超集合行のshohin_bunrui列は、キー値が（DBMSにとっては）不明なので、デフォルトではNULLが使用されます。ここに適当な文字列を埋め込む方法は、後で解説します。

KEYWORD
●ROLLUP演算子

KEYWORD
●超集合行

鉄則8-6
超集合行の集約キーは、デフォルトでNULLが使用される。

■集約キーに「登録日」を追加したケース

先ほどの例だけではまだイメージがつかみにくいでしょうから、集約キーにもう1つ、「登録日（**torokubi**）」を追加したケースを見てみましょう。まず、**ROLLUP**なしの場合からです（List❽-13）。

List❽-13　GROUP BYで「登録日」を追加（ROLLUPなし）

```
SELECT shohin_bunrui, torokubi, SUM(hanbai_tanka) AS sum_tanka
  FROM Shohin
 GROUP BY shohin_bunrui, torokubi;
```

実行結果（DB2の場合）

```
shohin_bunrui       torokubi       sum_tanka
---------------     ----------     ----------
キッチン用品         2008-04-28           880
キッチン用品         2009-01-15          6800
キッチン用品         2009-09-20          3500
事務用品             2009-09-11           500
事務用品             2009-11-11           100
衣服                 2009-09-20          1000
衣服                                     4000
```

これに対し、**GROUP BY**句に**ROLLUP**を追加した場合、結果はどう変わるでしょうか（List❽-14）。

List❽-14　GROUP BYで「登録日」を追加（ROLLUPあり）

```
 Oracle   SQL Server   DB2   PostgreSQL
SELECT shohin_bunrui, torokubi, SUM(hanbai_tanka) AS sum_tanka
  FROM Shohin
 GROUP BY ROLLUP(shohin_bunrui, torokubi); ─────①
```

> **方言**
>
> List❽-14をMySQLで実行するには、①の**GROUP BY**句を「**GROUP BY shohin_bunrui, torokubi WITH ROLLUP;**」に変更してください。

実行結果（DB2の場合）

```
shohin_bunrui       torokubi       sum_tanka
---------------     ----------     ----------
                                        16780    ←合計
キッチン用品                            11180    ←小計（キッチン用品）
キッチン用品         2008-04-28           880
キッチン用品         2009-01-15          6800
キッチン用品         2009-09-20          3500
事務用品                                   600    ←小計（事務用品）
事務用品             2009-09-11           500
事務用品             2009-11-11           100
衣服                                      5000    ←小計（衣服）
衣服                 2009-09-20          1000
衣服                                     4000
```

272 ── 第8章　SQLで高度な処理を行なう

　両者の結果を比較してみると、**ROLLUP**つきの一番上の合計行、および、3つの商品分類についての小計行（つまり集約キーとして登録日を使っていないレコード）が追加されています。この4行が超集合行です。つまり、この**SELECT**文の結果は、次の3パターンの集約レベルの異なる結果を**UNION**でつなげた形になっているのです (図❽-5)。

①**GROUP BY ()**
②**GROUP BY (shohin_bunrui)**
③**GROUP BY (shohin_bunrui, torokubi)**

図❽-5　3パターンの集約レベル

shohin_bunrui	torokubi	sum_tanka	
		16780	①ブロック
キッチン用品		11180	
事務用品		600	②ブロック
衣服		5000	
事務用品	2009-09-11	500	
事務用品	2009-11-11	100	
キッチン用品	2008-04-28	880	
キッチン用品	2009-01-15	6800	③ブロック
キッチン用品	2009-09-20	3500	
衣服	2009-09-20	1000	
衣服		4000	

　もしこの結果がイメージしにくくかったら、表❽-2のような集約レベルに応じてインデント（窪み）をつけた形で見ると、よりわかりやすいでしょう。

表❽-2　集約レベルに応じてインデントをつけた集計イメージ

合計		**16780**
キッチン用品	小計	11180
キッチン用品	2008-04-28	880
キッチン用品	2009-01-15	6800
キッチン用品	2009-09-20	3500
事務用品	小計	600
事務用品	2009-09-11	500
事務用品	2009-11-11	100
衣服	小計	5000
衣服	2009-09-20	1000
衣服		4000

ROLLUPとは、「巻き上げる」という意味です。ブラインドやすだれをシュルシュルと巻き上げる際に使う言葉です。最も粒度の細かい集約レベルから、小計→合計と、集約の単位がどんどん大きくなっていく動作をイメージしてつけられた名前です。

鉄則8-7
ROLLUPは合計・小計を一度に求められる便利な道具である。

COLUMN

GROUPING演算子のサポート状況

　本節の**GROUPING**演算子も、8-1節で紹介したウィンドウ関数と同じくOLAP用途のために追加された機能で、やはり比較的新しいものです（標準SQLに追加されたのはSQL:1999）。そのため、まだこれをサポートしていないDBMSが存在します。2016年5月時点では、Oracle、SQL Server、DB2、PostgreSQLの最新版では問題なくサポート済みですがMySQL 5.7は未サポートです。

　GROUPING演算子をサポートしないDBMSで合計や小計も含んだ結果をSQLで得ようとする場合は、本章の最初に紹介したように、複数の**SELECT**文を**UNION ALL**で合体させるという旧来の方法をとるしかありません。

　なお、MySQLの場合は少し事情が複雑で、変則的ですが**ROLLUP**だけは利用することができます。ここで「変則的」という言葉を使ったのは、次のような独自構文を利用する必要があるからです。

```
-- MySQL専用
SELECT shohin_bunrui, torokubi, SUM(hanbai_tanka) AS sum_tanka
  FROM Shohin
 GROUP BY shohin_bunrui, torokubi WITH ROLLUP;
```

　残念なことに、MySQL 5.7では**CUBE**と**GROUPING SETS**は利用できません。今後のバージョンでサポートされることを期待しましょう。

GROUPING関数 ── 偽物のNULLを見分けろ

　気づいた方もいるかもしれませんが、前項の**ROLLUP**の結果（271ページ）では、少し困った事態が起きています。問題は、衣服のグループです。ここには、**torokubi**列が**NULL**のレコードが2行出ています。この**NULL**の原因は、それぞれ異なります。

　sum_tankaが4000円の行は、元の商品テーブルにおいて、カッターシャツの登録日が**NULL**だったので、集約キーとして**NULL**が使われているだけです。これは、これまでも見てきた現象です。

　一方、**sum_tanka**が5000円の行は、間違いなく超集合行の**NULL**です（内訳は

● *274* —————— 第8章　SQLで高度な処理を行なう

1000円＋4000円＝5000円）。しかし、両者は見た目上、どちらも同じ「**NULL**」というマークで表現されています。これは非常にまぎらわしい状況です。

```
shohin_bunrui      torokubi       sum_tanka
---------------    ----------     ----------
衣服                                    5000    ←超集合行なので登録日がNULL
衣服              2009-09-20           1000    ←「カッターシャツ」の登録日が
衣服                                    4000      NULLなだけ
```

KEYWORD

●GROUPING関数

　こうした混乱を防止するため、SQLは超集合行の**NULL**を判別するための特別な関数である**GROUPING**関数を用意しています。この関数は、引数にとった列の値が超集合行のため生じた**NULL**なら**1**を、それ以外の値なら**0**を返します（List**❽**-15）。

List**❽**-15　GROUPING関数でNULLを判別する

| Oracle | SQL Server | DB2 | PostgreSQL |
```
SELECT GROUPING(shohin_bunrui) AS shohin_bunrui,
          GROUPING(torokubi) AS torokubi, SUM(hanbai_tanka) AS sum_tanka
  FROM Shohin
 GROUP BY ROLLUP(shohin_bunrui, torokubi);
```

実行結果（DB2の場合）

```
shohin_bunrui      torokubi       sum_tanka
---------------    ----------     ----------
1                  1                  16780
0                  1                  11180
0                  0                    880
0                  0                   6800
0                  0                   3500
0                  1                    600
0                  0                    500
0                  0                    100
0                  1                   5000    ←超集合行のNULLは1になる
0                  0                   1000
0                  0                   4000    ←オリジナルデータのNULLは
                                                0になる
```

　これで超集合行の**NULL**とオリジナルデータの**NULL**を判別できるわけです。さらに、**GROUPING**関数を使えば、超集合行のキー値に適当な文字列を埋め込むことも可能です。つまり、**GROUPING**関数の戻り値が**1**の場合には「合計」や「小計」といった文字列を指定し、それ以外の戻り値の場合は、普通に列値を使えば良いのです（List**❽**-16）。

List**❽**-16　超集合行のキー値に適当な文字列を埋め込む

| Oracle | SQL Server | DB2 | PostgreSQL |
```
SELECT CASE WHEN GROUPING(shohin_bunrui) = 1
            THEN '商品分類 合計'
            ELSE shohin_bunrui END AS shohin_bunrui,
```

```
              CASE WHEN GROUPING(torokubi) = 1
                   THEN '登録日 合計'
                   ELSE CAST(torokubi AS VARCHAR(16)) END AS torokubi,
       SUM(hanbai_tanka) AS sum_tanka
  FROM Shohin
 GROUP BY ROLLUP(shohin_bunrui, torokubi);
```

実行結果（DB2の場合）

```
shohin_bunrui      torokubi       sum_tanka
-------------      ----------     ---------
商品分類 合計       登録日 合計        16780
キッチン用品        登録日 合計        11180
キッチン用品        2008-04-28          880
キッチン用品        2009-01-15         6800
キッチン用品        2009-09-20         3500
事務用品           登録日 合計          600
事務用品           2009-09-11          500
事務用品           2009-11-11          100    ← 超集合行のNULLは
衣服              登録日 合計         5000    ← 文字列「登録日 合計」に変換
衣服              2009-09-20         1000
衣服                                 4000    ← オリジナルデータのNULLは
                                              そのまま
```

　おそらく、実務において合計や小計つきの集計結果がほしいという場合、こういう形式で求められることが最も多いでしょうが、その場合 **ROLLUP** と **GROUPING** 関数を使えば良いわけです。

　なお、**SELECT** 句の **torokubi** 列について、

```
CAST(torokubi AS VARCHAR(16))
```

というように文字列型に変換を行なっているのは、なぜでしょうか。これは、**CASE** 式の戻り値は、すべての分岐において一致していなければならない、という制約を満たすためのちょっとした措置です。これをしないと、分岐によって日付型と文字列型とバラバラのデータ型の値を返すことになってしまうため、実行時に構文エラーが発生します。

鉄則 8-8

GROUPING 関数を使えば、オリジナルデータの **NULL** と超集合行の **NULL** を簡単に見分けられる。

CUBE ── データで積み木を作る

KEYWORD
● CUBE 演算子

　ROLLUP の次によく使う **GROUPING** 演算子として、<ruby>CUBE<rt>キューブ</rt></ruby> があります。これは「立方体」という意味ですが、この変わった名前も **ROLLUP** と同じく、動作をイメージしてつけられています。どんな動作なのか、サンプルを元に見ていきましょう。

第8章　SQLで高度な処理を行なう

構文はROLLUPと同じなので、ROLLUPの部分をCUBEで置き換えるだけです。List❽-16のSELECT文で、CUBEに置き換えてみましょう（List❽-17）。

List❽-17　CUBEで可能なすべての組み合わせを取得する

```
 Oracle   SQL Server   DB2   PostgreSQL
SELECT CASE WHEN GROUPING(shohin_bunrui) = 1
            THEN '商品分類 合計'
            ELSE shohin_bunrui END AS shohin_bunrui,
       CASE WHEN GROUPING(torokubi) = 1
            THEN '登録日 合計'
            ELSE CAST(torokubi AS VARCHAR(16)) END AS torokubi,
       SUM(hanbai_tanka) AS sum_tanka
  FROM Shohin
 GROUP BY CUBE(shohin_bunrui, torokubi);
```

実行結果（DB2の場合）

shohin_bunrui	torokubi	sum_tanka	
商品分類 合計	登録日 合計	16780	
商品分類 合計	2008-04-28	880	←追加
商品分類 合計	2009-01-15	6800	←追加
商品分類 合計	2009-09-11	500	←追加
商品分類 合計	2009-09-20	4500	←追加
商品分類 合計	2009-11-11	100	←追加
商品分類 合計		4000	←追加
キッチン用品	登録日 合計	11180	
キッチン用品	2008-04-28	880	
キッチン用品	2009-01-15	6800	
キッチン用品	2009-09-20	3500	
事務用品	登録日 合計	600	
事務用品	2009-09-11	500	
事務用品	2009-11-11	100	
衣服	登録日 合計	5000	
衣服	2009-09-20	1000	
衣服		4000	

CUBEはROLLUPの結果に対して、さらに何行かを追加する形になります。追加された行を見るとわかるように、集約キーとして、torokubiだけを使ったケースが追加されているわけです。

①GROUP BY ()
②GROUP BY (shohin_bunrui)
③GROUP BY (torokubi)　←追加された組み合わせ
④GROUP BY (shohin_bunrui, torokubi)

いわばCUBEとは、GROUP BY句に与えられた集約キーの「すべての可能な組み合わせ」をごった煮のように1つの結果に含めてしまう機能です。そのため、組み合わせ

> **注⑧-10**
> ROLLUPの場合、組み合わせの数はn+1です。組み合わせの数が増えると、結果の行数も増えていくので、CUBEを使うときはよく注意しないと、集約したはずなのに大量の結果が返ってきてびっくりすることがあります。ちなみに、ROLLUPの結果は必ずCUBEの結果に部分集合として含まれます。

の数は、2^n（nはキーの数）になります。今回はキーが2つなので、「$2^2 = 4$」。もう1つ追加して3つの場合は、「$2^3 = 8$」になります（注⑧-10）。

さて、ここまで読んだだけでは、まだ**CUBE**という演算子のどこが立方体なのか、いぶかしく思う方も多いでしょう。

立方体とは、周知のように縦、横、奥行きという3つの軸からなる三次元の立体です。**CUBE**では、1つの集約キーをこの軸に見立てることで、データを積み木のように積み上げるイメージができあがります（図⑧-6）。

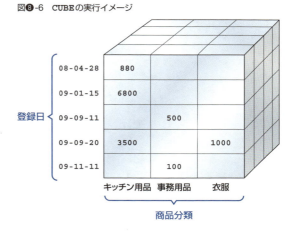

図⑧-6 CUBEの実行イメージ

今回のサンプルだと、商品分類（**shohin_bunrui**）と登録日（**torokubi**）の2軸しかないので、むしろsquare（正方形）という言葉のほうがぴったり来ますが、正方形は1軸足りない立方体と考えてください。また、**CUBE**で4軸以上を指定することも、もちろん可能ですが、その場合は4次元以上の世界に突入するため、もはや図形的なイメージでは表示できなくなります。

> **鉄則8-9**
> CUBEは集約キーで切り分けたブロックを積み上げて立方体を作るイメージで理解する。

GROUPING SETS——ほしい積み木だけ取得する

KEYWORD
●GROUPING SETS演算子

最後に紹介する**GROUPING**演算子は、**GROUPING SETS**（グルーピング セッツ）です。これは、**ROLLUP**や**CUBE**で求めた結果の、一部のレコードだけを求めれば良い場合に使います。

たとえば、先ほどの**CUBE**の結果は、集約キーのすべての可能な組み合わせについて求めていました。この中から「商品分類」と「登録日」それぞれを単独で集約キーとした場合に限定したい——裏を返せば「合計レコードと集約キーとして2つのキーを使ったレコードは不要」というケースで**GROUPING SETS**を利用できます（List⑧-18）。

List⑧-18 GROUPING SETSで部分的な組み合わせを取得する

`Oracle` `SQL Server` `DB2` `PostgreSQL`
```
SELECT CASE WHEN GROUPING(shohin_bunrui) = 1
            THEN '商品分類 合計'
            ELSE shohin_bunrui END AS shohin_bunrui,
```

第8章　SQLで高度な処理を行なう

```
        CASE WHEN GROUPING(torokubi) = 1
             THEN '登録日 合計'
             ELSE CAST(torokubi AS VARCHAR(16)) END AS torokubi,
        SUM(hanbai_tanka) AS sum_tanka
  FROM Shohin
 GROUP BY GROUPING SETS (shohin_bunrui, torokubi);
```

実行結果（DB2の場合）

```
shohin_bunrui          torokubi        sum_tanka
---------------       ----------      ----------
商品分類 合計          2008-04-28            880
商品分類 合計          2009-01-15           6800
商品分類 合計          2009-09-11            500
商品分類 合計          2009-09-20           4500
商品分類 合計          2009-11-11            100
商品分類 合計                               4000
キッチン用品          登録日 合計          11180
事務用品              登録日 合計            600
衣服                  登録日 合計           5000
```

　この結果には、もう全体の合計行（**16780**円）は存在しません。このように、**ROLLUP**や**CUBE**が規則的な（業務的な言い方をすれば「定型的」な）結果を得るのに対し、**GROUPING SETS**はその中から条件を個別指定して抜き出す、非定型的な結果を得る場合に使うわけです。もっとも、この変則的な結果が望ましいケースは少ないため、**ROLLUP**や**CUBE**に比べて**GROUPING SETS**を使う機会は少ないでしょう。

練習問題

8.1 本文で利用した**Shohin**（商品）テーブルに対して、次の**SELECT**文を実行します。結果がどうなるか、予想してください。

```
SELECT shohin_id, shohin_mei, hanbai_tanka,
       MAX (hanbai_tanka) OVER (ORDER BY shohin_id) AS ➡
current_max_tanka
  FROM Shohin;
```

➡は紙面の都合で折り返していることを表わします。

8.2 引き続き、**Shohin**テーブルを利用します。レコードを登録日（**toroku bi**）の昇順に並べた場合の、各日付時点の販売単価（**hanbai_tanka**）の合計金額を求めてください。ただし、登録日が**NULL**の「カッターシャツ」のレコードが一番最初に来るように（つまり、ほかのすべての日付よりも昔になるように）レコードを並べてください。

第9章 アプリケーションから データベースへ接続する

データベースの世界とアプリケーションの世界をつなぐ
Javaの基礎知識
JavaからPostgreSQLへ接続する

SQL

この章のテーマ

　前章までで、SQLを使ったデータの操作の基礎について一通り学び終えました。本章では、ちょっと視点を変えて、プログラムからSQLを発行してデータを操作する方法の基礎を学んでいきます。

　本章ではデータベースと接続するプログラムを作成する言語として、Javaを使用します。現在、Javaはアプリケーションのプログラムを作る言語として非常にポピュラーなものです。Javaで作成したプログラムを実行するための環境として、JDK（Java Development Kit）という開発用ツールを皆さんのPCにインストールする必要があります。このJDKは日本オラクル社のサイトからダウンロードできます。ダウンロードとインストールの手順については、以下のURLからダウンロードできるPDF（JDKダウンロード&インストールガイド）に記載していますので、そちらを参照してください。

http://www.shoeisha.co.jp/book/download/9784798144450

　また、本章では、第0章（3ページ）の手順でPostgreSQLのインストールが完了していることを想定しています。そのため、まだPostgreSQLのインストールが済んでいない方は、イントロダクションの手順に従って事前にPostgreSQLをインストールしておいてください。

9-1 データベースの世界とアプリケーションの世界をつなぐ —— *281*

9-1

第9章 アプリケーションからデータベースへ接続する

データベースの世界とアプリケーションの世界をつなぐ

学習のポイント

・実際のシステムでは、プログラムからSQLをデータベースに発行するという形をとります。

・その際に、プログラムの世界とデータベースの世界の間で橋渡しの役割を果たすのが「ドライバ」という小さな部品で、これがないとプログラムからデータベースに接続することができません。

・ドライバにはデータベースやプログラミング言語の組み合わせによって多くの種類があり、注意しないと、組み合わせられないケースもあります。

データベースとアプリケーションの関係

　皆さんが個人でWebサイトを構築するにせよ、仕事としてシステムを作るにせよ、データベースだけでシステムを完成させることはできません。データベースは、データを保存しておく重要な機能を持っているので、どんなシステムを作るにせよ必ず使われます。かといって、データベースだけでシステムに必要なすべての機能をカバーできるわけではありません。画面上でカッコいいアニメーションを動かしたり、検索結果のデータ内容に応じてユーザへの見せ方を変えたりといった複雑な処理（ビジネスロジックと呼びます）は、データベースとSQLだけで作れるものではありません。

　そこで、システム構築においては必ず、何らかのプログラムがデータベースとセットで使われます。そのプログラムは、いろいろなプログラミング言語で書かれます。現在代表的なものとしては、Java、C#、Python、Perlなどがあります。C言語やCOBOLといった昔ながらの言語も、まだまだ現役で使われています。こうした言語で作られたプログラムを「アプリケーションプログラム」、略して「アプリケーション」や「アプリ」と呼びます。おそらく皆さんのPCやスマートフォンにも多くのアプリケーションがインストールされていることでしょう（注❾-1）。

　システムとは大ざっぱに言うと、図❾-1のような、アプリケーションとデータベースの組み合わせによって作られるものです。

KEYWORD

●アプリケーションプログラム（アプリケーション、アプリ）

注❾-1
iPhone/iPadのアプリケーションをダウンロードするサービスを「アップストア（AppStore）」と言いますが、この「アップ」はきっと社名の「アップル（Apple）」と「アプリケーション（Application）」をかけたネーミングでしょう。

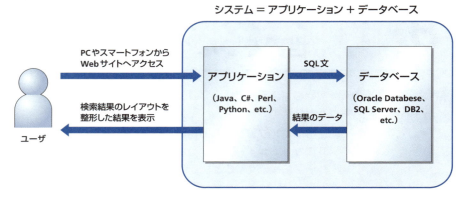

図⑨-1　システムとはアプリケーションとデータベースの組み合わせ

　もちろん、これは非常に単純化したモデルであって、実際にはシステムを構成するコンポーネントはほかにもたくさんあります（たとえば、外部からの攻撃を遮断するファイアウォールや、Webブラウザからのリクエストを受け付けるためのWebサーバなど）。しかし、とにかくシステムにおいて主要な構成要素として、アプリケーションとデータベースの2つが存在するのだ、ということを理解してもらえれば十分です。

ドライバ──2つの世界の橋渡し

　さて、アプリケーションとデータベースをセットで使おうとすると、1つ大きな問題になることがあります。アプリケーションは多種多様な言語で作られるのでその構文も機能も不統一ですし、データベースの側も、DBMSによって機能やSQL構文がかなり異なります（第1章で見たように、代表的なDBMSだけでも5種類あります）。そのため、アプリケーションとデータベースの間でSQL文や結果データを受け渡す方法も、バラバラになってしまう危険があるのです。そうすると、プログラミング言語やDBMSを変えただけで、ゼロからアプリケーションやSQL文を書き直すはめになるかもしれません。これは避けたい事態です。

　この問題を解決するために導入されたのが、2つの世界の間に「ドライバ（driver）」というプログラムを介在させる方法です（注⑨-2）。ドライバは、アプリケーションとデータベースの接続に特化した機能を受け持つ非常に小さなプログラムです（サイズで言うとだいたい数百KB程度）。このドライバを間にはさむことで、アプリケーションはアプリケーションの世界に特化、データベースはデータベースの世界に特化させて、どちらかのバージョンアップや製品変更が行なわれても、ドライバの接続部分だけのちょっとした修正で済むようになったのです。

　いわばドライバは、アプリケーションとデータベースの2つの世界の間にかかる橋のようなものです（図⑨-2）。

KEYWORD
●ドライバ

注⑨-2
「ドライバ」と聞くと、一般には工具のねじ回しが思い浮かびます。英語でも両者はまったく同じ単語です。実際、工具のドライバも2つの部品を結合するという機能を持っており、これも広い意味での橋渡しといえます。コンピュータの世界では、プリンタ、キーボード、マウスなどの周辺機器をPCに接続するためのプログラムも「ドライバ」と呼びますが、これも「異なる機器の接続」という似通った役割を持っています。

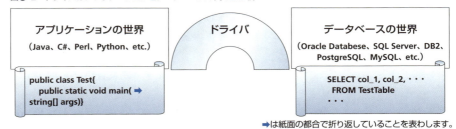

図❾-2 ドライバはアプリケーションとデータベースの間のかけ橋

➡は紙面の都合で折り返していることを表わします。

ドライバの種類

ドライバも小さいとはいえプログラムなので、何らかのプログラミング言語で書かれています。しかし、わざわざ自分で作る必要はなく、ほとんどの場合はDBMSの提供元などから提供されています。注意が必要なのは、DBMSやプログラミング言語が異なると、使用するドライバも異なるものが必要になる点です。細かい話をすると、使用するDBMSが32ビットか64ビットかという点でも異なります（PostgreSQLのJDBCドライバは、その違いを吸収してくれるので、PostgreSQLをサンプルデータベースに使用する今回は意識しなくてよいのですが）。正しいドライバを使わないと、SQL文を発行できないどころか、データベースに接続することすらできないので注意が必要です。

現在広く使われているドライバの規格としては、ODBC（Open DataBase Connectivity）とJDBCがあります。ODBCは1992年にマイクロソフト社が発表したDBMSへの接続方法の規格で、その後、業界標準になりました。JDBCは、これを参考にJavaアプリケーションからの接続方法をまとめた規格です。本書でも、PostgreSQL用のJDBCドライバを使用してJavaアプリケーションからの接続を行ないます。

PostgreSQLのJDBCドライバは、以下のサイトからダウンロードできます。PostgreSQLのバージョンによって使用するドライバが異なるため、適切なものを選択する必要があります。

KEYWORD
● ODBC
● JDBC

▶PostgreSQL JDBC Driver
https://jdbc.postgresql.org/download.html

本書では、Java Version 8を実行環境としているので、これに対応した最新版である「9.4.1208 JDBC 42」のリンク先をクリックしてドライバをダウンロードします（注❾-3）。すると、次のようなファイルが保存されます。

注❾-3
JDBCもどんどん新しいバージョンに更新されていくので、その時点の最新版をダウンロードするようにしてください。

```
postgresql-9.4.1208.jar
```

これがドライバのプログラムです。なお、このファイル名はバージョンによって変わっていきます。「**.jar**」という見慣れない拡張子がついていますが、これはJavaの実行プログラムであることを示す拡張子です（後で説明するクラスファイルの集合体です）。

このファイルは、PC上のどのフォルダに置いてもよいですが、今後の作業のやりやすさを考えると、アルファベットのみで構成された短い名前のフォルダが便利なので、第0章のPostgreSQLインストール時に作成された「**C:¥PostgreSQL**」フォルダ配下に「**jdbc**」フォルダを作成して配置しましょう（図❾-3）。なお、これらフォルダ名にはすべて「半角英数字」を使ってください。全角文字を使うと正しく動作しません。

C:¥PostgreSQL¥jdbc

図❾-3　ドライバのファイルをPCのフォルダに配置

さて、これでプログラムからデータベースへ接続するための準備が整いました。では、実際にJavaを使ってPostgreSQLへ接続してみましょう。そのためには、まずJavaの基本的なプログラムの作り方と動かし方について知っておく必要があります。

9-2　Javaの基礎知識 —— **285**

第9章　アプリケーションからデータベースへ接続する

9-2 Javaの基礎知識

学習のポイント
・Javaのプログラムを実行する際は、ソースコードを記述した後に必ずコンパイルを行なう必要があります。
・SQLと違い、Javaのソースコードでは、予約語の大文字と小文字に区別があります。

　本章で使用するプログラミング言語はJavaです。本書はJavaの入門書ではないので、その文法や構文について深くは立ち入りませんが、データベースに接続するために小さなプログラムを作成することになるので、その際に必要な予備知識を少しだけ解説しておきます。すでに皆さんがJavaについてある程度の知識を持っているのであれば、本節は読み飛ばしてもらってもかまいません。

何はともあれHello, World

KEYWORD
●コーディング
プログラムのソースコードを書くこと。

　まず、簡単なサンプルプログラムをJavaでコーディングして、実行してみましょう。まだデータベースへの接続は行ないません。プログラムの内容は、「短い文字列を画面に表示する」という、これ以上ないシンプルなものです。出力する文字列は「**Hello, World**」です。直訳すると「こんにちは、世界」。特に深い意味はない文字列ですが、プログラミングの世界では何十年も前から、「最初に作るプログラムで出力する文字列はこれ！」という伝統があります。

ソースコードを書き、ソースファイルとして保存する

KEYWORD
●ソースコード
アプリケーションプログラムの元になる文字列。つまり、書いたプログラムのことです。単に「ソース」とも言います。

　やることが単純なので、Javaのソースコードも非常に簡単なものです。

List **9**-1　短い文字列を画面に表示するJavaプログラム

```java
public class Hello{
    public static void main(String[] args){
        System.out.print("Hello, World");
    }
}
```

　まず、上のサンプルコードを、メモ帳などのテキストエディタで「**Hello.java**」という名前をつけて、

```
C:¥PostgreSQL¥java¥src
```

というフォルダに保存してください。「src」は「ソース（source）」の略称で、よくソースコードを格納するフォルダ名として使われます。フォルダの場所は、実際はどこでもよいですが、わかりやすいように**PostgreSQL**フォルダにまとめておきましょう（図❾-4）。

図❾-4　ソースコードのファイルをフォルダに配置

注❾-4
正確には「メソッド」と呼びますが、いまは関数とメソッドの違いを意識する必要はありません。

注❾-5
詳しく知りたい方は別途Javaの入門書を参照してください。おすすめのJava入門書としては、以下のようなものがあります。

・三谷 純『プログラミング学習シリーズ　Java』1・2（翔泳社）
・中山 清喬、国本 大悟『スッキリわかるJava入門　第2版』（インプレス）
・結城 浩『Java言語プログラミングレッスン　第3版』上下巻（SBクリエイティブ）

KEYWORD
●コンパイル

さて、ソースコード3行目の**"Hello, World"**というのが、表示したい文字列です。この文字列をほかのものに変えれば、違う文字列を表示することもできます。SQLでは文字列はシングルクォート（'）で囲みましたが、Javaではダブルクォート（"）で囲む点が違うので注意してください（28ページ「鉄則1-7」参照）。同じく3行目の**System.out.print**というのが、画面に文字列を表示するための関数のようなものです（注❾-4）。

それ以外にも「**public class Hello**」とか、「**public static void main(String[] args)**」とか、呪文のような文字列が並んでいますが、これらもいまは気にする必要はありません（注❾-5）。このソースコードの主要部分は、3行目です。この行が「画面に文字列を表示しろ」という命令になっているのです。

コンパイルとプログラムの実行

さて、ファイルをフォルダに保存したら、Javaのソースコードは完成ですが、まだこれだけではプログラムを実行できません。ここから、「コンパイル（compile）」という作業を行なう必要があります。もともとは「編集する」という意味の言葉ですが、プログラミングの世界では、「人間が書いたソースコードから、マシンが実行できるコード

へ変換する」という意味で使います。

　SQLを使っていたときはコンパイルという作業を意識することはありませんでしたが、これは実は、SQL文を実行するたびに、データベースが裏で似たような作業を勝手にやってくれていたからです。JavaやC言語などのプログラミング言語では、コンパイルを人間が明示的に行なう必要があります (注❾-6)。

　コンパイルを行なうには、インストールしたJDKに含まれているプログラム「`javac.exe`」を使います。語尾の「`c`」はcompileの略です。これは、「`C:¥PostgreSQL¥java¥jdk¥bin`」フォルダに含まれているので、確認してみてください (図❾-5)。

> **注❾-6**
> 実行前に明示的なコンパイルを必要としないPythonやPHPといったプログラミング言語もあります。これらの言語の動作イメージも、実行時にコンパイルも（暗黙に）行なう形になります。

図❾-5　コンパイル用プログラム javac.exe

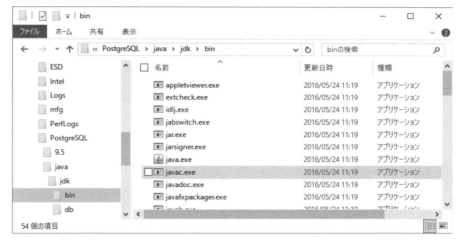

　`javac.exe`を使うには、コマンドプロンプトから実行する必要があります。コマンドプロンプトを起動するには、PCデスクトップ画面左下の「Windows」アイコン■にマウスカーソルをあわせて右クリックするとメニュー一覧が表示されるので、その中から［コマンドプロンプト（管理者）(A)］をクリックします (注❾-7)。コマンドプロンプトを起動すると、図❾-6のウィンドウが現われます。

> **注❾-7**
> Windows 8/8.1では、以下の手順でコマンドプロンプトを表示します。
> 1. PCスタート画面でキーボードの［Windows］キー■を押しながら［X］キーを押す。
> 2. 画面左下にメニュー一覧が表示されるので、［コマンドプロンプト（管理者）］をクリック。

図❾-6　コマンドプロンプトのウィンドウ

288 —— 第9章 アプリケーションからデータベースへ接続する

注⑨-8

cdは「change directory」の略から名前のついたコマンドです。directory（ディレクトリ）はフォルダと同じ意味で、UNIX/Linux系のOSでよく使われる用語です。

まずは、ソースファイルのフォルダまで移動するため、次のコマンドを入力します（注⑨-8）。入力したら、リターンキー（[Enter]）を押します。

cdコマンド（指定フォルダへ移動）

```
cd C:¥PostgreSQL¥java¥src
```

　コマンド実行に成功すると、特にメッセージは出ません（図⑨-7）。失敗したときにはメッセージが表示されるので、コマンドやフォルダの文字列が正しいか確認してください。なお、**cd**の後ろのスペースは必ず半角スペースを使用してください。今後も、コマンドプロンプトで使用する文字はすべて半角文字です。全角文字を使うとエラーの原因になるので使わないようにしてください。

図⑨-7 「cd C:¥PostgreSQL¥java¥src」の実行結果

javacコマンドでコンパイルしてクラスファイルを作成する

注⑨-9

「C:¥PostgreSQL¥java¥jdk¥bin¥javac」のように、フォルダ名まで全部入力するのが面倒くさいと思うかもしれません。実はこのフォルダ部分を省略して「javac」とだけ入力できるように設定することも可能です（環境変数**PATH**の設定を行ないます）。詳しく知りたい方は、注⑨-5に挙げた入門書などを参照してください。

　さて、フォルダを移動したら、コマンドプロンプトに、次の文字列を入力し、リターンキー（[Enter]）を押します（注⑨-9）。

javacコマンド（コンパイル）

```
C:¥PostgreSQL¥java¥jdk¥bin¥javac Hello.java
```

　しばらく待っていると、コンパイルが終了します。このとき、コンパイルが成功すると、コマンドプロンプトのウィンドウには何もメッセージは表示されません（図⑨-8）。メッセージが表示されるのは、何らかのエラーが発生してコンパイルが失敗した場合だけです。

図⑨-8 「C:¥PostgreSQL¥java¥jdk¥bin¥javac Hello.java」の実行結果

鉄則9-1

Javaのプログラムを実行するときは、ソースコードを記述したら必ずコンパイルの実行が必要。

コンパイルが成功すると、ソースファイルのフォルダに、「`Hello.class`」という新しいファイルが作成されます (図❾-9)。これが、実行可能な形式になったファイルで、「クラスファイル」と呼びます。

図❾-9　コンパイルが成功するとクラスファイルが作成される

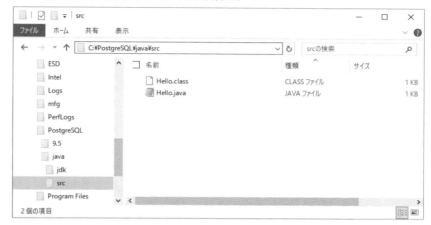

javaコマンドで実行

この状態になると、プログラムを実行できます。プログラムを実行するには、「`C:¥PostgreSQL¥java¥jdk¥bin`」フォルダに含まれている「`java.exe`」を使います。コマンドプロンプトから次のような文字列を入力し、リターンキー（[Enter]）を押します。「`Hello`」はクラスの名前で、ファイル名の拡張子より前の文字列と同じです。

javaコマンド（実行）

```
C:¥PostgreSQL¥java¥jdk¥bin¥java Hello
```

コマンドプロンプトに「`Hello, World`」と表示されれば成功です (図❾-10)。

図❾-10　「`C:¥PostgreSQL¥java¥jdk¥bin¥java Hello`」の実行結果

```
C:¥PostgreSQL¥java¥src>C:¥PostgreSQL¥java¥jdk¥bin¥java Hello
Hello, World
C:¥PostgreSQL¥java¥src>
```

このように、Javaでプログラミングを行なう際は必ず、

1. ソースコードを書き、ソースファイルとして保存

↓

2. `javac`コマンドでコンパイルしてクラスファイルを作成

3. `java`コマンドで実行

という3段階を踏む必要がありますので、よく覚えておきましょう。

よくあるエラー

Javaのコーディングと実行時に、初心者がよくはまりがちなエラーを紹介しておきましょう。

大文字と小文字を間違える

SQLでは、予約語に関して大文字と小文字に機能的な区別はありませんでした。「**SLECT 1;**」と書いても「**select 1;**」と書いても、どちらも正しく実行されます。しかし、Javaにおいては大文字と小文字が区別されます。

たとえば、画面に文字列を表示するために使った関数「**System.out.print**」を、List❾-2のように全部小文字で書いたとしましょう。

List❾-2　［エラー例］大文字と小文字を間違える

```
public class Hello{
    public static void main(String[] args){
        system.out.print("Hello, World");
    }
}
```

このソースファイルを`javac`コマンドでコンパイルしようとすると、次のようなエラーが表示されます。

実行結果

```
Hello.java:3: エラー： パッケージsystemは存在しません
        system.out.print("Hello, World");
```

これはつまり、「**Hello.java**」ファイルの3行目に間違いがあるという内容です。「**System**」を「**system**」と小文字で書いてしまったので怒られたのです。

　鉄則9-2

Javaのソースコードでは予約語に大文字と小文字の区別がある。これはデータベースとの違いの1つ。

全角スペースを使う

先にも述べたように、ソースコードに全角文字を使ってはいけません。これはSQLと同じルールです。さすがに英数字を全角で書く人はいないと思いますが、時々やってしまうのが、半角スペースの部分を全角スペースで書いてしまうことです。

たとえば、List❾-3のように2行目の先頭のスペースを全角にしてみましょう。

List❾-3　［エラー例］全角スペースを使う

```
public class Hello{
    public static void main(String[] args){
        system.out.print("Hello, World");
    }
}
```
　　見えないが、ここが全角空白になっている

このソースファイルを`javac`コマンドでコンパイルしようとすると、次のようなエラーが表示されます。

実行結果

```
Hello.java:2: エラー : '¥u3000'は不正な文字です
    public static void main(String[] args){
^
```

これはつまり、「`Hello.java`」ファイルの2行目に間違いがあるという内容です。「`¥u3000`」というのは全角スペースを表わす文字コードで、要するに「使ってはいけない文字を使うな」と怒られたのです。全角スペースも半角スペースも、テキストエディタ上では見分けがつかないので、初心者がはまりやすい間違いです。

鉄則9-3
Javaのソースコードで全角文字／全角スペースの出番はない（コメントは除く）。

ソースファイルの名前とクラス名を不一致にしてしまう

たとえば、先ほど作ったソースファイル「`Hello.java`」を「`Test.java`」に名前を変えてコンパイルしてみましょう。コマンドは次のようになります。

コンパイル

```
C:¥PostgreSQL¥java¥jdk¥bin¥javac Test.java
```

しかし、次のようなエラーが表示されます。

実行結果

```
Test.java:1: エラー: クラスHelloはpublicであり、ファイルHello.javaで宣言する➡
必要があります
public class Hello{
```

➡は紙面の都合で折り返していることを表わします。

　これは、ソースファイル内で名付けたクラス名「**Hello**」と、ファイル名の「**Test**」が不一致という理由で怒られています。ファイル名とソースコード1行目のクラス名は同じにする必要があります。この場合も、大文字・小文字まで合わせて一致させる必要があることに注意してください。

コマンド名やファイル名を間違える

　コンパイルや実行のときに、コマンド名やファイル名を間違って打ち込んでしまうと、当然ながらエラーになります。特に、**javac**や**java**コマンドのフォルダ名を間違えないようにしましょう。

　たとえば、次のように「**bin**」フォルダを「**vin**」と間違って入力して実行するとエラーになります。

実行（フォルダ名の間違い）

```
C:¥PostgreSQL¥java¥jdk¥vin¥java Hello
```

実行結果

```
指定されたパスが見つかりません。
```

　「指定されたフォルダが見つからない」と怒られているわけです（パスは経路（path）のことです）。

　あるいはクラス名「**Hello**」を「**Hallo**」と間違えてもエラーになります。

実行（クラス名の間違い）

```
C:¥PostgreSQL¥java¥jdk¥bin¥java Hallo
```

実行結果

```
エラー: メイン・クラスHalloが見つからなかったかロードできませんでした
```

　こちらも「指定されたクラスが見つからない」と怒られています。

　本当は、こうした入力間違いを減らすためにフォルダ名の指定を省略する設定を行なう方法もありますが、本書では何度も実行することはないので、その設定については省略します。コピー&ペーストを使えば、毎回入力する必要はないので、苦にならないでしょう。

COLUMN

コマンドプロンプトへのペースト方法

　Windows 10では、コマンドプロンプトの画面で［Ctrl］ショートカットキーが使えるようになりました。そのため、テキストファイルの文字列を［Ctrl］＋［C］キーでコピーし、コマンドプロンプトの画面上へ［Ctrl］＋［V］キーでペーストできます（注❾-10）。

　この方法を覚えておけば、長い文字列を入力する必要もなく便利です。

Windows 8/8.1以前の場合

　コピーした文字列をコマンドプロンプトの画面にペーストするには、コマンドプロンプトのタイトルバーを右クリックすると出てくるメニューから、［編集(E)］→［貼り付け(P)］を選択する必要があります（図A）。

図A　コマンドプロンプトへの文字列のペースト

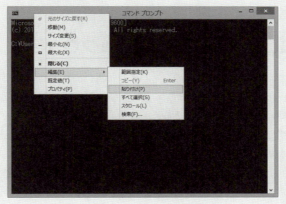

　コマンドプロンプトからコピーする場合も、同じく［編集(E)］→［範囲指定(K)］でコピーしたい範囲をマウスでドラッグして指定してから、［編集(E)］→［コピー(P)］を選択することで行ないます。

　Windowsでコマンドプロンプトを触る機会の多い人は、これらの操作を覚えておくと長いコマンド名を何回も入力する必要がなくて便利です。

注❾-10
Windows 10のコマンドプロンプトで［Ctrl］＋［V］キーが使えない場合は、次の手順で［Ctrlキーショートカットを有効にする］オプションをオンにしてください。

1. コマンドプロンプトのウィンドウを右クリックしてメニューから［プロパティ］を選択し、コマンドプロンプトのプロパティ画面を表示する。
2. プロパティ画面の「オプション」タブにある編集オプションで［Ctrlキーショートカットを有効にする］を選択する。

294 ——— 第9章 アプリケーションからデータベースへ接続する

第9章　アプリケーションからデータベースへ接続する

9-3 JavaからPostgreSQLへ接続する

学習のポイント

・Javaプログラムからは、ドライバを経由してさまざまなSQL文を実行することができます。

・データベースからJavaプログラムに**SELECT**文の結果が渡された後は、1行ずつループでアクセスする必要があります。これが、複数行を一度に操作するデータベースの世界と、一度に1行しか操作しないプログラムの世界の違いです。

SQL文を実行するJavaプログラム

　さて、Javaプログラムのコンパイルと実行方法がわかったところで、次に本当にやりたかったことをやってみましょう。すなわち、データベースへの接続とテーブルに保存されているデータの操作です。

　まずは、非常に簡単な**SELECT**文「**SELECT 1 AS col_1**」を実行して、その結果を画面に表示するプログラムを作ってみましょう。このSQL文は、定数1を1行1列の結果として取得するシンプルな**SELECT**文です。**FROM**句以降の句がありませんが、定数だけ選択する場合は**SELECT**句だけでSQLを書くことができます（注❾-11）。

　これを実行するJavaのソースコードは、次のようになります。

注❾-11
2-2節のコラム「**FROM**句は本当に必要?」（59ページ）も参照。

List❾-4　SQL文を実行するJavaプログラム

```java
import java.sql.*;

public class DBConnect1 {
  public static void main(String[] args) throws Exception {
    /* 1) PostgreSQLへの接続情報 */
    Connection con;
    Statement st;
    ResultSet rs;

    String url = "jdbc:postgresql://localhost:5432/postgres";
    String user = "postgres";
    String password = "test";

    /* 2) JDBCドライバの定義 */
    Class.forName("org.postgresql.Driver");
```

①
②

```
/* 3) PostgreSQLへの接続 */
con = DriverManager.getConnection(url, user, password);  ────③
st = con.createStatement();  ──────────────────────────

/* 4) SELECT文の実行 */
rs = st.executeQuery("SELECT 1 AS col_1");  ──────────④

/* 5) 結果の画面表示 */
rs.next();  ──────────────────────────────────────────⑤
System.out.print(rs.getInt("col_1"));  ───────────────

/* 6) PostgreSQLとの接続を切断 */
rs.close();  ─────────────────────────────────────────
st.close();  ─────────────────────────────────────────⑥
con.close();  ────────────────────────────────────────

    }
}
```

　やることが増えたので、少しソースコードも長くなりました。1つずつ解説していきましょう。なお、SQL文と同じで**/* */**という形式でコメントを書くことができます。コメントの範囲内では日本語を含む全角文字を使用することができます（もちろん実行結果には何の影響も与えません）。

どうやってJavaはデータベースからデータをとってくるのか

　まず1行目の「**import java.sql.*;**」ですが、これはデータベースに接続してSQL文を実行するために必要なJavaの機能を使うことを宣言しています。これがないと、次に説明する**Connection**や**Statement**といったクラスを使用することができません。

　次に、①のセクションですが、ここではデータベースに接続するために必要な情報（データベースのユーザ名やパスワード）と、必要なオブジェクトを宣言しています。以下の3つのオブジェクトは、Javaからデータベースへ接続するときは必ず使うので、これらをセットで使用するのだと覚えてもらってかまいません。ほかの言語でも、名前は違えど似た役割を持ったオブジェクトを使います。

Connection　：コネクション。データベースとの接続を担当する。
Statement　：ステートメント。実行したいSQL文の格納と実行を担当する。
ResultSet　：リザルトセット。SQL文の実行結果を格納する。

　また、**url**、**user**、**password**という3つの文字列を定義しています。**user**と

passwordは、データベースに接続するときのユーザ名とパスワードなのでイメージがわきやすいですが、**url**が少しわかりにくいかもしれません。これは、いわば接続先のデータベースの「住所」を示したものです。WebサイトのURL表記に似た形で、区切り文字にスラッシュ（**/**）を使って記述します。

左から順に説明すると、「**jdbc:postgresql://**」は、接続プロトコルを示しています。「PostgreSQLにJDBCを使って接続する」という意味で、Webサイトの「**http://**」みたいなものです。

次の「**localhost**」は、PostgreSQLが動作しているマシンを指定しています。いまはローカルのPCを使用している前提なので、それを示す「**localhost**」という文字列を指定しています。これをIPアドレスで「**127.0.0.1**」と書いても同じ意味になります。実際のシステム開発では、Javaアプリケーションが動くマシンとデータベースが動くマシンは別々であることが普通です。その場合は、ここをデータベースのマシンのIPアドレスやホスト名で書き換えます。

次の「**5432**」は、PostgreSQLのポート番号を示します。ポート番号というのは、1つのマシンの中で動くプログラムの番地みたいなものです。IPアドレスやホスト名がマンションの名前だとすれば、ポート番号は部屋番号みたいなものです。PostgreSQLのインストール時にデフォルトから変更していなければ「**5432**」でOKです。

最後の「**postgres**」は、PostgreSQL内部のデータベースの名前です。実はPostgreSQL内部には複数のデータベースを作ることができますが、インストール直後には「**postgres**」というデータベースが1つだけ存在しているので、これに接続します。

続いて、②のセクションはJDBCドライバの定義です。これは、接続の際にどのようなドライバを使用するのかを示しています。「**org.postgresql.Driver**」というのが、PostgreSQLのJDBCドライバのクラス名です。もしほかのドライバを使ったり、ほかのDBMSを使用する場合は、それにあわせてこの文字列も変更する必要があります。

③のセクションで実際にURL、ユーザ名、パスワードを使用してPostgreSQLに接続し、④のセクションで**SELECT**文を実行し、⑤のセクションで結果を画面に表示という流れになります。プログラムの実行が成功すると、コマンドプロンプトに「**1**」と表示されます。

最後に、⑥のセクションでデータベースとの接続を切断（クローズ）しています。何のために切断が必要かというと、データベースに接続を行なうと、それだけで少量のメモリを消費するため、作業が終了して不要になった接続はこうして切断しておかないと、接続の「残りかす」が増え続けていずれメモリを圧迫して性能問題を引き起こす危険があるのです。こういう接続の切断し忘れなどが原因でメモリが圧迫される現象を「メモリリーク」と呼びます。リーク（leak）は「漏れる」という英語です。長時間経過しないと発覚しないタイプの障害なので、発生すると原因追及が厄介な問題です（注❾-12）。

注❾-12
Javaはメモリ管理についてかなり賢くて、「ガベージコレクション（ごみ拾い）」という機能を持っています。これはJavaが不要になった接続やオブジェクトのメモリを解放することでメモリ不足に陥ることを防ぐ機能で、Javaのプログラムを実行していると自動的に動きます。しかしそうはいってもこれだけで完璧にメモリリークが防げるわけではないので、明示的にコーディングすることが重要です。

データベース接続のプログラムを実行してみよう

それでは、このソースコードもコンパイルと実行をしてみましょう。コンパイルのコマンドはあまり変わりません。ソースコードのファイル名を「**DBConnect1.java**」として「**C:¥PostgreSQL¥java¥src**」フォルダに保存したら、次の**javac**コマンドをコマンドプロンプトから実行して、コンパイルを行ないましょう。

コンパイル

```
C:¥PostgreSQL¥java¥jdk¥bin¥javac DBConnect1.java
```

なおこのときも、必ずコマンドプロンプトでソースコードのフォルダに移動しておいてください。そうしないと9-2節の「コマンド名やファイル名を間違える」（292ページ）で説明したエラーが表示されます。

コンパイルに成功すると、ソースコードのフォルダ内に「**DBConnect1.class**」というファイルが作成されます。これを**java**コマンドで実行するのは最初のサンプルプログラムと同じですが、今度はコマンドのオプションが1つ必要になります。

JDBCドライバのファイルを指定して実行

```
C:¥PostgreSQL¥java¥jdk¥bin¥java -cp C:¥PostgreSQL¥jdbc¥*;. DBConnect1
```

> **注❾-13**
> クラスパスも環境変数**CLASSPATH**に登録することで、入力を省略することができます。詳しく知りたい方は、注❾-5に挙げたJava入門書などを参照してください。

今回は、**java**コマンドとクラス名「**DBConnect1**」の間に「**-cp C:¥Post greSQL¥jdbc¥*;.**」という文字列が入っています。これは、JDBCドライバのファイル「**postgresql-9.4.1208.jar**」の存在するフォルダの場所をJavaに教えているのです。「**cp**」は「クラスパス（classpath）」の略で、要するに「クラスファイルの存在する場所」という意味です（注❾-13）。「ドライバの拡張子は**class**じゃなくて**jar**だけど？」と思ったかもしれませんが、**jar**ファイルというのは複数の**class**ファイルを1つにまとめたようなものなので、**jar**ファイルの場所もクラスパスで指定するのです。「**C:¥PostgreSQL¥jdbc¥***」とは、「**C:¥PostgreSQL¥jdbc**」フォルダのすべてのファイルを含むという意味です。「***」はWindowsにおいては「すべての文字列」という意味です。「**SELECT ***」が「すべての列」を意味するのと似ていますね。最後の「**;.**」の意味は、「**;**」が複数のパスを含めたい場合の区切り文字で、「**.**」は現在のフォルダを意味する文字です。これは、「**DBConnect1.class**」の存在するフォルダも含めるためです。

上記のコマンドを実行して、コマンドプロンプトに「**1**」が表示されれば成功です。

298 ──── 第9章　アプリケーションからデータベースへ接続する

テーブルのデータを選択してみよう

　それではいよいよ、複数行のデータを持つテーブルからデータを選択して、画面に表示するプログラムを作成してみましょう。サンプルのテーブルとしては、List❶-2（32ページ）で作成した商品テーブル（**Shohin**）を使います。このテーブルが第0章の手順「学習用データベースの作成」（11ページ）で作成した学習用データベース「**shop**」に作成されており、List❶-6（40ページ）の**INSERT**文でデータを登録して次のような状態になっていると想定します。

Shohinテーブル

```
 shohin_id | shohin_mei  | shohin_bunrui | hanbai_tanka | shiire_tanka | torokubi
-----------+-------------+---------------+--------------+--------------+------------
 0001      | Tシャツ      | 衣服           | 1000         | 500          | 2009-09-20
 0002      | 穴あけパンチ  | 事務用品       | 500          | 320          | 2009-09-11
 0003      | カッターシャツ | 衣服           | 4000         | 2800         |
 0004      | 包丁         | キッチン用品    | 3000         | 2800         | 2009-09-20
 0005      | 圧力鍋       | キッチン用品    | 6800         | 5000         | 2009-01-15
 0006      | フォーク      | キッチン用品    | 500          |              | 2009-09-20
 0007      | おろしがね    | キッチン用品    | 880          | 790          | 2008-04-28
 0008      | ボールペン    | 事務用品       | 100          |              | 2009-11-11
```

　念のため、上記データを作成するための手順を再掲しておきます（List❾-5）。すでに作成済みの場合は、このSQLを実行するとエラーになるので注意してください。

List❾-5　Shohinテーブルを作成するSQL

```
--データベースshopの作成
CREATE DATABASE shop;

--いったん「¥q」でpsqlをログアウトし、再度コマンドプロンプトからshopデータベースへ接続。➡
postgresのパスワードはインストール時に指定したもの
C:¥PostgreSQL¥9.5¥bin¥psql.exe -U postgres -d shop

--Shohinテーブルの作成
CREATE TABLE Shohin
(shohin_id CHAR(4) NOT NULL,
shohin_mei VARCHAR(100) NOT NULL,
shohin_bunrui VARCHAR(32) NOT NULL,
hanbai_tanka INTEGER ,
shiire_tanka INTEGER ,
torokubi DATE ,
PRIMARY KEY (shohin_id));

--商品データの登録
BEGIN TRANSACTION;
INSERT INTO Shohin VALUES ('0001', 'Tシャツ', '衣服', 1000, 500, ➡
'2009-09-20');
INSERT INTO Shohin VALUES ('0002', '穴あけパンチ', '事務用品', 500, ➡
320, '2009-09-11');
```

9-3　JavaからPostgreSQLへ接続する ── *299*

```
INSERT INTO Shohin VALUES ('0003', 'カッターシャツ', '衣服', 4000, ➡
2800, NULL);
INSERT INTO Shohin VALUES ('0004', '包丁', 'キッチン用品', 3000, ➡
2800, '2009-09-20');
INSERT INTO Shohin VALUES ('0005', '圧力鍋', 'キッチン用品', 6800, ➡
5000, '2009-01-15');
INSERT INTO Shohin VALUES ('0006', 'フォーク', 'キッチン用品', 500, ➡
NULL, '2009-09-20');
INSERT INTO Shohin VALUES ('0007', 'おろしがね', 'キッチン用品', 880, ➡
790, '2008-04-28');
INSERT INTO Shohin VALUES ('0008', 'ボールペン', '事務用品', 100, ➡
NULL, '2009-11-11');
COMMIT;
```

➡は紙面の都合で折り返していることを表わします。

　このテーブルから「**shohin_id**」と「**shohin_mei**」の2列を全行選択してみましょう。ソースコードはList❾-6のようになります。ソースファイルの名前は「**DBConnect2.java**」とします。

List❾-6　Shohinテーブルから「**shohin_id**」と「**shohin_mei**」の2列を全行選択するJavaプログラム

```java
import java.sql.*;

public class DBConnect2{
  public static void main(String[] args) throws Exception {
    /* 1) PostgreSQLへの接続情報 */
    Connection con;
    Statement st;
    ResultSet rs;                                              ①

    String url = "jdbc:postgresql://localhost:5432/shop";
    String user = "postgres";
    String password = "test";

    /* 2) JDBCドライバの定義 */
    Class.forName("org.postgresql.Driver");                    ②

    /* 3) PostgreSQLへの接続 */
    con = DriverManager.getConnection(url, user, password);
    st = con.createStatement();                                ③

    /* 4) SELECT文の実行 */
    rs = st.executeQuery("SELECT shohin_id, shohin_mei ➡
FROM Shohin");                                                 ④

    /* 5) 結果の画面表示 */
    while(rs.next()) {
      System.out.print(rs.getString("shohin_id") + ", ");
      System.out.println(rs.getString("shohin_mei"));          ⑤
    }

    /* 6) PostgreSQLとの接続を切断 */
    rs.close();
    st.close();                                                ⑥
    con.close();
```

● *300* —————— 第9章　アプリケーションからデータベースへ接続する

```
    }
  }
```

➡は紙面の都合で折り返していることを表わします。

　このソースコードをコンパイルして実行すると、コマンドプロンプトに以下のような結果が表示されます。

実行結果

```
0001, Tシャツ
0002, 穴あけパンチ
0003, カッターシャツ
0004, 包丁
0005, 圧力鍋
0006, フォーク
0007, おろしがね
0008, ボールペン
```

　コンパイルと実行のコマンドは以下のとおりです。

コンパイル

```
C:\PostgreSQL\java\jdk\bin\javac DBConnect2.java
```

実行

```
C:\PostgreSQL\java\jdk\bin\java -cp C:\PostgreSQL\jdbc\*;. DBConnect2
```

　今回、①のセクションで、接続情報の文字列**url**を、データベースを「**postgres**」から「**shop**」に変えていることに注意してください。PostgreSQLにログインするユーザは、同じ「**postgres**」を使っています。使うJDBCドライバは同じなので、②と③のセクションは変える必要はありません。

　次に、④のセクションで、使う**SELECT**文を変えています。注目してほしいのは⑤のセクションです。表示する結果が複数行になったため、**while**文で1行ずつループで取得しています。

　rsは**ResultSet**（リザルトセット）というオブジェクトで、**SELECT**文の実行結果を格納します。これは、**図❾-11**のような二次元表の形式を想像してもらえばよいですが、Javaなど一般的な手続き型言語では、1行ずつデータアクセスを行なうことが基本であるため、複数行を操作したい場合は、ループを使う必要があるのです。SQLにおいては、複数行を1つのSQL文で操作していましたが、これがSQLと一般的なプログラミング言語との考え方の違いです。

図❾-11 リザルトセットは二次元表の形式

shohin_id	shohin_mei
0001	Tシャツ
0002	穴あけパンチ
0003	カッターシャツ
0004	包丁
0005	圧力鍋
0006	フォーク
0007	おろしがね
0008	ボールペン

カーソルが上から下へ移動していくイメージ

「**while(rs.next())**」は、1行ずつレコードを進めてレコードがなくなるまでループしろ、という条件を意味しています。このようにリザルトセットは、1行ずつレコードにカーソルを当ててそれを上から下に移動させていく動きをすることから、そのものずばり「カーソル」と呼ばれることもあります。

鉄則❾-4

Javaなどのプログラムの世界では、一度に1行にしかアクセスしない。そのため複数行にアクセスするときはループ処理を記述する必要がある。

テーブルのデータを更新してみよう

では最後に、Javaから更新SQL文を発行して、テーブルのデータを更新してみましょう。ここではサンプルとして、商品テーブルのデータをすべて削除する**DELETE**文を発行することにします。ソースコードはList❾-7のとおりです。ソースファイルの名前は「**DBConnect3.java**」とします。

List❾-7 更新SQL文を発行してテーブルのデータを更新するJavaプログラム

```java
import java.sql.*;

public class DBConnect3{
  public static void main(String[] args) throws Exception {
    /* 1) PostgreSQLへの接続情報 */
    Connection con;
    Statement st;

    String url = "jdbc:postgresql://localhost:5432/shop";
    String user = "postgres";
    String password = "test";
```
①

● *302* ──── 第9章　アプリケーションからデータベースへ接続する

```
    /* 2)  JDBCドライバの定義 */
    Class.forName("org.postgresql.Driver");  ──────────────②

    /* 3)  PostgreSQLへの接続 */
    con = DriverManager.getConnection(url, user, password);
    st = con.createStatement();  ──────────────           ③

    /* 4)  DELETE文の実行 */
    int delcnt = st.executeUpdate("DELETE FROM Shohin");  ──────④

    /* 5)  結果の画面表示 */
    System.out.print(delcnt + "行削除されました");  ──────────⑤

    /* 6)  PostgreSQLとの接続を切断 */
    st.close();──────────────────
    con.close();  ──────────────────                      ⑥
  }
}
```

　ソースコードで変わったところは、④のセクションのSQL文を**DELETE**文にしたことと、SQLを発行するコマンドが**executeQuery**から**executeUpdate**に変わったことです。**INSERT**文でも**UPDATE**文でも、Javaから更新SQLを発行するときは**executeUpdate**を使います。また、今回はテーブルから結果を取得するわけではないので、**ResultSet**クラスは使用しないためソースコードからも除外しています。

　コンパイルと実行のコマンドは以下のとおりです。

コンパイル

```
C:¥PostgreSQL¥java¥jdk¥bin¥javac DBConnect3.java
```

実行

```
C:¥PostgreSQL¥java¥jdk¥bin¥java -cp C:¥PostgreSQL¥jdbc¥*;. DBConnect3
```

　実行に成功すると、コマンドプロンプトに「**8行削除されました**」と表示されます。複数の更新SQL文を実行する場合はトランザクション制御のコーディングも必要になりますが、基本は変わりません。なお、**DBConnect3**で**DELETE**文を実行すると暗黙にコミットも実行されます。

鉄則9-5

ドライバを使うことで、プログラムから**SELECT**文、**DELETE**文、**UPDATE**文、**INSERT**文などすべてのSQL文が実行できる。

まとめ

　さて、ここまでできるようになれば、後は④と⑤のセクションだけ変えれば、どのような複雑なSQL文でも実行できるようになります。実際のシステムでは、プログラムの中で動的にSQL文を組み立てたり、データベースから選択した結果をもとに編集したデータでデータベースを更新したりと、複雑な業務ロジックをコーディングすることになりますが、その場合も本章で学んだことの組み合わせがベースになっていきます。

● *304* —————— 第9章　アプリケーションからデータベースへ接続する

練習問題

9-1 **DBConnect3** を実行したことで、**Shohin** テーブルは空っぽになりました。ここで再度 List❶-6（40ページ）の **INSERT** 文でデータを登録しましょう。ただし今度は、それを行なう Java プログラムのソースコードを記述し、コンパイルして実行してください。

List❶-6　**Shohin** テーブルにデータを登録する SQL 文（再掲）

```
INSERT INTO Shohin VALUES ('0001', 'Tシャツ', '衣服', 1000, 500, '2009-09-20');
INSERT INTO Shohin VALUES ('0002', '穴あけパンチ', '事務用品', 500, 320, '2009-09-11');
INSERT INTO Shohin VALUES ('0003', 'カッターシャツ', '衣服', 4000, 2800, NULL);
INSERT INTO Shohin VALUES ('0004', '包丁', 'キッチン用品', 3000, 2800, '2009-09-20');
INSERT INTO Shohin VALUES ('0005', '圧力鍋', 'キッチン用品', 6800, 5000, '2009-01-15');
INSERT INTO Shohin VALUES ('0006', 'フォーク', 'キッチン用品', 500, NULL, '2009-09-20');
INSERT INTO Shohin VALUES ('0007', 'おろしがね', 'キッチン用品', 880, 790, '2008-04-28');
INSERT INTO Shohin VALUES ('0008', 'ボールペン', '事務用品', 100, NULL, '2009-11-11');
```

9-2 問題 9-1 で登録したデータを、一部修正しましょう。次のように、商品「**T**シャツ」を「**Y**シャツ」に変えたいとします。

変更前

shohin_id	shohin_mei	shohin_bunrui	hanbai_tanka	shiire_tanka	torokubi
0001	Tシャツ	衣服	1000	500	2009-09-20

変更後

shohin_id	shohin_mei	shohin_bunrui	hanbai_tanka	shiire_tanka	torokubi
0001	Yシャツ	衣服	1000	500	2009-09-20

この変更を行なう Java プログラムのソースコードを記述し、コンパイルして実行してください。

付録A
練習問題の解答

※ 解答がプログラム（SQL文）の場合、それは解答の一例です。ほかにも適正な動作をする書き方があること
　もあります。
※ リスト中の「➡」は、紙面の都合で折り返していることを表わします。

第1章

1.1
```
CREATE TABLE Jyushoroku
  (
    toroku_bango INTEGER       NOT NULL,
    namae        VARCHAR (128) NOT NULL,
    jyusho       VARCHAR (256) NOT NULL,
    tel_no       CHAR (10)     ,
    mail_address CHAR (20)     ,
    PRIMARY KEY (toroku_bango) );
```

1.2

PostgreSQL **MySQL**
```
ALTER TABLE Jyushoroku ADD COLUMN yubin_bango CHAR (8) NOT NULL;
```

Oracle
```
ALTER TABLE Jyushoroku ADD (yubin_bango CHAR (8)) NOT NULL;
```

SQL Server
```
ALTER TABLE Jyushoroku ADD yubin_bango CHAR (8) NOT NULL;
```

DB2

追加できない。

DB2では、追加される列に**NOT NULL**制約がついている場合、以下のようにデフォルト値を指定するか、
または**NOT NULL**制約を削除しなければ新しい列を追加できません。

DB2修正版
```
ALTER TABLE Jyushoroku ADD COLUMN yubin_bango CHAR (8) NOT NULL DEFAULT '0000-000';
```

1.3
```
DROP TABLE Jyushoroku;
```

1.4 削除したテーブルを復活させるコマンドはありません。問題1.1の解答の**CREATE TABLE**文を使ってテー
ブルを再作成してください。

● 306 ——— 付録A　練習問題の解答

第2章

2.1
```
SELECT shohin_mei, torokubi
  FROM Shohin
 WHERE torokubi >= '2009-04-28';
```

実行結果

```
 shohin_mei | torokubi
------------+------------
 Tシャツ      | 2009-09-20
 穴あけパンチ  | 2009-09-11
 包丁        | 2009-09-20
 フォーク     | 2009-09-20
 ボールペン   | 2009-11-11
```

2.2 ①～③まで、どれも1行も選択されません。

2.3 【SELECT文①】
```
SELECT shohin_mei, hanbai_tanka, shiire_tanka
  FROM Shohin
 WHERE hanbai_tanka >= shiire_tanka + 500;
```

【SELECT文②】
```
SELECT shohin_mei, hanbai_tanka, shiire_tanka
  FROM Shohin
 WHERE hanbai_tanka - 500 >= shiire_tanka;
```

2.4
```
SELECT shohin_mei, shohin_bunrui,
       hanbai_tanka * 0.9 - shiire_tanka AS rieki
  FROM Shohin
 WHERE hanbai_tanka * 0.9 - shiire_tanka > 100
   AND (   shohin_bunrui = '事務用品'
        OR shohin_bunrui = 'キッチン用品');
```

実行結果

```
 shohin_mei | shohin_bunrui | rieki
------------+---------------+-------
 穴あけパンチ  | 事務用品       | 130.0
 圧力鍋      | キッチン用品    | 1120.0
```

第3章

3.1 次の3つの間違いがあります。

1. **SUM**関数の引数に文字型の列（**shohin_mei**）を指定している。

   » 解説

   SUM関数の引数に指定できるのは数値型の列だけです。

2. **WHERE**句が**GROUP BY**句より後ろにある。

付録A　練習問題の解答 ——— *307*

> » 解説 ────────────────────────────────

WHERE句は必ず**GROUP BY**句より前である必要があります。

3. **SELECT**句に、**GROUP BY**句で指定しない列（**shohin_id**）を記述している。

> » 解説 ────────────────────────────────

GROUP BY句を使った場合、**SELECT**句に書ける列は大きく制限されます。**GROUP BY**句で指定しなかった列を書くことはできません。

なお、**SELECT**句と**FROM**句の間にコメントをはさむのは、文法的には問題ありません。ただし見にくいのでマナーとしてそのようなことはしないでください。

また、**WHERE**句で**torokubi**の大小関係を条件に指定していますが、これも問題ありません。

3.2
```
SELECT shohin_bunrui, SUM (hanbai_tanka) , SUM (shiire_tanka)
  FROM Shohin
 GROUP BY shohin_bunrui
HAVING SUM (hanbai_tanka) > SUM (shiire_tanka) * 1.5;
```

> » 解説 ────────────────────────────────

商品分類ごとにグループ化した後に、そのグループに対して条件を指定する**SELECT**文になりますので、**HAVING**句を使います。条件が「1.5倍より大きい」であって「1.5倍以上」ではないので、条件式には「**>=**」ではなく「**>**」を使います。

3.3
```
SELECT *
  FROM Shohin
 ORDER BY torokubi DESC, hanbai_tanka;
```

> » 解説 ────────────────────────────────

ORDER BY句で順序を指定している以上、昇順または降順で綺麗に並んでいる列が、必ず1つ存在します。今回で言えば、それは登録日です（**NULL**は先頭か末尾どちらに来るかDBMSの実装依存なので、除外して考えます）。したがって、まず登録日の降順で順序が指定されていることがわかります。

次に、日付が同じレコード、たとえば「**2009-09-20**」の3行についてみると、これが販売単価の昇順に並んでいることがわかります。

第4章

4.1　1行も選択されません。

> » 解説 ────────────────────────────────

Aさんは、「**BEGIN TRANSACTION**」でトランザクションを開始してから、**INSERT**文を実行しています。したがって、Aさんが**COMMIT**で更新を確定するまでは、Bさんたちほかのユーザには、Aさんの行なった更新の結果が見えません。これはACID特性のI、独立性（Isolation）に基づく現象です。もちろん、Aさんは自分の行なった変更は**COMMIT**前でも見ることができるので、Aさんが「**SELECT * FROM Shohin;**」を実行すれば、きちんと3行選択されます。

ちなみに、この現象を確認するためには、別に2人でやる必要はありません。お手元のパソコンから2つウィンドウを起動して同じデータベースへ接続すれば、「一人二役」を演じることが可能です。

4.2　商品ID列の主キー制約に違反するため、エラーが発生し、1行も**INSERT**できません。

● *308* —— 付録A　練習問題の解答

» 解説

　このINSERTが、仮にエラーなく実行されたとすれば、実行後のShohin（商品）テーブルの状態は以下のように6行に倍増しているはずです。

Shohin（商品）テーブル

商品ID	商品名	商品分類	販売単価	仕入単価	登録日
0001	Tシャツ	衣服	1000	500	2008-09-20
0002	穴あけパンチ	事務用品	500	320	2008-09-11
0003	カッターシャツ	衣服	4000	2800	
0001	Tシャツ	衣服	1000	500	2008-09-20
0002	穴あけパンチ	事務用品	500	320	2008-09-11
0003	カッターシャツ	衣服	4000	2800	

　しかし、一目でわかるように、これは明らかに商品ID列の主キー制約（主キーに重複する値が存在してはならない）に違反しています。このような制約違反の結果をもたらす更新は実行できない、というのがACID特性のC、一貫性（Consistency）です。

4.3
```
INSERT INTO ShohinSaeki (shohin_id, shohin_mei, hanbai_tanka, shiire_tanka, saeki)
SELECT shohin_id, shohin_mei, hanbai_tanka, shiire_tanka, hanbai_tanka - shiire_tanka
   FROM Shohin;
```

» 解説

　Shohin（商品）テーブルとShohinSaeki（商品差益）テーブルとで、列定義がまったく同じであるshohin_id（商品ID）、shohin_mei（商品名）、hanbai_tanka（販売単価）、shiire_tanka（仕入単価）の列は、SELECT文でShohin（商品）テーブルから選択したものをShohinSaeki（商品差益）テーブルへ挿入すればOKです。Shohin（商品）テーブルに存在しないsaeki（差益）の列だけは、shiire_tanka仕入単価とhanbai_tanka販売単価から計算して作ります。

4.4　1.

```
-- 販売単価の引き下げ
UPDATE ShohinSaeki
   SET hanbai_tanka = 3000
 WHERE shohin_id = '0003';
```

2.

```
-- 差益の再計算
UPDATE ShohinSaeki
   SET saeki = hanbai_tanka - shiire_tanka
 WHERE shohin_id = '0003';
```

第5章

5.1
```
-- ビューの作成文
CREATE VIEW ViewRenshu5_1 AS
SELECT shohin_mei, hanbai_tanka, torokubi
   FROM Shohin
```

```
WHERE hanbai_tanka >= 1000
   AND torokubi = '2009-09-20';
```

5.2　エラーになります。

» 解説

　ビューに対する更新は、結局、ビューを通して元のテーブルに対する更新となって実行されます。そのため、結局この**INSERT**文は、内部的には次のような**INSERT**文と同じになるのです。

```
INSERT INTO Shohin (shohin_id, shohin_mei, shohin_bunrui, hanbai_tanka, ➡
shiire_tanka, torokubi)
             VALUES (NULL, 'ナイフ', NULL, 300, NULL, '2009-11-02');
```

➡は紙面の都合で折り返していることを表わします。

　いま、**shohin_id**（商品ID）、**shohin_mei**（商品名）、**shohin_bunrui**（商品分類）の3列には、テーブル定義上、**NOT NULL**制約が付与されています**注1**。そのため、**shohin_id**（商品ID）および**shohin_bunrui**（商品分類）に**NULL**を指定する**INSERT**文は実行できません。

　そしていま、ビューを通した更新が可能なのは、**shohin_mei**（商品名）、**hanbai_tanka**（販売単価）、**torokubi**（登録日）の3列のみであるため、残りの列は自動的に**NULL**で登録される、という扱いになり、エラーが発生するわけです。

注1

　正確には、**shohin_id**（商品ID）には主キー制約が付与されているのですが、これは暗黙に**NOT NULL**制約を含みます。

5.3
```
SELECT shohin_id,
       shohin_mei,
       shohin_bunrui,
       hanbai_tanka,
       (SELECT AVG (hanbai_tanka) FROM Shohin) AS hanbai_tanka_all
  FROM Shohin;
```

» 解説

　販売単価の平均値をスカラ・サブクエリで求めています。平均販売単価は**2097.5**という単一の値、つまりスカラ値に決まるので、**SELECT**句に書くことが可能です。

　ところで、次のような**SELECT**文を考えた方はいないでしょうか。

```
SELECT shohin_id,
       shohin_mei,
       shohin_bunrui,
       hanbai_tanka,
       AVG (hanbai_tanka) AS hanbai_tanka_all
  FROM Shohin;
```

　この**SELECT**文は、エラーになります**注2**。理由は、**AVG**が集約関数だからです。第3章の3-2節で説明したように、集約関数を使った場合、**SELECT**句に書ける要素は大きく制限されます。このような間違い方をした人は、もう一度3-2節（96ページ）の「よくある間違い①—**SELECT**句に余計な列を書いてしまう」を読み直しておいてください。

注2

　MySQLだけは、この**SELECT**文をエラーとはしないのですが、あくまでMySQLの独自仕様に基づくものであり、ほかのDBMSには通じません。しかも得られる結果はまったく異なります。

310 —— 付録A　練習問題の解答

5.4
```
-- ビューの作成文
CREATE VIEW AvgTankaByBunrui AS
SELECT shohin_id,
       shohin_mei,
       shohin_bunrui,
       hanbai_tanka,
       (SELECT AVG(hanbai_tanka)
          FROM Shohin S2
         WHERE S1.shohin_bunrui = S2.shohin_bunrui
         GROUP BY S2.shohin_bunrui) AS avg_hanbai_tanka
  FROM Shohin S1;
```

```
-- ビューの削除文
DROP VIEW AvgTankaByBunrui;
```

» 解説

　ビューに含まれる列のうち、**avg_hanbai_tanka**以外の4列（**shohin_id**、**shohin_mei**、**shohin_bunrui**、**hanbai_tanka**）は、オリジナルの**Shohin**テーブルにも含まれているため、それらの列をダイレクトに選択するだけでかまいません。一方、最後の**avg_hanbai_tanka**（平均販売単価）は、相関サブクエリを使って作る必要があります。スカラ・サブクエリとして相関サブクエリを利用すると、上記のようなビューを作ることも可能になるのです。

第6章

6.1　**【①の解答】**
```
shohin_mei|shiire_tanka
-----------+--------------
穴あけパンチ |         320
おろしがね  |         790
```

» 解説

　①の結果に対して、疑問点はないと思います。仕入単価（**shiire_tanka**）が500円、2800円、5000円以外の金額の商品（**shiire_mei**）を選択することになるので、320円の穴あけパンチと790円のおろしがねの2つが選択されることになります。また、**IN**に限らず通常の述語で**NULL**との比較を行なうことはできないため、仕入単価（**shiire_tanka**）が**NULL**のフォークとボールペンも結果に出てきません。

【②の解答】1行も選択されない。
```
shohin_mei | shiire_tanka
-----------+--------------
```

» 解説

　この②の結果は説明が必要ですね。②のSQLは、①の**NOT IN**の引数に**NULL**を追加しただけです。そして、①の時点で、結果からは仕入単価（**shiire_tanka**）が**NULL**のレコードは排除されているのですから、②の結果も、直観的にはそうなるような気がします。ところが驚くことに、②は1行も選択されないのです。仕入単価が**NULL**のレコードだけではありません。①で選択されていた穴あけパンチやおろしがねまで消えてしまいます。

付録A　練習問題の解答　——　*311*

これは、SQLの最も危険な罠と呼ばれている動作です。なんと、**NOT IN**の引数に**NULL**が含まれる場合、常に結果は空っぽ、つまり1行も選択されなくなってしまうのです。

なぜこのような動作をするのか、という理由はかなり複雑で、中級の内容になりますので、本書では詳しく触れません **注3** 。とにかくここで皆さんに覚えてもらいたいのは、**NOT IN**の引数に**NULL**を含んではならない、ということです。自分で**NULL**を指定する場合だけでなく、**NOT IN**がサブクエリを引数にとる場合、そのサブクエリの戻り値にも**NULL**があってはなりません。これは絶対に守ってください。

注3
　NOT INがこのような動作をする理由が知りたい方は、拙著『達人に学ぶ SQL徹底指南書』（翔泳社刊）の「第1部：1-3　3値論理とNULL」をご覧ください。

6.2
```
SELECT SUM(CASE WHEN hanbai_tanka <= 1000
                THEN 1 ELSE 0 END) AS low_price,
       SUM(CASE WHEN hanbai_tanka BETWEEN 1001 AND 3000
                THEN 1 ELSE 0 END) AS mid_price,
       SUM(CASE WHEN hanbai_tanka >= 3001
                THEN 1 ELSE 0 END) AS high_price
  FROM Shohin;
```

» 解説

皆さん、気づきましたか。これは6-3節の「**CASE**式が書ける場所」（219ページ）で学習した、**CASE**式を使った行列変換の類題です。3つの分類の条件を**CASE**式で作ることができる、という点がわかれば、後はそれを集約関数と組み合わせてやればOKです。中額商品 **注4** の条件だけは、**BETWEEN**を使って作るのがポイントです。

注4
　この「中額」というのは筆者の造語ですが、意味は汲んでいただけると思います。

第7章

7.1　次のように、元の**Shohin**テーブルのまま変わらない8行が選択されます。

実行結果

shohin_id	shohin_mei	shohin_bunrui	hanbai_tanka	shiire_tanka	torokubi
0001	Tシャツ	衣服	1000	500	2009-09-20
0002	穴あけパンチ	事務用品	500	320	2009-09-11
0003	カッターシャツ	衣服	4000	2800	
0004	包丁	キッチン用品	3000	2800	2009-09-20
0005	圧力鍋	キッチン用品	6800	5000	2009-01-15
0006	フォーク	キッチン用品	500		2009-09-20
0007	おろしがね	キッチン用品	880	790	2008-04-28
0008	ボールペン	事務用品	100		2009-11-11

» 解説

「ええっと**UNION**と**INTERSECT**を同時に使うときは**INTERSECT**のほうが先に実行されて……」などと考えてしまった方、ごめんなさい。もちろん、実行順序は**INTERSECT**からなのですが、それ以前に、同じ**Shohin**テーブルに対して**UNION**や**INTERSECT**を使っているので、結果は一切変化しないのです。というのも、**UNION**や**INTERSECT**は**ALL**がついていない限り、重複行を排除するので、同じテーブルに対して使う場合、何度繰り返しても元のテーブルから変化しないのです。

7.2 次のような**SELECT**文になります。

```
SELECT COALESCE (TS.tenpo_id, '不明')  AS tenpo_id,
       COALESCE (TS.tenpo_mei, '不明') AS tenpo_mei,
       S.shohin_id,
       S.shohin_mei,
       S.hanbai_tanka
  FROM TenpoShohin TS RIGHT OUTER JOIN Shohin S
    ON TS.shohin_id = S.shohin_id
ORDER BY tenpo_id;
```

» 解説

　この**COALESCE**という、ちょっと変な名前の関数を覚えていましたか。これは**NULL**をほかの値に変換する関数で、風変わりな名前のわりによく使います。特に、このように外部結合の結果に出てくる**NULL**を変換したい場合に必須なので、必ず覚えておきましょう。

第8章

8.1 結果は次のようになります。

```
 shohin_id | shohin_mei | hanbai_tanka | current_max_tanka
-----------+------------+--------------+-------------------
      0001 | Tシャツ     |         1000 |              1000   ←(1000)の最大値
      0002 | 穴あけパンチ |          500 |              1000   ←(1000, 500)の最大値
      0003 | カッターシャツ |        4000 |              4000   ←(1000, 500, 4000)の最大値
      0004 | 包丁       |         3000 |              4000   ←(1000, 500, 4000, 3000)の最大値
      0005 | 圧力鍋     |         6800 |              6800
      0006 | フォーク    |          500 |              6800
      0007 | おろしがね  |          880 |              6800
      0008 | ボールペン  |          100 |              6800
```

» 解説

　この問いの**SELECT**文の意味を日本語で表現すると、「商品ID（**shohin_id**）を昇順に並べて、カレント行（現在の行）までで最大の販売単価（（**current_max_tanka**））を求める」というものです。そのため、最大の販売単価が現われるたびに、ウィンドウ関数の返す結果が更新されていくことになります。これはちょうど、オリンピックなどのスポーツ競技の最高記録がぬり変えられていくイメージと同じです。商品IDが大きくなればなるほど、最大値を算出するための母集団も大きくなっていきます。時代がくだるほどアスリートの母集団が増えて、「歴代一位」を獲得するのが難しくなっていくのです。

8.2 次の①と②に示す2通りの方法があります。どちらでもかまいません。

【①torokubiがNULLの場合、「1年1月1日」とみなす】

```
SELECT torokubi, shohin_mei, hanbai_tanka,
       SUM (hanbai_tanka) OVER (ORDER BY COALESCE(torokubi, CAST('0001-01-➡
01' AS DATE))) AS current_sum_tanka
  FROM Shohin;
```

➡は紙面の都合で折り返していることを表わします。

【②torokubiがNULLの場合、先頭に持ってくるよう指定する】

```
SELECT torokubi, shohin_mei, hanbai_tanka,
       SUM (hanbai_tanka) OVER (ORDER BY torokubi NULLS FIRST) AS current_sum_tanka
  FROM Shohin;
```

結果は両方とも次のようになります。

```
 torokubi  | shohin_mei  | hanbai_tanka | current_sum_tanka
-----------+-------------+--------------+-------------------
           | カッターシャツ |         4000 |              4000    ←NULLが先頭に来る
2008-04-28 | おろしがね    |          880 |              4880
2009-01-15 | 圧力鍋       |         6800 |             11680
2009-09-11 | 穴あけパンチ  |          500 |             12180
2009-09-20 | Tシャツ      |         1000 |             16680
2009-09-20 | 包丁         |         3000 |             16680
2009-09-20 | フォーク     |          500 |             16680
2009-11-11 | ボールペン    |          100 |             16780
```

» 解説

　まず①ですが、この方法は単純です。**COALESCE**関数によって、**NULL**を（西暦の）「1年1月1日」に変換してしまうわけです。これならどんな日付よりも前に来ます（「1年1月1日」とは同着ですが、それでもかまいません）。いわばDBMSを「だます」方法で、おそらく読者の皆さんもこちらの解答を考えた方が多いでしょう。これはすべてのDBMSで共通的に使用できる方法です。

　続いて②は、本文では解説しなかったオプション「**NULLS FIRST**」を使う方法です。このオプションを**ORDER BY**句で指定することで、明示的に**NULL**を順序づけの際に先頭に持ってくることをDBMSに指示することになります。こちらの方法も、現在のところは、ウィンドウ関数を使用できるDBMSでは共通的に使えます。

　ではなぜこの機能について本文で触れなかったかというと、この機能は標準SQLでは定められておらず、DBMSの実装依存になるからです。標準SQLでは、**NULL**の順序づけについては、「先頭または最後のどちらかとする」とだけ決められていて、先頭と最後のどちらに**NULL**を配置するか、またその明示的な指定方法をどうするか、という点については「DBMSの実装に任せる」とされているからです。

　そのため、この機能については、いずれDBMS側の都合などによっていきなり仕様変更されたり、使えなくなる危険もある、ということを覚えておいてください。

第9章

9.1
```java
import java.sql.*;

public class DBIns{
  public static void main(String[] args) throws Exception {
    /* 1) PostgreSQLへの接続情報 */
    Connection con;
    Statement st;

    String url = "jdbc:postgresql://localhost:5432/shop";
    String user = "postgres";
    String password = "test";

    /* 2) JDBCドライバの定義 */
    Class.forName("org.postgresql.Driver");

    /* 3) PostgreSQLへの接続 */
    con = DriverManager.getConnection(url, user, password);
    st = con.createStatement();
```

付録A　練習問題の解答

```
    /* 4) INSERT文の実行 & 結果表示*/
    int inscnt=0;
    inscnt = st.executeUpdate("INSERT INTO Shohin VALUES ('0001', ➡
'Tシャツ', '衣服', 1000, 500, '2009-09-20')");
    System.out.println(inscnt + "行挿入されました");

    inscnt = st.executeUpdate("INSERT INTO Shohin VALUES ('0002', ➡
'穴あけパンチ', '事務用品', 500, 320, '2009-09-11')");
    System.out.println(inscnt + "行挿入されました");

    inscnt = st.executeUpdate("INSERT INTO Shohin VALUES ('0003', ➡
'カッターシャツ', '衣服', 4000, 2800, NULL)");
    System.out.println(inscnt + "行挿入されました");

    inscnt = st.executeUpdate("INSERT INTO Shohin VALUES ('0004', ➡
'包丁', 'キッチン用品', 3000, 2800, '2009-09-20')");
    System.out.println(inscnt + "行挿入されました");

    inscnt = st.executeUpdate("INSERT INTO Shohin VALUES ('0005', ➡
'圧力鍋', 'キッチン用品', 6800, 5000, '2009-01-15')");
    System.out.println(inscnt + "行挿入されました");

    inscnt = st.executeUpdate("INSERT INTO Shohin VALUES ('0006', ➡
'フォーク', 'キッチン用品', 500, NULL, '2009-09-20')");
    System.out.println(inscnt + "行挿入されました");

    inscnt = st.executeUpdate("INSERT INTO Shohin VALUES ('0007', ➡
'おろしがね', 'キッチン用品', 880, 790, '2008-04-28')");
    System.out.println(inscnt + "行挿入されました");

    inscnt = st.executeUpdate("INSERT INTO Shohin VALUES ('0008', ➡
'ボールペン', '事務用品', 100, NULL, '2009-11-11')");
    System.out.println(inscnt + "行挿入されました");

    /*5) PostgreSQLとの接続を切断 */
    con.close();
  }
}
```

➡は紙面の都合で折り返していることを表わします。

コンバイル

```
C:\PostgreSQL\java\jdk\bin\javac DBIns.java
```

実行

```
C:\PostgreSQL\java\jdk\bin\java -cp C:\PostgreSQL\jdbc\*;. DBIns
```

» 解説

実行に成功すると、コマンドプロンプトに以下のように8行表示されます。

実行結果

```
1行挿入されました
1行挿入されました
1行挿入されました
1行挿入されました
1行挿入されました
1行挿入されました
1行挿入されました
1行挿入されました
```

実際に**Shohin**テーブルにデータが復活したか、**SELECT**文を実行して確認してみましょう。

なお、メッセージを画面に表示している「**System.out.println(inscnt + "行挿入されました");**」は、書かなくても機能的には違いはありませんが、これを書いておくとエラーが発生したときに調べやすいので便利です。

9.2

```java
import java.sql.*;

public class DBUpd{
  public static void main(String[] args) throws Exception {
    /* 1) PostgreSQLへの接続情報 */
    Connection con;
    Statement st;

    String url = "jdbc:postgresql://localhost:5432/shop";
    String user = "postgres";
    String password = "test";

    /* 2) JDBCドライバの定義 */
    Class.forName("org.postgresql.Driver");

    /* 3) PostgreSQLへの接続 */
    con = DriverManager.getConnection(url, user, password);
    st = con.createStatement();

    /* 4) UPDATE文の実行 */
    int inscnt=0;
    inscnt = st.executeUpdate("UPDATE Shohin SET shohin_mei = 'Yシャツ' ➡
WHERE shohin_id = '0001'");
    System.out.println(inscnt + "行更新されました");

    /*5) PostgreSQLとの接続を切断 */
    con.close();
  }
}
```

➡は紙面の都合で折り返していることを表わします。

コンパイル

```
C:¥PostgreSQL¥java¥jdk¥bin¥javac DBUpd.java
```

実行

```
C:¥PostgreSQL¥java¥jdk¥bin¥java -cp C:¥PostgreSQL¥jdbc¥*;. DBUpd
```

» 解説 ────────────────────

実行に成功すると、コマンドプロンプトに以下のように1行表示されます。

実行結果

```
1行更新されました
```

UPDATE文を実行するときも、メソッドは**INSERT**のときと同じく「**executeUpdate**」を使用します。後は、普通に実行したい**UPDATE**文を引数として記述してやるだけです。

索 引

記号・数字

--	55
!=	60
%	
演算子（SQL Server）	183
パターンマッチング	202
()	58, 73
'（シングルクォーテーション）	28
"（ダブルクォーテーション）	49
*（アスタリスク）	46
*演算子	58, 180
/* */	55
/演算子	58, 180
;（セミコロン）	27
_（アンダーバー）	
パターンマッチング	203
‖関数	186
+演算子	58, 180
+演算子(SQL Server)	187
-演算子	58, 180
<=演算子	61
<>演算子	60, 61
<演算子	61, 205
=演算子	60, 61
>=演算子	61
>演算子	61, 205
1行コメント	55
2値論理	76
3値論理	77

A

ABS関数	181
ACID特性	145
ALLオプション	229
ALTER TABLE文	38
AND演算子	70
ASCキーワード	109
ASキーワード	48
Atomicity	145
AVG関数	87

B

BEGIN TRANSACTION	141
BETWEEN述語	204

C

C/S型	20
CASE式	216, 217
書ける場所	219
検索CASE式	216, 220
単純CASE式	216, 220
方言	221

CAST関数	197
CHAR_LENGTH関数（My SQL）	188
Charsテーブル	62
CHAR型	34
CLASSPATH	297
COALESCE関数	198
COMMIT	142
CONCAT関数（MySQL）	187
Connectionオブジェクト	295
Consistency	145
COUNT関数	81
CREATE DATABASE文	31
CREATE TABLE文	31
CREATE VIEW文	153
CROSS JOIN（直積）	245, 247
CUBE演算子	275
CURRENT_DATE関数	192
CURRENT_TIMESTAMP関数	194
CURRENT_TIME関数	193

D

DATEPART関数（SQL Server）	196
DATE型	35
DB	16
DBMS	16
種類	18
DCL	26
DDL	26
DECODE関数（Oracle）	221
DEFAULTキーワード	124
DEFAULT制約	124
DELETE文	129
DROP TABLE文との違い	129
DENSE_RANK関数	259
DESCキーワード	109
DISTINCTキーワード	51
GROUP BYとの使い分け	100
集約関数で使う	88
DML	26
DROP TABLE文	37, 129
DELETE文との違い	129
DROP VIEW文	161
Durability	146

E

ELSE	217
ELSE NULL	218
EmpSkillsテーブル	249
EXCEPT（差）	231
EXISTS述語	212
EXTRACT関数	195

F

FALSE	74
FOLLOWINGキーワード	264

FROM句	45, 59

G

GROUP BY句	91
DISTINCTとの使い分け	100
WHERE句を使った場合	95
よくある間違い	96
GROUPING SETS演算子	277
GROUPING演算子	269
サポート状況	273
GROUPING関数	274

H

HAVING句	102
WHERE句に書いたほうが良い条件	105
書ける要素	104

I

IF関数（MySQL）	221
INNER JOIN	234
INSERT … SELECT文	127
INSERT文	119, 120
INTEGER型	34
INTERSECT（交差）	230
IN述語	206
引数にサブクエリを指定	207
IS NOT NULL演算子	66
IS NOT NULL述語	206
IS NULL演算子	66
IS NULL述語	205
Isolation	146

J

Javaプログラム	285
よくあるエラー	290
SQL文を実行	294
データベース接続	297
テーブルのデータを更新	301
テーブルのデータを選択	298
JDBC	283
JOIN	233

K

KVS	19

L

LEFTキーワード	241
LENGTH関数	187
LENGTH関数（My SQL）	188
LEN関数（SQL Server）	188
LIKE述語	200

listen_addresses 7
LOWER 関数 188

M

MAX 関数 88
MIN 関数 88
MOD 関数 182

N

NOT EXISTS 述語 215
NOT IN 述語 207
NOT NULL 制約 36
NOT 演算子 68
NULL 36
    NULL を値へ変換 198
    真理値 76
    挿入 123
NULL か非 NULL かの判定 205
NULL クリア 136
NUMERIC 180

O

ODBC 283
OLAP 255
OLAP 関数 255
ON 句 236
OODB 19
ORDER BY 句 108, 112
    ウィンドウ関数 257, 266
OR 演算子 70
    OR の便利な省略形 206
OUTER JOIN 239

P

PARTITION BY 句 257
    ウィンドウ（範囲） 258
postgres 12
PostgreSQL 2
    Java から接続 294
    SQL の実行 10
    インストール 3
    学習用データベース（shop）の作成
    11
    接続（ログイン） 9
    設定ファイルの書き換え 7
PRECEDING キーワード 264
psql 9, 11
    PostgreSQL へ接続（ログイン）...... 9

R

RANK 関数 256, 259
RDB 18
RDBMS 18, 19

一般的なシステム構成 20
ユーザ管理 24
REMANE 41
REPLACE 関数 189
ResultSet オブジェクト 295, 300
RIGHT キーワード 241
ROLLBACK 142
ROLLUP 演算子 269, 270
ROUND 関数 183
ROW_NUMBER 関数 260
ROWS キーワード 264

S

SampleLike テーブル 201
SampleMath テーブル 180
SampleStr テーブル 184
SELECT 句 45
SELECT 文 45
    WHERE 句による行の選択 52
    結果から重複行を省く 50
    すべての列を出力 46
    定数を出力 49
    列を出力 45
SET 句 133
Shohin2 テーブル 225
ShohinBunrui テーブル 127
ShohinCopy テーブル 126
ShohinIns テーブル 120
Shohin テーブル 32, 34
    NOT NULL 制約を設定した理由 77
    データの登録 40
Skills テーブル 249
SQL 18, 25
    キーワード 26
    基本的な記述ルール 27
    種類 26
    データを操作する 280
SQL 文 21
    改行 48
START TRANSACTION 141
Statement オブジェクト 295
SUBSTRING 関数 189, 190
SUM 関数 84

T

TenpoShohin テーブル 208
THEN 句 217
TRUE 74
TRUNCATE 文 132

U

UNION ALL 229, 269
UNION（和） 225
UNKNOWN 76
UPDATE 文 133

UPPER 関数 191

V

VARCHAR2 型 35
VARCHAR 型 35

W

WHEN 句 217
WHERE 句 52
    集約キーに対する条件 105
    条件式 53

X

XMLDB 19
XML データベース 19

Z

ZaikoShohin テーブル 242

ア

アスタリスク（*） 46
値の変換 197
値リスト 121
アプリ 281
アプリケーション 281
アプリケーションプログラム 281
アンダーバー（_）
    パターンマッチング 203

イ

一貫性 145
移動平均 264
インデックス 106

ウ

ウィンドウ（範囲） 258
ウィンドウ関数 255, 256
    サポート状況 255
ウィンドウ専用関数 256
    種類 259

エ

永続性 146
エラー 28
演算子 58
    四則演算 58

オ

オープンソース 18

大文字化 ……………………………………… 191
オブジェクト指向データベース ………… 19

カ

階層型データベース ……………………… 18
外部結合（OUTER JOIN）……………… 239
返り値 ……………………………………… 165
学習用データベース（shop）
　　作成 …………………………………… 11
　　接続（ログイン）…………………… 12
型変換 ……………………………………… 196
ガベージコレクション …………………… 296
可変長文字列 ……………………………… 35
カラム ……………………………………… 23
カレントレコード ………………………… 263
関係除算 …………………………………… 249
関係データベース ………………………… 18
関数 …………………………………… 81, 179

キ

偽（FALSE）……………………………… 74
キー ………………………………………… 36
キー・バリュー型データストア ………… 19
キーワード ………………………………… 26
記憶装置 …………………………… 151, 152
キャスト …………………………………… 196
行 …………………………………………… 23
行数を数える ……………………………… 82
　　NULLを除外 ………………………… 83

ク

句 …………………………………………… 45
クエリ ……………………………………… 45
クライアント ……………………………… 21
クライアント／サーバ型 ………………… 20
クラスパス ………………………………… 297
グループ化列 ……………………………… 92
クロス結合（CROSS JOIN）…… 245, 247

ケ

結合（JOIN）……………………………… 233
結合キー …………………………………… 236
現在の時間を取得 ………………………… 193
現在の日時を取得 ………………………… 194
現在の日付を取得 ………………………… 192
検索CASE式 ……………………… 216, 220
原子性 ……………………………………… 145

コ

合計と小計を一度に求める ……………… 269
　　ROLLUP演算子 …………………… 269
　　UNION ALL ………………………… 269
合計を求める ……………………………… 84

降順 ………………………………………… 109
後方一致 …………………………………… 202
コーディング ……………………………… 285
　　よくあるエラー ……………………… 290
固定長文字列 ……………………………… 35
コネクション ……………………………… 295
コマンドプロンプト
　　起動 …………………………………… 9
　　文字列のコピー＆ペースト ……… 293
コミット …………………………………… 142
コメント …………………………………… 55
小文字化 …………………………………… 188
コンパイル ………………………………… 285

サ

サーバ ……………………………………… 20
最小値を求める …………………………… 88
最大値を求める …………………………… 88
索引 ………………………………………… 106
サブクエリ ………………………………… 162
　　IN述語の引数に指定 ……………… 207
　　スカラ・サブクエリ ……………… 165
　　名前 ………………………………… 165
算術演算子 ………………………………… 58
算術関数 …………………………… 179, 180

シ

実行環境 …………………………………… 2
自動コミットモード ……………………… 144
集合 ………………………………………… 225
集合演算 …………………………………… 225
　　3つ以上のテーブルを使った結合 … 242
　　結合 ………………………………… 233
　　注意事項 …………………………… 227
　　重複行を残す ……………………… 229
　　テーブルの共通部分の選択 ……… 230
　　テーブルの足し算 ………………… 225
　　レコードの引き算 ………………… 231
集合演算子 ………………………………… 225
集合関数 …………………………………… 81
集約 ………………………………………… 81
集約関数 …………………………… 81, 179
　　重複値を除外する ………………… 89
　　よくある間違い …………………… 96
集約キー …………………………………… 92
　　NULLが含まれていた場合 ……… 93
主キー ……………………………………… 36
主キー制約 ………………………………… 36
述語 ………………………………………… 200
条件式 ……………………………………… 53
条件分岐 …………………………………… 216
昇順 ………………………………………… 108
商品テーブル ……………………… 30, 34
剰余 ………………………………………… 182
真（TRUE）……………………………… 74
シングルクォーテーション（'）………… 28

真理値 ……………………………………… 74
　　NULLを含む場合 ………………… 76
真理表 ……………………………………… 74

ス

数値型 ……………………………………… 34
数値定数 …………………………………… 49
スカラ ……………………………………… 165
スカラ・サブクエリ ……………………… 165
　　書ける場所 ………………………… 168
　　使うときの注意点 ………………… 169
スコープ …………………………………… 174
ステートメント …………………………… 295

セ

整合性 ……………………………………… 146
整数型 ……………………………………… 34
制約 ………………………………………… 35
絶対値 ……………………………………… 181
セミコロン（;）………………………… 27
セル ………………………………………… 23
前方一致 …………………………………… 202

ソ

相関サブクエリ …………………………… 171
相関名 ……………………………………… 174
ソースコード ……………………………… 285
ソート ……………………………………… 98
ソートキー ………………………… 108, 110
　　表示用の別名を使う ……………… 111

タ

多段ビュー ………………………………… 155
ダブルクォーテーション（"）………… 49
探索型DELETE …………………………… 130
探索型UPDATE …………………………… 135
単純CASE式 ……………………… 216, 220

チ

中間一致 …………………………………… 202
超集合行 …………………………………… 270

テ

定数 ………………………………………… 28
　　出力 ………………………………… 49
データ ……………………………………… 16
データ型 …………………………………… 34
　　変換 ………………………………… 196
データ型の指定 …………………………… 34
データ制御言語（DCL）………………… 26
データ操作言語（DML）………………… 26
データ定義言語（DDL）………………… 26

索　引 —— *319*

データの切り捨て ················· 132	
データの更新 ······················· 133	
NULLで更新 ···················· 136	
UPDATE文 ······················ 133	
一部の行だけを更新 ············ 135	
複数列の更新 ···················· 137	
データの削除 ······················· 129	
DELETE文 ························ 129	
DROP TABLE文 ········ 37, 129	
TRUNCATE文 ··················· 132	
一部の行だけを削除 ············ 130	
データの登録 ················· 39, 119	
INSERT文 ························ 119	
NULLを挿入 ····················· 123	
デフォルト値を挿入 ············ 124	
ほかのテーブルからデータをコピー	
························· 126	
列リストの省略 ·················· 123	
データベース ················· 16, 21	
構成 ······························ 20	
作成 ······························ 31	
データベースマネジメントシステム ······ 16	
テーブル ····························· 22	
NULLを除外して行数を数える ····· 83	
行数を数える ······················ 82	
グループに切り分ける ············ 91	
削除 ······························ 37	
作成 ·························· 30, 31	
集約した結果に条件を指定 ······ 101	
集約して検索する ················ 81	
足し算と引き算 ················· 225	
テーブル定義の変更 ·············· 38	
テーブル名の変更 ················ 41	
命名ルール ······················· 33	
デフォルト値 ······················· 124	

ト

問い合わせ ··························· 45
独立性 ······························· 146
ドライバ ····························· 282
　種類 ······························ 283
トランザクション ··········· 139, 140
　ACID特性 ······················· 145

ナ

内部結合（INNER JOIN） ·········· 234
並べ替え ····························· 107
　NULLの順番 ····················· 110
　ORDER BY句に使える列 ········ 112
　昇順と降順の指定 ················ 109
　ソートキーに表示用の別名を使う 111
　複数のソートキーの指定 ········ 110

ハ

バイト ·························· 34, 188

パターン ····························· 202
パターンマッチング ················ 202
パラメータ ····················· 83, 179
範囲検索 ····························· 204

ヒ

比較演算子 ···························· 60
引数 ···························· 83, 179
日付型 ·························· 34, 35
日付関数 ······················ 179, 191
日付定数 ······························ 49
日付要素の切り出し ················ 195
ビュー ······················· 151, 152
　検索 ······························ 155
　削除 ······························ 161
　作成 ······························ 153
　制限事項 ················· 156, 157
表 ·································· 22
評価 ······························· 217
標準SQL ······················· 25, 29

フ

複数行INSERT ····················· 122
複数行コメント ······················ 55
部分一致検索 ······················· 201
不明（UNKNOWN） ················· 76
プライマリキー ······················ 36
フレーム（集計範囲） ······· 263, 264
分岐 ······························· 216
分析関数 ····························· 255

ヘ

平均値を求める ······················ 87
変換関数 ······················ 179, 196
ベン図 ······························· 71

マ

マルチバイト文字 ··················· 188

メ

命名ルール ···························· 33
メモリリーク ······················· 296

モ

文字列 ······························ 28
　切り出し ························· 189
　置換 ······························ 189
　範囲検索 ························· 204
　部分一致検索 ···················· 200
　不等号を使うときの注意 ········· 62
文字列型 ························ 34, 35
文字列関数 ····················· 179, 184

文字列長 ····························· 187
文字列定数 ···························· 49
戻り値 ················· 83, 165, 179

リ

リザルトセット ··············· 295, 300
リスト ······························· 121
リレーショナルデータベース ········ 18

ル

累計 ······························· 262

レ

レコード ····························· 23
レコードの集合 ····················· 225
列 ·································· 23
　列の別名 ························· 48
　列番号 ··························· 113
列リスト ····························· 121
　省略 ······························ 123
連結 ······························· 186

ロ

ロールバック ······················· 142
ログ ······························· 146
論理演算子 ···························· 74
論理積 ······························· 76
論理和 ······························· 76

●　●　●

COLUMN

1文字を長さ2以上と数えるLENGTH関数も
　ある ······························ 188
CASE式の方言 ······················ 221
DISTINCTとGROUP BY ··········· 100
FROM句は本当に必要？ ············ 59
GROUPING演算子のサポート状況 ······· 273
RDBMSによるユーザ管理 ··········· 24
ShohinテーブルにNOT NULL制約を設定し
　た理由 ······························ 77
WHERE句とHAVING句の実行速度 ····· 106
ウィンドウ関数のサポート状況 ········ 255
改行をむやみに入れると間違いのもと ···· 48
関係除算 ····························· 249
コマンドプロンプトへのペースト方法 ···· 293
削除と切り捨て ····················· 132
単純CASE式 ························ 220
テーブルの訂正 ······················ 41
トランザクションはいつはじまるのか ····· 144
標準SQLと方言 ······················ 29
複数行INSERT ····················· 122
論理積と論理和 ······················ 76

著者紹介

ミック

SI企業に勤務するDBエンジニア。主にDWH/BI業務に従事している。自身のサイト「リレーショナル・データベースの世界」でデータベースとSQLについての技術情報を公開している。Code Zine（http://codezine.jp）にSQL関連記事を多数投稿しているほか、『WEB+DB PRESS』（技術評論社）で連載記事「SQLアタマアカデミー」「DBアタマアカデミー」を執筆。

著書：『達人に学ぶ SQL徹底指南書』（翔泳社、2008）、『達人に学ぶDB設計 徹底指南書』（翔泳社、2012）

訳書：ジョー・セルコ『SQLパズル 第2版』（翔泳社、2007）、ジョー・セルコ『プログラマのためのSQL 第4版』（翔泳社、2013）

装丁：イイタカデザイン 飯高 勉
組版：株式会社シンクス

ＳＱＬ　第2版
ゼロからはじめるデータベース操作

2016年　6月16日　初版第1刷発行
2017年　4月　5日　初版第2刷発行

著　者　　ミック
発行人　　佐々木 幹夫
発行所　　株式会社 翔泳社（http://www.shoeisha.co.jp）
印刷・製本　大日本印刷株式会社

©2016　Mick

※本書は著作権法上の保護を受けています。本書の一部または全部について（ソフトウェアおよびプログラムを含む）、株式会社 翔泳社から文書による許諾を得ずに、いかなる方法においても無断で複写、複製することは禁じられています。
※本書へのお問い合わせについては、IIページに記載の内容をお読みください。
※落丁・乱丁はお取り替えいたします。03-5362-3705までご連絡ください。

ISBN978-4-7981-4445-0　　Printed in Japan